高等职业教育经管类专业系列教材

信息系统与数据库技术

主编 李　凌　王一海

参编 孙　晶　殷　凯

东南大学出版社

·南京·

内 容 简 介

本书从管理信息的基本概念入手，以数据库系统基本原理为基础，以数据库应用基础为主线，由浅入深，对信息系统与数据库系统知识进行了全新的诠释。本书主要内容包括数据库技术基础、管理信息系统基础、关系数据库、数据库的设计、管理信息系统的开发、Access 数据库操作与应用、Visual FoxPro 数据库操作与应用、SQL Server 数据库操作与应用、数据库系统管理技术、工资管理系统设计与开发。本书以应用为目的，以案例为引导，通俗易懂，实用性强。结合管理信息系统和数据库基本知识，使读者可以参照教材提供的讲解和实训，尽快掌握相关数据库软件的基本功能和操作，并能够独立完成小型管理信息系统的建设。

本书可作为高等职业院校电子商务、会计、市场营销、国际经济与贸易、物流管理等经济与管理类专业和计算机应用、信息管理等信息类专业学生的教材，也可作为企业管理人员、信息管理从业人员从事数据库应用的工具书和参考书。

图书在版编目(CIP)数据

信息系统与数据库技术 / 李凌，王一海主编. —南京：东南大学出版社，2013.2

ISBN 978 - 7 - 5641 - 4104 - 2

Ⅰ.①信… Ⅱ.①李…②王… Ⅲ.①信息系统-高等职业教育-教材②数据库系统-高等职业教育-教材 Ⅳ.①G202②TP311.13

中国版本图书馆 CIP 数据核字(2013) 第 030836 号

东南大学出版社出版发行
(南京四牌楼 2 号　邮编 210096)
出版人：江建中

江苏省新华书店经销　　　　　　扬中市印刷有限公司
开本：787mm×1092mm　1/16　印张：17.5　字数：438 千字
2013 年 3 月第 1 版　2013 年 3 月第 1 次印刷
ISBN 978 - 7 - 5641 - 4104 - 2
印数：1—3000 册　定价：33.00 元
(凡因印装质量问题，可直接向营销部调换。电话：025 - 83791830)

高等职业教育经济管理类专业教材编委会

出版说明

"高等职业教育经济管理类专业教材编委会"自 2003 年 3 月成立以来,每年召开一次研讨会。针对当前高等职业教育的现状、问题以及课程改革、教材编写、实验实训环境建设等相关议题进行研讨,并成功出版了《高等职业教育经济管理类专业教材》近 60 种,其中 33 种被"华东地区大学出版社工作研究会"评为优秀教材和江苏省精品教材。可以看出,完全从学校的教学需要出发,坚持走精品教材之路,紧紧抓住职业教育的特点,这样的教材是深受读者欢迎的。我们计划在"十二五"期间,对原有品种反复修订,淘汰一批不好的教材,保留一批精品教材,继续开发新的专业教材,争取出版一批高质量的和具有职业教育特色的教材,并申报教育部"十二五"规划教材。

"高等职业教育经济管理类专业建设协作网"是一个自愿的、民间的、服务型的、非营利性的组织,其目的是在各高等职业技术院校之间建立一个横向交流、协作的平台,开展专业建设、教师培训、教材编写、实验与实习基地的协作等方面的服务,以推进高等职业教育经济管理专业的教学水平的提高。

"高等职业教育经济管理类专业建设协作网"首批会员单位名单:

南京正德职业技术学院	南京工业职业技术学院
南京钟山职业技术学院	南京金肯职业技术学院
江苏经贸职业技术学院	南通纺织职业技术学院
南京应天职业技术学院	镇江市高等专科学校
无锡商业职业技术学院	常州轻工职业技术学院
南京化工职业技术学院	常州信息职业技术学院
常州建东职业技术学院	常州纺织服装职业技术学院
常州工程职业技术学院	南京铁道职业技术学院
南京交通职业技术学院	无锡南洋职业技术学院
江阴职业技术学院	南京信息职业技术学院
扬州职业大学	黄河水利职业技术学院
天津滨海职业学院	江苏农林职业技术学院
安徽新华职业技术学院	黑龙江农业经济职业学院
山东纺织职业技术学院	东南大学经济管理学院
浙江机电职业技术学院	广东番禺职业技术学院
南京商骏创业网络专修学院	苏州经贸职业技术学校
东南大学出版社	江苏海事职业技术学院

高等职业教育经济管理类专业教材编委会
2013 年 1 月

序

高等职业教育是整个高等教育体系中的一个重要组成部分。近几年来,我国高等职业教育进入了高速发展时期,其中经济管理类专业学生占有相当大的比例。面对当前难以预测的技术人才市场变化的严峻形势,造就大批具有技能且适应企业当前需要的生产和管理第一线岗位的合格人才,是人才市场与时代的需要。

为培养出适应社会需求的毕业生,高等职业教育再也不能模仿、步趋本科教育的方式。要探索适合高等职业教育特点的教育方式,就要真正贯彻高等职业教育的要求,即"基础理论适度够用、加强实践环节、突出职业技能教育的方针"。为此,有计划、有组织地进行高等职业教育经济管理类专业的课程改革和教材建设工作已成为当务之急。

本次教材编写的特点是:面向高等职业教育系统的实际情况,按需施教,讲究实效;既保持理论体系的系统性和方法的科学性,更注重教材的实用性和针对性;理论部分为实用而设、为实用而教;强调以实例为引导、以实训为手段、以实际技能为目标;深入浅出,简明扼要。为了做好教材编写工作,还要求各教材编写组组织具有高等职业教育经验的老师参加教材编写的研讨,集思广益,博采众长。

经过多方的努力,高等职业教育经济管理类专业教材已正式出版发行。这是在几十所高等职业院校积极参与下,上百位具有高等职业教育教学经验的老师共同努力高效率工作的结果。

值此出版之际,我们谨向所有支持过本套教材出版的各校领导、教务部门同志和广大编写教师表示诚挚的谢意。

本次教材建设,只是我们在高等职业教育经济管理类专业教材建设上走出的第一步。我们将继续努力,跟踪教材的使用效果,不断发现新的问题;同时也希望广大教师和读者不吝赐教和批评指正。目前我们已根据新的形势变化与发展要求对教材陆续进行了修订,期望它能在几番磨炼中,成为一套真正适用于高等职业教育的优秀教材。

宁宣熙

2013 年 1 月

前　言

21世纪,在信息化浪潮的推动下,中国的发展步伐日益加快,计算机网络信息技术正极大地改变着我们的工作、学习和生活的方方面面。随着国家"十二五"规划的顺利进行,中国的经济改革不断深入,物联网、云计算、3G等新一代信息技术的应用浪潮日益紧追国际前沿,席卷各个领域。

当前,我国各类企事业单位信息化管理程度越来越高,计算机的应用越来越普及。人们无论在何种岗位从事何种工作,学习和掌握信息技术和管理方面的知识,了解如何有效地利用身边的信息系统为自己服务,知道如何利用和保护日益丰富的数据资源,如何得到所需要的信息系统,用来改善企业组织的业务和管理,都是非常必要的。用于信息处理的数据库技术是计算机科学技术中发展最快的领域之一,也是应用范围最广、实用性很强的技术之一,它已成为管理信息系统(MIS)、决策支持系统(DDS)、办公自动化(OA)、地理信息系统(GIS)、计算机辅助系统设计(CAD、CAM、CASE)等领域的核心技术和重要基础。

本书根据最新的非计算机信息专业的人才培养方案,总结多年的数据库技术和管理信息系统的教学经验,以数据库技术和信息系统应用的岗位能力要求为导向,将相关课程进行整合,系统介绍数据库的技术和在信息系统中的应用。本书本着实践和理论并重的原则,结合非计算机专业学生的特点,在教材内容选取、形式编排、知识面拓宽上,以应用为目的,以案例为引导,结合管理信息系统和数据库的基础知识,力求避免术语的枯燥讲解和操作的简单堆砌,使学生可以参照教材提供的讲解和实训,尽快掌握相关数据库软件的基本功能和操作,能够独立完成小型管理信息系统的建设。

本书共分为10个章节,分别为数据库技术基础、管理信息系统基础、关系数据库、数据库的设计、管理信息系统的开发、Access数据库操作与应用、Visual FoxPro数据库操作与应用、SQL Server数据库操作与应用、数据库系统管理技术和小型数据库开发应用实例——工资管理系统。同时,设置了Visual FoxPro数据库操作与应用的实训内容,共计13个。

本书从管理信息基本概念入手,通过数据库系统基本原理的介绍,以数据库应用基础为主线,对数据库系统的知识"取精用弘",既能够反映出数据库学科的整体概貌,涵盖数据库系统中最本质、最基础、最有用的内容,同时又能够深入浅出、通俗易懂;既考虑不同层次学生对知识深度的要求,又照顾了学生应用技能的需要。

本书由李凌、王一海担任主编,负责整体策划、统稿和审稿工作;孙晶和殷凯参与编写。全书共10个章节,其中第1章、第2章、第4章以及实训内容由王一海编写,第6章、第7章、第8章、第9章由李凌编写,第3章、第5章由孙晶编写,第10章由殷凯编写。本书配有实训数据、电子课件、教学大纲、习题参考答案等教学资源,欢迎广大读者索取,同时欢迎读者对本书提出宝贵的意见或建议,联系邮箱haizi51@hotmail.com。

同时本书在编写过程中,借鉴和引用了大量数据库技术和管理信息系统方面的相关著作、教材、案例以及网络资料,引用资料都在参考文献中列出,在此对这些文献和书籍的著作者表示真诚的感谢。

由于编写水平有限,书中难免存在错误和疏漏之处,敬请广大读者批评指正。

编　者

2012 年 12 月

目　　录

1 数据库技术基础

【本章学习目的和要求】
◇ 了解数据管理技术的发展。
◇ 掌握数据库系统的组成及特点。
◇ 掌握数据库系统的三级模式和两级映像。
◇ 掌握数据模型中实体、属性、联系和关键字等基本概念。

数据库技术是计算机科学的重要分支,是信息系统的核心和基础,是应数据管理任务的需要而产生的。本章介绍数据管理技术发展的三个阶段,数据库技术中的数据、信息、数据库、数据库管理系统和数据库系统的基本知识,同时剖析数据库系统的组成结构和数据模型。

1.1 数据管理技术的发展

随着信息技术应用的日益广泛,作为管理信息资源的数据库技术也得到了快速的发展,其应用领域已经涉及办公自动化系统、管理信息系统、专家系统、过程控制、联机分析处理、计算机辅助设计与制造等领域。因此,数据库技术是近年来计算机科学技术中发展最快的领域之一,它已成为计算机信息系统与应用系统的核心技术和重要基础。

数据库技术就是研究如何对数据进行科学的组织、管理和处理,以便提供可共享的、安全的、可靠的数据信息。

1.1.1 信息与数据

在计算机应用技术中,信息与数据这两个概念有很多相似之处,但其表述的具体内容是有区别的。

信息(Information)是经过加工处理后具有一定含义的数据集合,它具有超出事实数据本身之外的价值。信息是标识复杂客观实体的数据,是人们进行各种活动所需要的知识。例如,可以将学生年龄是"18"岁、性别为"男"的两组相对独立的数据集合在一起形成一条表示学生基本情况的信息。

数据(Data)是数据库中存储的基本对象,通常指描述事物的符号。这些符号具有不同的数据类型,它可以是数字、文本,也可以是图形、图像、声音、说明性信息等。例如,定义学生的年龄"18"岁,学生性别是"男",或用字母"T"表示"男",这里的"18"、"男"和"T"都是数据。因此,数据代表的是真实世界的客观事实。

数据与信息既有联系又有区别。数据是表示信息的,但并非任何数据都表示信息;信息是加工处理后的数据,是数据所表达的内容。同时,信息不随表示它的数据形式而改变,它是反映客观现实世界的知识;而数据则具有任意性,用不同的数据形式可以表示相同的信息。

将数据转换成信息的过程称为数据处理,它包括对各种类型的数据进行的收集、储存、分类、加工和传输等一系列活动,具体讲就是对所输入的数据进行加工整理。其目的是从大量的、已知的数据出发,根据实物之间的固有联系和运动规律,推导、抽取出有价值的、有意义的信息。

1.1.2 数据管理技术的发展

从数据本身来讲,数据管理是指收集数据、组织数据、存储数据和维护数据等几个方面。随着计算机硬件和软件技术的发展,计算机数据管理技术也在不断改进,大致经历了 3 个阶段:人工管理阶段、文件系统阶段和数据库系统阶段。

1) 人工管理阶段

20 世纪 50 年代中期以前,计算机主要用于科学计算,数据量较少,一般不需要长期保存。硬件方面,外部存储器只有卡片、磁带和纸带,还没有磁盘等可以直接存取的存储设备;软件方面,没有专门管理数据的软件,数据处理方式基本是批处理。此阶段数据与应用程序之间的关系是一一对应的关系。

图 1-1 人工管理阶段应用程序与数据之间的关系

这一阶段数据管理的特点如下:

(1) 数据面向具体应用,不共享

一组数据只能对应一组应用程序,如果数据的类型、格式或者数据的存取方法、输入/输出方式等改变了,程序必须做相应的修改。这使得数据不能共享,即使两个应用程序涉及某些相同的数据,也必须各自定义,无法互相利用。因此,程序与程序之间存在大量的冗余。

(2) 数据不单独保存

由于应用程序与数据之间结合的非常紧密,每处理一批数据,都要特地为这批数据编制相应的应用程序。数据只为本程序所使用,无法被其他应用程序利用。因此,程序的数据均不能单独保存。

(3) 没有软件系统对数据进行管理

数据管理任务,包括数据存储结构、存取方法、输入/输出方式等,这些完全由程序开发人员负责,没有专门的软件加以管理。一旦数据发生改变,就必须修改程序,这就给应用程序开发人员增加了很大的负担。

这个阶段只有程序的概念,没有文件的概念。数据的组织方式必须由程序员自行设计。

2) 文件系统阶段

20 世纪 50 年代后期至 60 年代中后期,计算机已不仅用于科学计算,还用于信息管理。硬件方面,有了磁盘、磁鼓等直接存取的外部存储设备;软件方面,操作系统中已经有了专门的管理外存储的数据软件,一般称为文件系统。数据处理方式不仅有批处理,还有联机实时处理。此阶段数据与应用程序之间的关系如图 1 - 2 所示。

图 1 - 2　文件系统阶段应用程序与数据之间的对应关系

（1）文件系统化阶段数据管理的特点

① 程序与数据分开存储，数据以"文件"形式可长期保存在外部存储器上，并可对其进行多次查询、修改、插入和删除等操作。

② 有专门的文件系统进行数据管理，程序和数据之间通过文件系统提供的存取方法进行转换。因此程序和数据之间具有一定的独立性，程序访问数据只需知道文件名，不必关心数据的物理位置。数据的存取以记录为单位，并出现了多种文件组织形式，如索引文件、随机文件和直接存取文件等。

③ 数据不只对应某个应用程序，可以存取，可以被重复使用。但程序还是基于特定的物理结构和存取方法，因此数据结构与程序之间的依赖关系仍然存在。

（2）文件系统阶段数据管理的缺点

虽然这一阶段较人工管理阶段数据管理有了很大的改进，但仍有很多缺点。

① 数据冗余度大：文件系统中数据文件结构的设计仍然对应于某个应用程序，也就是说，数据还是面向应用的。当不同的应用程序所需要的数据有部分相同的，也必须建立各自的文件，不能共享数据。

② 数据独立性差：文件系统中数据文件是为某一特定要求设计的，数据与程序相互依赖。如果改变数据的逻辑结构或文件的组织形式，必须修改相应的应用程序；而改变应用程序，比如说改变应用程序的编程语言，也必须修改数据文件的结构。

因此，文件系统是一个不具有弹性的、无结构的数据集合，即文件之间是独立的，不能反映现实世界事务之间的内在联系。

3）数据库系统阶段

20 世纪 60 年代后期以来，计算机用于管理的范围越来越广泛，数据量也急剧增加。硬件技术方面，开始出现了容量大、价格低廉的磁盘。软件技术方面，操作系统更加成熟，程序设计语言的功能更加强大。在数据处理方式上，联机实时处理要求更多，还出现了分布式数据处理方式，用于解决多用户、多应用共享数据的要求。在这样的背景下，数据库技术应运而生，它是主要解决数据的专门软件系统，即数据库管理系统。数据库管理系统阶段应用程序与数据之间的对应关系如图 1 - 3 所示。

图 1 - 3　数据库系统阶段应用程序与数据之间的对应关系

数据库系统阶段的数据管理具有以下特点：

（1）数据结构化

数据结构化是数据库与文件系统的根本区别，是数据库系统的主要特征之一。传统文件的最简单形式是等长、同格式的记录集合。在文件系统中，相互独立的文件的记录内部是有结构的，类似于属性之间的联系，而记录之间是没有结构的、孤立的。例如，有3个文件：学生（学号、姓名、年龄、性别、出生日期、专业、住址）、课程（课程号、课程名称、授课教师）、成绩（学号、课程号、成绩）。要想查找某人选修的全部课程的课程名称和对应成绩，则必须编写一段很不简单的程序来实现。

数据库系统采用数据模型来表示复杂的数据结构，数据模型不仅表示数据本身的联系，而且表示数据之间的联系。只要定义好数据模型，上述问题可以非常容易地联机查到。

（2）数据的冗余度低、共享性高、易扩充

数据库系统从整体角度看待和描述数据，数据不再面向某个应用而是面向整个系统，因此一个数据可以被多个用户、多个应用共享使用。这样可以大大减少数据冗余，提高共享性，节约存储空间。数据共享还能够避免数据之间的不相容性与不一致性。

数据的不一致性是指同一数据不同复制的值不一样。采用人工管理或文件系统管理时，由于数据可以被重复存储，当不同的应用使用和修改不同的复制时就很容易造成数据的不一致。在数据库中，数据共享减少了由于数据冗余造成的不一致现象。

由于数据面向整个系统，是有结构的，因此不但可以被多个应用共享使用，而且容易增加新的应用，这就使得数据库系统弹性大，易于扩充，可以适应各种用户的要求。

（3）数据独立性高

数据独立性包括数据的物理独立性和数据的逻辑独立性。物理独立性是指用户的应用程序与存储在磁盘上的数据库中的数据是相互独立的。也就是说，数据在磁盘上的数据库中怎样存储是由数据库管理系统负责管理的，应用程序不需要了解，应用程序要处理的只是数据的逻辑结构。这样当数据的物理结构改变时，不会影响数据的逻辑结构和应用程序，这就保证了数据的独立性。

而数据的逻辑独立性是指用户的应用程序与数据库的逻辑结构是相互独立的，即当数据的逻辑结构改变了，应用程序也可以保持不变。

（4）数据由数据库管理系统统一管理和控制

数据库系统的共享是并发的共享，即多个用户可以同时存取数据库中的数据。这个阶段的程序和数据的联系是通过数据库管理系统（DBMS）来实现。数据库管理系统必须为用户提供存储、检索、更新数据的手段，实现数据库的并发控制，实现数据库的恢复，保证数据完整性和保障数据安全性控制。

1.2 数据库的系统结构

数据库系统（DataBase System，DBS）是指应用数据库技术后的计算机系统，实现了有组织、动态地存储大量相关数据，提供了数据处理和信息资源共享的便利手段。数据库系统是带有数据库并利用数据库技术进行数据管理的一个计算机系统。一个数据库系统包括计算机的硬件、数据库、数据库管理系统、应用程序及用户，如图1-4所示。

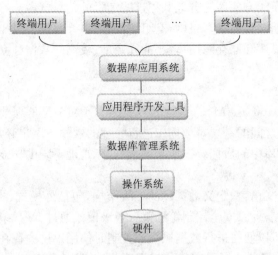

图 1-4 数据库系统组成

1.2.1 数据库系统的组成

1) 硬件、软件系统

由于数据库系统数据量都很大，加之 DBMS 丰富的功能使得其自身的规模也很大，因此整个数据库系统对硬件资源提出了较高的要求，这些要求如下：

（1）有足够大的内存，存放操作系统、DBMS 的核心模块、数据缓冲区和应用程序。

（2）有足够大的磁盘等直接存取设备，存放数据库；有足够数量的存储介质（内部存储设备和外部存储设备），作数据备份。

（3）有较高的通信能力，以提高数据传送率。

数据库系统的软件主要包括数据库管理系统和支持 DBMS 运行的操作系统。数据库管理系统是整个数据库系统的核心，是位于用户与操作系统之间的一层数据管理软件，主要用于数据库的建立、使用和维护，对数据库中数据资源进行统一管理和控制，同时将数据库应用程序和数据库中的数据联系起来。数据库系统的软件还包括与数据库接口的高级语言和应用程序开发工具。

一般来说，一种数据库只支持一种或两种操作系统。然而，近几年来，跨平台作业越来越受到人们的重视，许多大型数据库都同时支持几种操作系统，如 ORACLE 数据库等。

应用程序开发工具在这里主要是用来开发与数据库相关的应用程序，现在流行的数据库应用程序开发工具有很多种，如 Access 2007 就是一种优秀的工具，它的功能齐全，并且处理数据的速度较高。

2) 数据库

数据库（DataBase，DB）是存储在计算机存储设备上的结构化的相关数据集合。它不仅包括描述事物的数据本身，还包括相关事物之间的联系。

人们收集并抽取出一个应用所需的大量数据之后，应将其保存起来以供进一步加工处理，进一步抽取有用的信息。在科学技术飞速发展的今天，人们的视野越来越广，数据量急剧增加。过去人们把数据存放在文件柜里，现在人们借助计算机和数据库技术科学地保存和管理大量的复杂的数据，以便能方便而充分地利用这些宝贵的信息资源。

所以，数据库是长期储存在计算机内，有组织的、可共享的数据集合。数据库中的数据按一定的数据模型组织、描述和储存，具有较小的冗余度、较高的数据独立性和易扩展性，并可为各种用户所共享。

3）数据库管理系统

数据库管理系统（DataBase Management System，DBMS）是处理数据访问的软件系统，也是位于用户与操作系统之间的一层对数据库进行管理的软件。用户必须通过数据库管理系统来统一管理和控制数据库中的数据。一般来说，数据库管理系统的功能主要包括下述内容：

（1）数据定义

DBMS 提供数据定义语言，定义数据库的三级结构，包括外模式、模式和内模式及相互之间的映像；定义数据的完整性、安全控制等约束。各级模式通过 DLL 编译成相应的目标模式，并被保存在数据字典中，以便在进行数据操纵和控制时使用。这些存在于数据字典中的定义，是 DBMS 存储和管理数据的依据。DBMS 根据这些定义，从物理记录导出全局逻辑记录，再导出用户所检索的记录。

（2）数据操纵

DBMS 还提供数据操纵语言，用户可以使用数据操纵语言（Data Manipulation Language，DML）操纵数据，实现对数据库的基本操作，如存取、检索、插入、删除和修改等。DML 有两类，一类 DML 可以独立交互使用，不依赖于任何程序设计语言，称为宿主型 DML。在使用高级语言编写的应用程序中，需要使用宿主型 DML 访问数据库中的数据。因此，DBMS 必须包含编译或解释程序。

（3）数据库的运行管理

所有数据库的操作都要在数据库管理系统的统一管理和控制下进行，以保证数据库的正确运行和数据的安全性、完整性。这也是 DBMS 运行时的核心部分，它包括如下内容：

① 数据的并发（concurrency）控制：当多个用户的并发进程同时存取、修改或访问数据库时，可能会发生相互干扰而得到错误的结果或使得数据库的完整性遭到破坏，因此必须对多用户的并发操作加以协调和控制。

② 数据的安全性（security）保护：数据的安全性保护是指保护数据以防止不合法的使用造成的数据的泄密和破坏。因此，每个用户只能按规定对某些数据以某些方式进行使用和处理。

③ 数据的完整性（integrity）控制：数据的完整性控制是指设计一定的完整性规则以确保数据库中数据的正确性、有效性和相容性。例如，当输入或修改数据时，不符合数据库定义规定的数据，系统不予接受。

④ 数据库的恢复（recovery）：计算机系统的硬件故障、软件故障、操作员的失误以及故意的破坏都会影响数据库中数据的正确性，甚至造成数据库部分或全部数据的丢失。DBMS 必须具有将数据从错误状态恢复到某一已知的正确状态（亦称为完整状态或一致状态）的功能，这就是数据库的恢复功能。

（4）数据库的建立和维护

数据库的建立和维护包括数据库初始数据的装入、转换，数据库的转储、恢复、重组织、系统性能监视、分析等功能。

（5）数据的通信

DBMS 提供与其他软件系统进行通信的功能，实现用户程序与 DBMS 之间的通信，通常与操作系统协调完成。

4）数据库应用系统

数据库应用系统（DataBase Application System，DBAS)是指系统开发人员利用数据库系统资源开发出来的，面向某一类实际应用的应用软件系统。例如：航空售票系统、银行业务系统、超市业务系统、工厂管理信息系统、学校教学管理系统等。

5）用户

用户是指使用数据库的人，即对数据库进行输入、存储、维护和检索等操作的人员，包括数据库管理员、应用程序开发人员和终端用户。

（1）数据库管理员

为保证数据库系统的正常运行，需要专门人员来负责全面管理和控制数据库系统，承担此任务的人员就称为数据库管理员（DBA）。

（2）应用程序开发人员

应用程序开发人员是设计数据库管理系统的人员。他们主要负责根据系统的需求分析，使用某种高级语言程序编写应用程序。应用程序可以对数据库进行访问、修改和存取等操作，并能够将数据库返回的结果按一定的形式显示给用户。

（3）终端用户

终端用户是从计算机终端与系统交互的最终用户。终端用户可以通过已经开发好的、具有友好界面的应用程序访问数据库，还可以使用数据库系统提供的接口进行联机访问数据库。

1.2.2 数据库系统的特点

数据库系统主要有以下几个特点：

1）数据共享性好

数据共享包括三个方面：一是所有用户可以同时存取数据；二是数据库可以为各类用户、多个应用程序提供服务；三是可以使用多种高级语言完成与数据的连接。数据共享可以大大减少数据冗余，节约存储空间，给数据应用带来很大的灵活性。

2）数据独立性强

在数据库系统中，数据库管理系统提供映像功能，使其具有高度的物理独立性和一定的逻辑独立性。用户只需以简单的逻辑结构来操作数据，无需考虑数据在存储器上的物理位置与结构。

3）数据结构化

数据库中的数据是以一定的逻辑结构存放的，这种结构是由数据库管理系统所支持的数据模型决定的。数据库系统不仅可以表示事物内部各数据项之间的联系，而且还可以表示事物和事物之间的联系。只有按一定结构组织和存放数据，才便于对它们实现有效的管理。

4）数据控制统一

由于多个用户、多个应用程序可以同时使用同一个数据库，因此必须提供必要的数据安全保护措施，包括安全性控制措施、完整性控制措施和并发操作控制措施等。数据库管理系统提供了备份、权限等保护措施来保障数据的安全性和完整性。

1.2.3 数据库系统的三级模式结构

数据模型用数据描述语言给出的精确描述称为数据模式。数据模式是数据库的框架。构建数据库系统的模式结构是为了保证数据的独立性,以达到数据统一管理和共享的目的。数据库的数据模式由外模式、模式和内模式三级模式构成,其结构如图 1-5 所示。

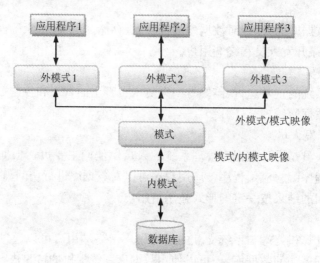

图 1-5 数据库系统的三级数据模式结构

1) 外模式

外模式也称子模式或用户模式,属于视图层抽象,它是数据库用户(包括应用程序和最终用户)能够看见和使用的局部数据的逻辑结构和特征的描述,是数据库用户的数据视图,是与某一应用有关的数据的逻辑表示。

外模式通常是模式的子集。一个数据库可以有多个外模式。由于它是各个用户的数据视图,因此如果用户在应用需求、提取数据的方式、对数据保密的要求等方面存在差异,则其外模式描述是有所不同的。即使是模式中的同一数据,在外模式中的结构、类型、长度、保密级别等也都可以不同。可见,不同数据库用户的外模式可以不同。

每个用户只能看见和访问对应的外模式中的数据,数据库中的其余数据是不可见的,即对于用户来说,外模式就是数据库。这样既能实现数据共享,又能保证数据库的安全性。DBMS提供外模式描述语言来严格定义外模式。

2) 模式

模式也称逻辑模式或概念模式,是数据库中全体数据的逻辑结构和特征的描述,是所有用户的公共数据视图,是数据库管理员看到的数据库,属于逻辑层抽象。它介于外模式与内模式之间,既不涉及数据的物理存储细节和硬件环境,也与具体的应用程序、所使用的应用程序无关。

模式实际上是数据库数据在逻辑上的视图。一个数据库只有一个模式。数据库模式以一种数据模型为基础,统一考虑所有用户的需求,并将这些需求有机结合成一个逻辑整体。定义模式时不仅要定义数据之间的联系,还要定义与数据有关的安全性、完整性要求。模式可以减小系统的数据冗余,实现数据共享。DBMS 提供模式描述语言来严格地定义模式。

3) 内模式

内模式也称存储模式,是数据在数据库中的内部消息,属于物理层抽象。内模式是数据物理结构和存储方式的描述,一个数据库只有一个内模式,它是 DBMS 管理的最底层。DBMS 提供内模式描述语言来严格地定义内模式。

总之,模式描述数据的全局逻辑结构;外模式涉及的是数据的局部逻辑结构,即用户可以直接接触到的数据的逻辑结构;而内模式更多是在数据库系统内部实现的。

1.2.4 数据库的两级映像与独立性

数据库系统的三级模式是由模式、外模式和内模式三级构成,为了能够在内部实现这三个抽象层次的联系和转换,数据库管理系统在这三级模式之间提供了两层映像:

1) 外模式/模式映像

模式描述的是数据的全局逻辑结构。同一个模式可以对应有任意多个外模式。对于每一个模式,数据库系统的库系统都提供了一个外模式/模式映像,它定义了该外模式与模式之间的对应关系。这些映像定义通常包含在各自外模式的描述中。

当模式改变时,可由数据库管理员对各个外模式/模式的映像做相应的改变,从而保持外模式不变。由于应用程序是依据数据的外模式编写的,因此应用程序就不必修改了,保证了数据与程序的逻辑独立性,简称数据的逻辑独立性。

2) 模式/内模式映像

数据库中只有一个模式,也只有一个内模式,所有模式/内模式映像是唯一的,它定义了数据库全局逻辑结构与存储结构之间的对应关系。当数据库的存储结构改变时(例如选用了另一种存储结构),为了保持模式不变及应用程序保持不变,可由数据库管理员对模式/内模式映像做相应改变。这样,就保证了数据与程序的物理独立性,简称数据的物理独立性。

在数据库的三级模式结构中,数据库模式,即全局逻辑结构是数据库的中心与关键,它独立于数据库的其他层次。因此设计数据库模式结构时应首先确定数据库的逻辑模式。

数据库的内模式依赖于它的全局逻辑结构,但独立于数据库用户视图即外模式,也独立于具体的存储设备。它是将全局逻辑结构中所定义的数据结构及其联系按照一定的物理存储策略进行组织,以达到较好的时间与空间效率。

数据库的外模式面向具体的应用程序,它定义在逻辑模式之上,但独立于存储模式和存储设备。当用户需求发生较大变化,相应外模式不能满足其视图要求时,该外模式就要做相应的改动,所以设计外模式时应充分考虑应用的扩充性。

特定的应用程序是在外模式描述的数据结构上编制的,它依赖于特定的外模式,与数据库的模式和存储结构独立。不同的应用程序有时可以共用同一个外模式。数据库的两级映像保证了数据库外模式的稳定性,从而从底层保证了应用程序的稳定性,除非应用需求本身发生变化,否则应用程序一般不需要修改。

数据库的三级模式和两级映像保证了数据与程序之间的独立性,使得数据的定义和描述可以从应用程序中分离出去。另外,由于数据的存取由 DBMS 管理,用户不必考虑存取路径等细节,从而简化了应用程序的编制,大大减少了应用程序的维护和修改量。

1.2.5 数据库系统的体系结构

1）单用户数据库系统

单用户数据库系统体系结构适合早期的、最简单的数据库系统。在单用户数据库系统中，整个数据库系统都装在一台计算机上，由一个用户完成，数据不能共享，数据冗余度大。

2）主从式结构的数据库系统

主从式结构也称为集中式结构，指的是一台主机连接多个用户终端的结构，如图1-6所示。在这种结构中，数据库系统的应用程序、DBMS、数据都放在主机上，所有的处理任务由主机完成，多个用户可同时并发地存取数据，能够共享数据。这种体系结构简单，易于维护，但是当用户终端增加到一定数量后，数据的存取将会成为瓶颈问题，使系统的性能大大地降低。

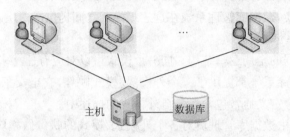

图1-6　主从式结构的数据库系统

3）分布式结构的数据库系统

分布式结构的数据库系统是指数据库中的数据在逻辑上是一个整体，但物理地分布在计算机网络的不同结点上，如图1-7所示。网络中的每个结点都可以独立处理本地数据库中的数据，执行局部应用；同时也可以同时存取和处理多个异地数据库中的数据，执行全局应用。

分布式结构的数据库系统是计算机网络发展的必然产物，它适应了地理上分散的公司、团体和组织对于数据库应用的需求。但是数据的分布存储给数据的处理、管理与维护带来困难；当用户需要经常访问远程数据时，系统效率会明显地受到网络通信的制约。

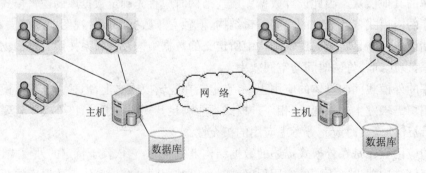

图1-7　分布式结构的数据库系统

4）客户/服务器（C/S）结构的数据库系统

随着工作站点的增加和广泛应用，人们开始把DBMS功能和应用分开，在网络中某个或某些结点的计算机专门用于执行DBMS核心功能，这台计算机就称为数据库服务器；其他结点上的计算机安装DBMS外围应用开发工具和应用程序，支持用户的应用，称为客户机。这种把 DBMS 和应用程序分开的结构就是客户/服务器数据库系统,它的一般结构如图 1-8 所示。

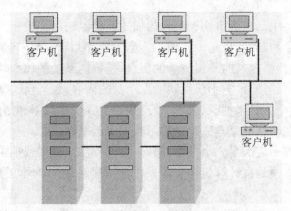

图 1-8 客户/服务器结构的数据库系统

在客户/服务器结构中,客户机具有一定的数据处理和存储能力,通过把应用软件的计算和数据合理地分配在客户机和服务器两端,可以有效地降低网络通信量和服务器运算量,从而降低系统的通信开销。C/S 结构的优点是能充分发挥客户端的处理能力,很多工作可以在客户端处理后再提交给服务器。它的缺点是只适用于局域网,客户端需要安装专用的客户端软件,对客户端的操作系统一般也会有一定限制。

5) 浏览器/服务器(B/S)结构的数据库系统

浏览器/服务器是 Web 兴起后的一种网络结构模式,这种模式统一了客户端,将系统功能实现的核心部分集中到服务器上,简化了系统的开发、维护和使用。采用 B/S 结构的系统,作为客户端的浏览器并非直接与数据库相连,而是通过客户端与数据库服务器之间的 Web 服务器与数据库进行交互,这样减少了与数据库服务器连接的计算机的数量,并且可以把业务规则、数据访问、合法性校验等处理逻辑分担给 Web 服务器处理,减轻了数据库服务器的负担。

B/S 结构最大的优点就是只要有一台能上网的计算机就能在任何地方访问数据库,进行操作,而不用安装任何专门的软件;客户端零维护;系统的扩展非常容易。它的缺点在于服务器端处理了系统的绝大部分事物逻辑,因此,数据库服务器负荷较重。

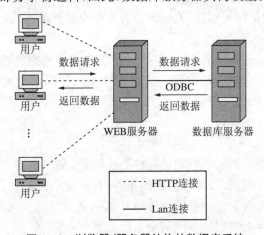

图 1-9 浏览器/服务器结构的数据库系统

1.3 数据模型

模型是人们对现实生活中的事物和过程的描述及抽象表达。数据库中的数据模型是对现实世界数据特征的抽象和归纳,也是一种模型。数据模型(Data Model)是客观事物某些特征的数据抽象和模拟,是严格定义的一组概念的集合,是数据系统的核心。

数据库是相关数据的集合,它不仅反映数据本身的内容,而且反映数据之间的联系。在数据库中,用数据模型这个工具来抽象、表示、处理现实世界中的数据和信息,以便计算机能够处理这些对象。了解数据模型的基本概念是学习数据库的基础。

数据模型一般情况下应满足三个条件:第一,能够真实地模拟或抽象描述现实世界;第二,容易理解;第三,能够方便地在计算机中实现。在数据库系统中,不同的数据模型能够提供不同的数据和信息。

根据数据模型应用目的的不同,可以将数据模型分为两类:概念模型(也称信息模式)和数据模型。前者是从用户的角度对数据和信息建模,这类模型主要用在数据库的设计阶段,与具体的数据库管理系统无关。后者是从计算机系统的角度对数据建模,它与所使用的数据管理系统的种类有关,主要用于 DBMS 的实现。

1.3.1 数据模型的三要素

现实世界客观事物经过概念模型的抽象和描述,最终要转换为计算机所能识别的数据模型。数据模型与具体的 DBMS 相关,可以说它是概念模型的数据化,是现实世界的计算机模拟。数据模型通常有一组严格定义的语法,人们可以使用它来定义、操作数据库中的数据。数据模型的组成要素为数据结构、数据操作和数据的完整性约束。

1) 数据结构

数据结构是对数据静态特征的描述。数据的静态特征包括数据的基本结构、数据间的联系和对数据取值范围的约束。可以说,数据结构是所研究对象类型的集合。例如,学生信息中的学号和选课信息中的学号是有联系的,即选课信息中的学号必须在学生信息的学号的取值范围内。

在数据系统中,通常按数据结构的类型来命名数据模型,如层次结构的数据模型是层次模型,网状结构的数据模型是网状模型,关系结构的数据模型是关系模型。

2) 数据操作

数据操作是对数据动态特征的描述,包括对数据进行的操作及相关操作规则。数据库的操作主要有检索和更新(包括插入、删除、修改)两大类。数据模型要定义这些操作的确切含义、操作符号、操作规则(如优先级别)以及实现操作的语言。因此,数据操作完全可以看成是对数据库中各种对象操作的集合。

3) 数据的完整性约束

数据的完整性约束是对数据静态和动态特征的限定,是用来描述数据模型中数据及其联系应该具有的制约和依存规则,以保证数据的正确、有效和相容。

数据模型应该符合本数据模型必须遵守的基本的完整性约束条件。在关系模型中,任何关系必须满足实体完整性和参照完整性两个条件。

另外,数据模型还应该提供定义完整性约束条件的机制,用以反映特定的数据必须遵守特定的语义约束条件。如学生信息中必须要求学生性别只能是男或女,选课信息中成绩应该在0~100之间等。

这三个要素完整地描述了一个数据模型,数据模型不同,描述和实现方法亦不同。

1.3.2 概念模型

由于计算机不可能直接处理现实世界的具体事物,更不能够处理事物与事物之间的联系,因此必须把现实世界的具体事物转换成计算机能够处理的对象。信息世界是现实世界在人脑中的真实反映,是对客观事物及其联系的一种抽象描述。为把现实世界中的具体事物抽象、组织为 DBMS 所支持的数据模型,人们常常首先将现实世界抽象为信息世界,然后将信息世界转换为机器世界。具体地讲,就是首先把现实世界中的客观事物抽象为某一种信息结构,这种信息结构并不依赖于具体的计算机系统,也不与具体的 DBMS 相关,而是概念级的模型。然后再把概念模型转换为计算机上某一 DBMS 支持的数据模型。在这个过程中,将抽象出的概念模型转换成数据模型是比较直接和简单的,因此设计合适的概念模型就显得比较重要。

概念模型是现实世界到机器世界的一个中间层,它不依赖于数据的组织结构,反映的是现实世界中的信息及其关系。它是现实世界到信息世界的第一层抽象,也是用户和数据库设计人员之间进行交流的工具。这类模型不但具有较强的语义表达能力,能够方便、直接地表述应用中的各种语义知识,而且概念简单、清晰,便于用户理解。

数据库设计人员在设计初期应把主要精力放在概念模式的设计上,因为概念模型是面向现实世界的,与具体的 DBMS 无关。

1) E-R 模型中的基本概念

概念模型是对信息世界建模,所以概念模型应该能够方便、准确地表示出信息世界中的信息。

(1) 实体

客观存在并可相互区别的事物称为实体。实体可以是具体的人、事、物,也就是事物本身,如职工、学生、图书等;还可以是抽象的概念或联系,如学生选课、部门订货、借阅图书等。

(2) 属性

实体所具有的某一特征或性质称为属性。一个实体由若干个属性来刻画。例如学生实体可以用学号、姓名、性别、出生年份、专业、入学时间等属性来描述;学生选课实体可以用学号、课程号、成绩这些属性来描述。属性的具体取值称为属性值。例如,(20070101,王一山,男,1989,软件技术,2007)这些属性组合起来表征了一个具体学生。

(3) 联系

在现实世界中,事物内部以及事物之间是有联系的,这些联系在信息世界中反映为两类:一类是实体内部的联系;另一类是实体之间的联系。实体内部的联系通常是指组成实体的各属性之间的联系。实体之间的联系通常是指不同实体之间的联系。

例如,在前面介绍的学生实体中有多个属性,其中相同专业有很多学生,而一名学生当前只能有一种专业属性值,也就是说,学生的学号制约了该学生的专业,这就是实体内部的联系。再比如,学生选课实体和学生基本信息实体之间是有联系的,一名学生可以选修多门课程,一门课程可以被多名学生选修,这就是实体间的联系。

（4）键

也称为码或者实体标识符，是指能唯一标识实体集中每个实体的属性集合。例如，学号可以作为一个学校的学生实体集的键。一个实体集可以有若干个键，通常选择其中一个作为主键。

（5）域

是指属性的取值范围。例如，性别的域为集合{男，女}。

（6）关键字

唯一地标识实体的属性集称为关键字，例如学号是学生实体的关键字。关键字可以包含一个属性，也可以同时包含多个属性。如学生选课关系中，学号和课程号联合在一起才能唯一地标识某个学生某门课程的考试成绩。

（7）实体型

用实体名及其属性名集合来抽象和描述同类实体，称为实体型。例如，学生（学号、姓名、性别、出生年份、专业、入学时间）就是一个实体型，它是表示学生这个信息，不是指某一个具体的学生。通常我们所说的实体就是指实体型。

（8）实体集

性质相同的同一类实体的集合称为实体集。例如，软件学院的所有学生就是一个实体集。

2）实体间的联系

在现实世界中，事物之间的联系较为复杂。同样，实体内部和实体之间也存在着复杂的关系，这里我们主要讨论实体之间的联系。实体间的联系可以分为三类。

（1）一对一联系（1：1）

设 A，B 为两个实体集。若 A 中的每个实体至多和 B 中的一个实体有联系；反之，B 中的每个实体至多和 A 中的一个实体有联系，则称为实体集 A 与实体集 B 是一一对应联系，记为1：1。例如，职工管理信息系统中，一个部门只有一个经理，而一个经理只能担当一个部门的经理职务，所以部门与经理之间是一对一的联系。

（2）一对多联系（1：n）

设 A，B 为两个实体集。如果 A 中的某一个实体可以和 B 中的 n 个实体有联系；反之，B 中的每个实体至多和 A 中的一个实体有联系，则称实体集 A 与实体集 B 是一对多的联系，记为1：n。这类联系比较普遍，例如，部门与职工之间就是一对多联系，一个部门可以有多名职工，一名职工只在一个部门就职（只占一个部门的编制）。又如，一个系有多名教师，而每位教师只能在一个系工作，系和老师之间也是一对多联系。一对一联系可以看作一对多联系的一个特殊情况，即 $n=1$ 时的特例。

（3）多对多联系（m：n）

设 A，B 为两个实体集。若 A 中的每个实体可与 B 中的多个实体有联系；反之，B 中的每个实体也可以与 A 中的多个实体有联系，则称实体集 A 与实体集 B 的联系是多对多，记为 m：n。

例如，一个学生可以选修多门课程，一门课程由多名学生选修，学生和课程间就存在多对多联系。一本书可以由多个作者合作编写，而一个作者可以编写多种不同的图书，则作者与图书之间的联系也是多对多联系。

3）E-R 图绘制

概念模型的表示方法很多，其中最为著名、最为常用的是 P. P. S. Chen 于 1976 年提出的实体—联系（Entity-Relationship）方法，即 E-R 方法（E-R 模型）。该方法用 E-R 图来描述现实世界的概念模型。

E－R图中提供了表示实体集、属性和联系的方法。

实体集:用矩形框表示,矩形框内写明实体名。

属性:用椭圆形框表示,椭圆内注明属性名称,并用无向边将其与相应的实体连接起来。属性较多时,可以将实体与其相应的属性另外单独列表表示。

联系:用菱形框表示,菱形框内写明联系名,并用无向边将其与有关实体连接起来,同时在无向边上标注联系的类型($1:1,1:n$或$m:n$)。

联系也可以有属性。如果一个联系具有属性,则这些属性也要用无向边与该联系连接起来。

图1-10给出了学生实体集与课程实体集及其联系的E－R图。其中学生实体有学号、姓名、性别和出生日期等属性,课程实体有课程号、课程名和学分等属性。这里的联系选修具有成绩属性。

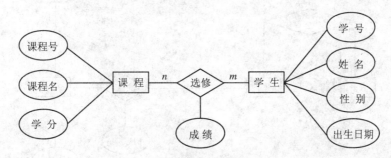

图1-10 课程与学生的E-R图

E－R图的绘制有两种方法:集成法和分离法。集成法是将实体、实体属性、实体与实体之间的联系全部画在一张图上,构成一个完整的E－R图,如图1-11所示。集成法适合规模不大的问题。分离法是先画出实体及其属性图,然后画实体—联系图,适合规模较大的问题,如图1-12所示。

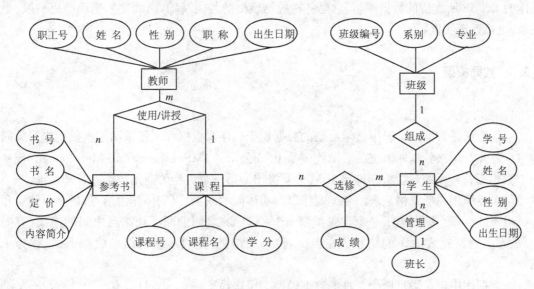

图1-11 E-R图实例(集成法)

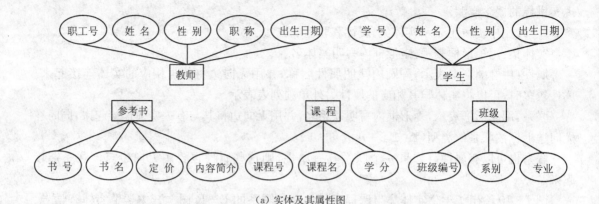

(a) 实体及其属性图

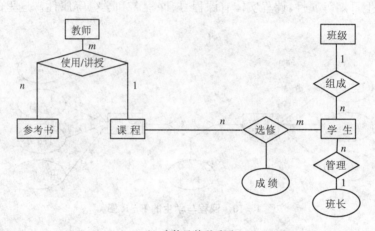

(b) 实体及其联系图

图 1-12　E-R 图实例(分离法)

实体—联系方法是抽象和描述现实世界的有力工具。用 E-R 图表示的概念模型独立于具体的 DBMS 所支持的数据模型,它是各种数据模型的共同基础,因而比数据模型更一般、更抽象、更接近现实世界。

1.3.3　数据模型

1) 层次模型

层次模型是数据库系统中最早出现的数据模型。层次数据库系统采用层次模型作为数据的组织方式。层次数据库系统的典型代表是 IBM 公司的 IMS(Information Management System)数据库管理系统,这是 1986 年 IBM 公司推出的第一个大型的商用数据库管理系统。

层次模型用树形结构来表示各类实体以及实体间的联系,以实体作为结点,树是由结点和连线组成的。每个结点表示一个记录类型,记录(类型)之间的联系用结点之间的连线(有向边)表示。通常把表示 1 的结点放在上面,称为父结点;把表示多的结点放在下面,称为子结点。

在数据库中定义满足两个条件的数据模型为层次模型:第一,有且只有一个结点没有父结点,这个结点称为根结点;第二,根结点以外的其他结点有且只有一个父结点。

由此可见,层次模型描述的是 $1:n$ 实体联系,即一个父结点可以有一个或多个子结点。如图 1-13 所示是一个层次模型。

在层次模型中,同一个父结点的子结点称为兄弟结点(twin 或 sibling),没有子结点的结点称为叶结点。每个记录类型可包含若干个字段。记录类型描述实体,字段描述实体的属性。各个记录类型及其字段都必须命名,并且同一记录类型中各个字段不能同名。

图 1-13 层次模型

层次数据模型只能直接表示一对多(包括一对一)联系,也就是说层次数据库不支持多对多联系。如果要想用层次模型表示多对多联系,就必须将其分解成几个一对多联系。分解方法有两种:冗余节点法和虚拟节点法。因此,层次数据模型可以看成是由若干个层次模型构成的集合。层次模型的数据操作主要有查询、插入、删除和更新。进行插入、删除、更新操作时,要满足层次模型的完整性约束条件。

2) 网状模型

网状模型中每一个结点表示一个记录类型(实体),每个记录类型可包含若干个字段(实体的属性),结点间的连线表示记录类型(实体)之间一对多的父子联系。与层次模型不同,网状模型中任意结点间都可以有联系。

在数据库中,把满足以下两个条件的数据模型称为网状模型:第一,允许一个以上的结点无父结点;第二,一个结点可以有多于一个的父结点。由此可见,网状模型可以描述实体多对多的联系。如图 1-14 所示是一个网状模型。

网状模型是一种比层次模型更具有普遍性的结构,它去掉了层次的两个限制:允许多个结点没有父结点,允许结点有多个父结点;此外它允许两个结点之间有多种联系(称为复合联系)。因此网状模型可以更直接地去描述现实世界,而层次模型实际上是网状模型的一个特例。

图 1-14 网状模型

网状模型的数据操作主要有查询、插入、删除和更新。进行插入、删除、更新操作时,要满足网状模型的完整性约束条件。

网状数据模型的存储结构中的关键是如何实现记录之间的联系。常用的方法是链接法,包括单向链接、双向链接、环状链接等,此外还有指引阵列法、二元制阵列法、索引法等,依具体系统的不同而不同。

网状数据模型的优点是能够更直接地描述现实世界,如多对多的联系,其存取效率较高,且性能较好。网状数据模型的缺点是结构比较复杂,而且随着应用环境的扩大,数据库的结构也变得更复杂,不利于最终用户掌握。

3) 关系模型

关系模型是目前应用最广泛,也是最重要的一种数据模型。关系数据库是采用关系模型作为数据的组织形式。关系数据模型这一概念是 1970 年在 E. F. Codd 发表的题为《大型共享数据库数据的关系模型》的论文中首次提出的,他开创了数据库关系方法和关系数据理论的研究,进而创建了关系数据库系统。DBMS 提供了结构化查询语言(Structured Query Language,SQL),这是在关系数据库中定义和操纵数据的标准语言。而 SQL 大大增加了数据库查询功能,是关系数据库系统(RDBS)普遍应用的直接原因。

关系模型中基本的数据结构是二维表。每个实体可以看成一个二维表,它存放实体本身的数据,实体间的联系也用二维表来表达。在关系模型中,每个二维表称为一个关系,并且有一个名字,称为关系名。

关系模型的常用术语如下:

关系:即通常所说的一张二维表。如表 1-1 所示即学生关系。

表 1-1　关系模型

学　号	姓　名	性　别	院　系	籍　贯
12100101	李　勇	男	计算机科学	江苏
12100405	郭东升	男	信息工程	四川
12030419	张　丽	女	土木工程	江苏
12110407	杨筱剑	男	经济管理	浙江
12080424	刘　婷	女	建筑工程	北京

属性:二维表中的一列即为一个属性,给每一个属性起一个名称即属性名。如表 1-1 中的 5 列对应 5 个属性:学号、姓名、性别、院系、籍贯。

关系模式:对应一张二维表的表头。关系模式是对一类实体特征的结构性描述,一般表述为:关系名(属性 1,属性 2,…,属性 n)。如表 1-1 所示的关系模式可描述为:学生(学号,姓名,性别,院系,籍贯)。

元组:二维表中除表头以外的一行非空行即为一个元组。如表 1-1 中的一行(12100101,李勇,男,计算机科学,江苏)就是一个元组。

候选键:二维表中的一个或一组属性的集合,它可以唯一确定一个元组。一个关系可以有若干个候选键,通常选择其中一个作为主键。如表 1-1 所示的学生表中,学号就是候选键,根据学号可以唯一确定一个学生。

域:属性的取值范围,如性别的域是(男,女)。

属性值:元组中一个属性所取的具体值。如元组(12100101,李勇,男,计算机科学,江苏)中的"12100101"和"李勇"等都是属性值。

关系模型的数据操作主要有查询、插入、删除和更新。进行插入、删除、更新操作时,要满足关系模型的完整性约束条件。关系模型中,实体及实体之间的联系都是靠二维表来表示。在数据库的物理组织中,二维表以文件形式存储。

关系数据模型的主要优点:具有严格的数据理论基础;概念单一,不管是实体本身还是实体之间的联系都是用关系(表)来表示,这些关系必须是规划的,使得数据结构变得非常清晰、简单;在用户的眼中,无论是原始数据还是结果都是二维表,不用考虑数据的存储路径。因此,提高了数据的独立性、安全性,同时也提高了开发效率。

4)面向对象数据模型

面向对象数据模型是面向对象的数据库系统的模型基础,是一种可扩充的数据模型。面向对象数据模型提出于 20 世纪 70 年代末 80 年代初,它吸收了语义数据模型和知识表示模型的一些基本概念,同时又借鉴了面向对象程序设计语言和抽象数据类型的一些思想,能够适应一些新应用领域中模拟复杂对象、模拟对象复杂行为的需求。面向对象数据模型不是一开始就有明确的定义,而是在发展中逐步形成的。直到 1991 年,美国国家标准学会的一个面向对象数据库工作组才提出第一个有关面向对象数据库标准的报告。它包括以下几个核心概念。

(1)对象标识

现实世界中的任何实体都被统一地用对象表示,每一个对象都有唯一的标识,称为对象标识,如商品的唯一的条形码。对象标识与对象的物理存储位置无关,也与数据的描述方式和值无关。

(2)封装

每一个对象是其状态和行为的封装。面向对象技术把数据和行为封装在一起,使得数据应用更灵活。从对象外部看,对象的状态和行为是不可见的,只能通过显式定义的消息传递来存取。

(3)类

所有具有相同属性和方法集的对象抽象出类。类中的每一个对象称为类的实例。所有的类组成一个有根的有向非环图,称为类层次。一个类中的所有对象具有一个共同的定义,尽管它们对变量所赋的值不同。面向对象数据模型中类的概念相当于 E-R 模型中实体集的概念。

(4)继承

一个类可以继承类层次中其直接或间接祖先的所有属性和方法。继承性可以用超类和子类的层次联系实现。一个子类可以继承某一超类的结构和特性,称为单继承。一个子类可以继承多个超类的结构和特性,称为多继承。继承是数据间的泛化/细化联系。

(5)消息

由于对象是封装的,对象与外部的通信一般只能通过消息传递来实现,即消息从外部传送给对象,存取和调用对象中的属性和方法,在内部执行所要求的操作,操作的结果仍以消息的形式返回。

课后习题

一、选择题

1. 数据库中存储的是(　　)。
   - A. 数据
   - B. 数据模型
   - C. 数据以及数据之间的联系
   - D. 信息

2. 数据管理与数据处理之间的关系是(　　)。
   - A. 两者是一回事
   - B. 两者之间无关
   - C. 数据管理是数据处理的基本环节
   - D. 数据处理时数据管理的基本环节

3. 在数据管理技术的发展过程中,经历了人工管理阶段、文件系统阶段和数据库系统阶段。在这几个阶段中,数据独立性最高的阶段是(　　)。
   - A. 数据库系统
   - B. 文件系统
   - C. 人工管理
   - D. 数据项管理

4. DBMS是(　　)。
   - A. 数据库
   - B. 数据库系统
   - C. 数据库应用软件
   - D. 数据库管理系统

5. 以下所列数据库系统组成中,正确的是(　　)。
   - A. 计算机、文件、文件管理系统、程序
   - B. 计算机、文件、程序设计语言、程序
   - C. 计算机、文件、报表处理程序、网络通信程序
   - D. 支持数据库系统的计算机软硬件环境、数据库文件、数据库管理系统、数据库应用程序和数据库管理员

6. 下述不是数据库管理员的职责的是(　　)。
   - A. 完整性约束说明
   - B. 定义数据库模式
   - C. 数据库安全
   - D. 数据库管理系统设计

7. 提供数据库定义、数据操作、数据控制和数据库维护功能的软件称为(　　)。
   - A. OS
   - B. DS
   - C. DBMS
   - D. DBS

8. 数据库三级模式体系结构的划分,有利于保持数据库的(　　)。
   - A. 数据独立性
   - B. 数据安全性
   - C. 结构规范化
   - D. 操作可行性

9. 反映现实世界中实体及实体间联系的信息模型是(　　)。
   - A. 关系模型
   - B. 层次模型
   - C. 网状模型
   - D. E-R模型

10. 设在某个公司环境中,一个部门有多名职工,一名职工只能属于一个部门,则部门与职工之间的联系是(　　)。
    - A. 一对一
    - B. 一对多
    - C. 多对多
    - D. 不确定

二、简答题

1. 数据与信息有什么区别联系?
2. 什么是数据库、数据库系统和数据库管理系统?
3. 计算机数据库管理技术发展经历了哪几个阶段? 各阶段的特点是什么?
4. 什么是外模式、模式和内模式?
5. 试述数据库的两级映像功能。
6. 试述数据库的三级模式结构是如何保证数据的独立性的?
7. 简单说明数据库管理系统包含的功能。
8. 什么是数据库模型? 说明为什么将数据模型分成两类? 其各起什么作用?

9. 什么是概念模型？概念模型的表示方法是什么？举例说明。

10. 解释概念模型中的常用术语:实体、属性、联系、属性值、关键字、实体型、实体集。

三、作图题

1. 用 E-R 图表示出版社与作者和图书的概念模型。它们之间的联系如下:

(1) 一个出版社可以出版多种图书,但同一本书仅为一个出版社出版。

(2) 一本图书可以由多个作者共同编写,且一个作者可以编写不同的书。

2. 一个工厂可以生产若干产品,每种产品由不同的零件组成,有的零件可以用在不同产品上。这些零件由不同的原材料制作,一种原材料可适用于多种零件的生产。工厂内有若干仓库存放零件和产品,但同一种零件或产品只能放在一个仓库内。请用 E-R 图画出该工厂产品、零件、材料和仓库的概念模型。

2 管理信息系统基础

【本章学习目的和要求】
◇ 掌握信息的基本概念。
◇ 掌握信息系统的定义、功能和特点。
◇ 了解管理信息系统的发展。
◇ 掌握管理信息系统的概念、结构及分类。

管理信息系统是一门综合性非常强的学科，涉及经营学、管理学、组织学、系统论、信息论、控制论、计算机及通信等多个学科领域。管理信息系统是由管理、信息与系统三个部分构成的，是具有综合性、涉及多学科领域的学科。本章主要介绍信息系统的基础知识，包括信息、数据、信息性质与分类、信息系统的应用、管理信息系统的概念、管理信息系统结构及分类。

2.1 数据、信息的概述

管理信息系统中最核心的内容就是信息和数据，深刻认识和理解信息和数据的概念及其相关知识非常重要。

2.1.1 数据与信息

1) 数据

数据是通过有意义的组合来表达现实世界中某种实体(具体对象，事件，状态或活动)特征的，可以记录、通信以及能被识别的非随机符号的集合。

数据定义中包含两方面内容：一方面是符号问题。表示符号的数据多种多样，可以是数字、数字序列、字母、文字或其他符号，也可以是声音、图像、图形等。另一方面是数据要用具体的载体(又称媒体)来记录和表达问题。用来记录和表达数据的媒体多种多样，例如纸张、木板，以及现代信息技术中所使用的存储媒体(光盘、半导体存储器等)。数据只有通过一定的媒体表达后，才能对其进行存取、加工、传递和处理。数据的表示形式和表达方式不同，处理方式也不同。

数据具有稳定性和表达性两方面的特性，即各数据符号所表达的事物物理特性是固定不变的；数据符号需要以某种媒体作为载体。

2) 信息

信息是一种经加工而形成的特定的数据。形成信息的数据对接受者来说具有确定意义，对接受者当前和未来的活动产生影响并具有实际的价值，即对决策或行为有现实或潜在的价值。信息的价值体现在它的准确性、及时性和实用性，对决策者来说，只要失去其中之一，信息就变得毫无价值。

　　具有代表性的关于信息的定义还有：信息是数据经过加工后得到的结果；信息是数据所表达的客观事实，数据是信息的载体；信息是具有新内容、新知识的物质；信息是物质的一种普遍属性，它作为人类感知的来源而存在；信息是能够帮助人们做出决策的知识；信息是关于客观事实的可交流的知识。

　　总之，信息是经过对数据加工和处理产生的，是通过数据形式来表示的，是加载在数据之上对数据具体含义的解释，是数据的一种形式，是对数据的认识。信息反映客观情况，表达或反映人们对某一事物的认识或了解程度。信息与决策直接相关，正确的决策必须依靠和控制足够数量而且可靠的信息；信息通过决策体现其自身的价值，是抽象的认识和知识。

　　3）信息与数据的关系

　　数据和信息是有区别的。数据是独立的，是尚未组织的事实的集合；信息则是按照一定要求，以一定格式组织起来的数据。只有经过加工或换算成人们想要得到的数据，才能够称为信息。数据与信息的关系可用图 2-1 表示。

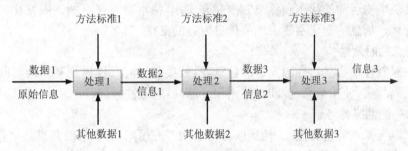

图 2-1　数据与信息的关系

　　图 2-1 中，将数据转化为信息的过程称为数据处理，将信息转化为新的信息的过程称为信息处理。不论是数据处理还是信息处理，目的都是要得到有用的、反映事物本质的信息，为使用者提供决策服务。

　　数据和信息的关系可以看成是"原料"和"成品"之间的关系。信息来源于数据，是经过处理系统加工的数据；数据是未加工的原始材料，是记录下来的各种事实。就本质而言，数据是客观对象的表现，信息是数据的含义。数据是纯客观的，它反映了某一客观事实，不能说明这一客观事实与人们的行动是否有关；信息是人们对数据加工后的结果，它取决于人们的主观要求，对人们的决策或行动产生一定的影响。数据和信息的这种"原料"和"成品"的关系，具有相对性。经数据处理产生得到的信息，会成为下一步信息处理所需要的原始数据。这也是后面所介绍的系统被称为信息系统而不称作数据系统的原因。由于数据是否为信息取决于人的主观要求，所以，信息的相对性还表现在对某个人来讲是信息，而对另一个人来讲可能只是一种数据。

2.1.2　信息的性质及分类

1）信息的特性

（1）信息的相对性

对于同一个事物，不同的观察者获得的信息量并不相同；不同的用户，对信息的需求也不相同。信息系统开发既要考虑共性应用,还要考虑个性化需求。

（2）信息的转移性

信息可以在时间上或空间上从一点转移到另一点。在时间上的转移称为存储,存储有存储年限与存储介质等问题。在空间中的转移称为传输,传输有带宽与质量等问题。

（3）信息的变换性

信息可以由不同的载体和不同的方法来载荷,人们对信息可以实行各种各样的处理和加工。信息的变换性要求信息系统的开发者根据不同的用户不同的需求,采取不同的信息表现方法。

（4）信息的价值性

信息本身不具有价值,信息的价值体现在决策过程中。只有把信息用于决策,信息的价值才表现出来。管理决策的信息一定要以事实为依据,利用真实的、反映客观现实的信息进行决策才不是盲目的决策。

（5）信息的动态性

信息反映事物运动的状态和状态的改变方式,事物本身是在不断发展变化的,因此,信息也会随之变化。信息的变化主要表现为信息内容的变化。

（6）信息的时效性

信息的时效性是指从信息源发送的信息,经过接收、加工、传递到利用的时间间隔及其效率。时间间隔越短,使用信息越及时,使用程度越高,时效性越强。

（7）信息的共享性

信息可以无限制地进行复制、传播或分配给众多的用户,为大家所共享。信息的共享性能够使更多的人使用信息,充分发挥信息的作用。

（8）信息的可存储性

信息借助于载体可以在一定条件下存储。信息的存储和积累使人们能够对信息进行系统的、全面的研究和分析,使得信息可以延续和继承。

2）信息的分类

信息本身有多种属性,从不同的角度分析信息,就有不同的划分方式。下面列举了多种对信息系统的分类,以加深对信息系统中信息的理解。

（1）按信息的内容可以分为人类信息和非人类信息。

（2）按信息的产生形式划分,有原始信息和非原始信息两种。

（3）按信息的保密程度划分,有公开信息、半公开信息和非公开信息三种。

（4）按信息载体形式划分,有感官载体信息、语言载体信息、文字载体信息等。

（5）按信息对事物的反映程度划分,有宏观信息和微观信息两种。

（6）按信息的时态划分,有历史信息、现在信息和未来信息三种。

（7）按信息描述事物的方式划分,有定性信息和定量信息两种。

（8）按人对信息的认知方式划分,有直接信息和间接信息两种。

（9）按信息的状态可分为静态信息和动态信息或者原始信息、中间信息和目标信息。

（10）按信息的重要性可分为战略信息、战术信息和作业信息三种。

2.2 信息系统

2.2.1 系统

1) 系统的定义

系统的多样性和复杂性,使得对系统到目前为止还没有一个统一的、公认的定义。美国国家标准协会对系统的定义为:各种方法、过程或技术结合到一块,按一定的规律相互作用,以构成一个有机的整体。国际标准化组织技术协会对系统的定义为:能完成一组特定功能的,由人、机器以及各种方法构成的有机集合体。通常,将系统定义为:系统是由相互作用和相互依赖的若干部分结合成的具有特定功能的整体。

根据上述定义可以得出:系统由若干个具有独立功能的部分构成;组成系统的各元素之间相互联系、相互制约;系统是一个整体,有明确的目标;系统有一定的结构。一个系统是其构成要素的集合,这些要素相互联系、相互制约;系统有一定的功能,即系统与外部环境相互联系和相互作用中表现出来的性质、能力和功效。

不同系统中各功能部分之间存在多种关系,不同系统功能部分组成不同,功能部分之间的关系不同;即使功能部分组成相同,但关系不同,所构成的系统结构也是不同的,从而形成不同的系统。

所有的系统都是相对的,一个"系统"本身是它所从属的更大系统的组成部分,同时一个"系统"中又包含若干个更小的系统。在系统中,作为组成系统的各功能部分被称为元素。

系统是由相互作用和相互依赖的若干部分结合成的具有特定功能的整体。不同的系统内功能部分的组成和多少不同,各组成部分之间的关系不同,使得各系统的结构和功能不同。

2) 系统的特征

虽然现实世界存在各种各样的系统,各系统的结构和功能各不相同,但各种系统具有一些共同的特征。

(1) 目的性

目的性是系统的基本特性,特别是对人工系统来说,目的性更为突出。任何系统都有其要达到的目的和应完成的任务或功能。系统的目的决定着系统的基本作用和功能,系统的目的通过系统的功能达到和实现,而系统的功能是通过提供的服务体现出来的。

(2) 多元性

几乎所有的系统都是由相互联系、相互依存的多个不同的和相对独立的功能部分(即元素)组成的,这就是系统的多元性。由于各功能部分及其联系方式决定了系统的结构和功能。所以,多元性对系统目的有重要影响。

(3) 相关性

任何系统都不是孤立存在的,系统与系统之间、系统内部各子系统之间是有联系的,是相互影响的。

(4) 相对性

系统是相对的,任何系统,既是系统,又是某些系统的子系统。一个"系统"本身是它所从属的更大系统的组成部分,同时一个"系统"中又包含若干个更小的系统,即系统由多个子系统组成。

（5）层次性

系统由子系统构成，子系统又由更小的子系统构成，层层分解，形成一个具有层次结构的系统结构，这就是系统结构的层次性。

（6）整体性

系统的整体性是实现系统功能和系统总目标的基础。在系统中，组成系统的各个要素是相互联系、有机地组成在一起的，系统的功能和目标是在系统的各个组成部分和它们之间的联系服从系统的整体目标和要求、服从系统的整体功能的基础上实现的。

（7）环境适应性

任何系统都存在于一定的环境中。一方面系统受到环境的影响和制约，另一方面系统对环境的变化做出某种反应。人们把环境对系统的影响称为刺激或冲击，而系统对环境的反应称为响应或反响。系统只有适应不断变化的环境，才能发挥自身的作用，实现系统目标。

（8）稳定性

系统的稳定性是指系统利用负反馈机制自我调节、自我稳定。利用负反馈，系统得以消灭偏离稳定状态的失稳因素而稳定存在，使系统保持完整性、目的性。负反馈是系统的内在能力。

2.2.2 信息系统

1）信息系统概念

任何一个组织之中始终存在着信息流，利用信息流对其他事务流、物资流、资金流等进行控制、监督和协调。一个组织及其各职能子系统要充分有效地工作，就必须利用信息；而上、下级之间以及同级之间能否在统一的领导下彼此协调地有效工作，关键也在于它们之间的信息流。在企业生产经营活动中，随着事务流、物资流、资金流及其他流的产生，会伴随产生一个信息流。

在一个组织的全部活动中存在着各种信息流，不同信息流控制不同的业务活动。若几个信息流组织在一起，服务于同类的控制和管理目的，就形成信息流的网络，称之为信息系统。信息系统是企业中的神经系统。

人是一个信息系统，电冰箱也是一个信息系统。信息系统处理信息的技术有多种，如手工和计算机，我们目前所说的信息系统指以计算机为主要处理手段的信息系统，是对信息进行收集、整理、存储、加工、查询、传输并输出信息的处理系统，包括人、计算机、软件、数据等要素。

信息的收集、整理、存储与查询称为信息管理，信息系统也常被称为信息管理系统。

按照信息系统的功能和特点，最常用的信息系统可分为四大类。

（1）过程控制系统

用于过程控制的信息控制系统，它是现代自动控制系统的核心。其特点是用途专一，响应速度快，常常要嵌入机器内部，要求体积小、重量轻，如冷库的温度控制系统。

（2）信息资源服务系统

提供专门的信息资料服务。例如，图书馆等信息情报机构或数据库服务商的信息检索系统、Internet 上的内容服务提供商的信息搜索系统等。其特点是信息存储量大，对查找速度、查全率与查准率要求高，并要能提供多种查询途径、查找方法和多种形式的查询结果。如清华同方的全文期刊和超星数字图书都是信息资源服务系统。信息资源服务对象往往范围广泛，如整个社会。

（3）管理信息系统

为企业管理决策服务的信息系统称为管理信息系统。这是当前最广泛、类型最多的信息管理系统，乃至人们常常认为信息系统就是广义的管理信息系统。

（4）其他信息系统

如电子数据交换系统（EDI）、电子商务系统（EC）、企业资源规划系统（ERP）、自动化办公系统（OA）等。

2）信息系统功能

从一般意义上说，信息系统的功能就是对信息（数据）进行收集、存储、加工、传输和输出。这也是信息的处理过程。

（1）信息的收集

信息的收集也称为信息的采集，是信息处理的第一个环节，也是非常重要的一个环节。在信息系统设计领域有种说法："输入的是垃圾，输出的也是垃圾"，这说明信息收集的重要性。

从信息发生的时间上说，可以把信息收集工作分为原始信息收集和二次信息收集。原始信息收集是指在信息或数据发生的当时当地，从信息或数据所描述的实质上直接提取信息或数据，并用某种技术手段在某种介质上记录下来。二次信息收集则是指收集已记录在某种介质上且与所描述的实质在时间和空间上分离开的信息或数据。二次信息收集是在不同的信息系统之间进行的，其实质是从别的信息系统得到本信息系统所需要的关于某种实质的信息。

原始信息收集的关键是完整、准确、及时。它要求时间性强、校验功能强、系统稳定可靠。由于它是信息系统与信息源的直接联系，而每种信息源又具有本身业务的特殊属性，因此，在技术手段与现实机制上常常具有很大的特殊性。

原始信息收据手段分为手工方式和自动化方式：

① 手工方式：手工方式是用手工采集并记录数据。优点是成本低，灵活，可以用于任意适合的场合，输入的数据可以是非结构化。缺点是速度和准确性差。在不能用自动化方式的场合下，不得不用手工方式。手工方式往往要把记下的数据通过键盘输入计算机中，劳动强度高。

② 自动化方式：自动化方式是通过机器自动采集并记录数据。自动化方式是理想的方法，速度快、准确性高。自动化方式采用自动数据输入设备，输入数据的特点是高度结构化，并进行了规范的编码。不同数据格式和工作场合适用不同的数据输入设备，这类设备非常多，如磁条、IC卡、条码的读入设备。管理信息系统中最多采用的是条码阅读器和电子标签。

在信息的收集、存储、加工、传输和输出环节中，存储、加工、传输和输出都可以用计算机系统处理完成，速度非常快，瓶颈是收集环节，为了提高信息系统整体速度，应尽可能在收集环节采用自动化输入设备。

收集环节采用自动化输入设备的关键是编码。自动化输入设备不像人类，可以识别任意格式的数据，而只能识别特定的规格化数据，且不同的设备针对不同目的的规格化数据设计。

（2）信息的存储

信息系统应具有存储信息的功能，否则它就无法突破时间与空间的限制。即使以信息传递为主要功能的通信系统，也要有一定的记忆暂存装置。信息的存储要考虑存储量、信息格式、存储方式、使用方式、存储时间、安全保密等问题。信息系统的存储功能是保证已得到的信息能够不丢失。一般信息系统中,信息量往往很大,信息格式比较复杂,要求存储灵活、存储时间也较长,因此往往是多种技术手段并用,表现出结构上的复杂性。

由于信息的存储量大,描述的数据对象复杂,信息的存储技术从文件方式发展到数据库技术。信息的存储设备类型很多,有软盘、硬盘、光盘、磁带、磁盘阵列等。

（3）信息的加工

一般来说,系统需要对已经收集到的信息进行某些处理,以便得到更加符合需要的信息,或者使信息更适于用户使用,这就是信息的加工。

信息加工的种类很多。各种信息系统加工的方法不一样,往往只满足本系统的需要。一种信息系统中加工方法也有许多。一般意义上,大致可分为数值运算和非数值处理两大类。数值运算包括简单的算术和代数运算,数理统计中的各类统计量的计算及各种检验。这些加工方法是专业领域的计算模型,如运筹学中的各种最优化算法以及模拟预测方法等。非数值数据处理包括排序、归并、分类等。

数据加工的工具从手工、机械发展到电子计算机,而电子计算机既是信息加工的设备,也是信息存储的设备。

（4）信息的传输

信息的传输也称为信息的传递。信息从发生地到加工、用户、存储要跨越地理距离,当信息系统具有一定地理分布的时候,信息的传递就成为信息系统必须具备的一项基本功能。系统越大,地理分布越广,这项功能所占的地位就越重要。

信息的传输是数据通信问题。目前采用计算机网络技术来解决传输问题。应根据布局和信息量的大小,选择合适的解决方案。最常见的局部范围内数据的传输方案是局域网,数据在数据库服务器与客户端进行传输。

（5）信息的输出

信息系统的服务对象是管理者,它必须向管理者提供信息,否则就不能实现自身价值。是否满足信息输出的需要是评价信息系统成功与否的最重要的指标,没有输出的系统是毫无用处的。在信息输出的设计中需要重点考虑输出的信息内容、方法、技术手段等。信息检索是信息的一种输出类型。

信息的输出设备种类繁多,一般有打印机、显示器、音箱等。输出的信息形式有文本、图形、图像和声音等。

以上列举了信息系统的5项基本功能。在具体信息系统中,实现机制是不同的,在设计中考虑的优先次序也是不同的。但是,任何一个信息系统,都必须设置必要的构成部分去实现这些功能,任何一个环节上的疏漏都将使整个信息系统失调。

2.3 管理信息系统

2.3.1 管理信息

管理信息是组织在管理活动过程中采集得到,经过加工处理后,对企业生产经营活动、管理决策产生影响的各种数据的总称。可分为企业内部信息和企业外部信息。管理信息的表现形式有报告、报表、单据及进度图,此外,还有计划书、协议、标准等。

1）管理信息的主要作用

管理信息的作用主要体现在以下几个方面：

（1）是组织进行管理工作、决策的基础和核心；

（2）是组织控制管理活动的重要手段，是联系各个管理环节的纽带；

（3）是提高组织管理效益的关键；

（4）是重要的资源；

（5）是实施管理控制的依据。

除了信息的典型特征外，企业的管理信息还具有以下一些独有的特征：原始数据来源的离散性；信息资源的非消耗性；信息处理方法的多样性；信息量大；信息的发生、加工和应用在时间、空间上的不一致性。

2）管理信息的分类

按照考察内容的不同，管理信息可以进行以下几种不同的分类：

（1）按加工程度，可以分为原始信息、加工后的信息和高级信息。

（2）按决策层次，可以分为战略信息、战术信息和作业信息。

（3）按信息稳定性，可以分为固定信息、相对固定信息和流动信息。

（4）按管理职能，可以分为计划信息、组织信息、人事信息、协调信息、报告信息等。

（5）按管理级别，可以分为公司管理信息、工厂管理信息、车间管理信息等。

（6）按管理对象，可以分为供应信息、设备信息、财务信息、设计信息和销售信息。

（7）按信息用途，可以分为基础管理信息、纽带管理信息和核心管理信息。

2.3.2　管理信息系统

1）管理信息系统的概念

Water T. Kennevan 在 1970 年提出了管理信息系统的概念，并给出了管理信息系统的初始定义：管理信息系统是以口头或书面的形式，在合适的时间向经理、职员以及外界人员提供过去的、现在的、将来的有关企业内部及其环境的信息，以帮助他们进行决策。

1985 年，明尼苏达大学卡森管理学院教授 Gordon B. Davis 给出了较完整的管理信息系统定义：管理信息系统是一个利用计算机软硬件资源以及数据库的人—机系统。它能提供信息以支持企业或组织的运行、管理和决策功能。

20 世纪 80 年代初，中国学者在《中国企业管理百科全书》中给出了管理信息系统的定义：管理信息系统是由人、计算机等组成，能进行信息的收集、传递、储存、加工、维护和使用的系统；管理信息系统能实测企业的各种运行情况，利用过去的数据预测未来，从企业全局出发辅助企业进行决策，利用信息控制企业的行为，帮助企业实现其规划目标。

管理信息系统是一门多学科交叉的科学，基础学科主要包括管理科学、系统科学、运筹学、统计学、社会学、心理学、政策科学、计算机技术、通信技术。从交叉学科的角度看，管理信息系统的三要素为系统的观点、数学的方法、计算机的应用。管理信息系统具有以下特征：

（1）面向管理决策

管理信息系统是继管理学的思想方法、管理与决策行为理论之后的一个重要发展，它是一个为管理决策服务的信息系统，它必须能够根据管理的需要，及时提供所需要的信息，帮助决策者做出决策。

（2）综合性

从广义上说,管理信息系统是一个对组织进行全面管理的综合系统。一个组织在建设管理信息系统时,可根据需要逐步应用个别领域的子系统,然后进行综合,最终达到应用管理信息系统进行综合管理的目标。管理信息系统综合的意义在于产生最高层次的管理信息,为管理决策服务。

（3）人机系统

管理信息系统的目的在于辅助决策,而决策只能由人来做,因而管理信息系统必然是一个人机结合的系统。在管理信息系统中,各级管理人员既是系统的使用者,又是系统的组成部分,因而,在管理信息系统开发过程中,要根据这一特点,正确界定人和计算机在系统中的地位和作用,充分发挥人和计算机各自的长处,使系统整体性能达到最优。

（4）现代管理方法和手段相结合的系统

人们在管理信息系统应用的实践中发现,只简单地采用计算机技术提高处理速度,而不采用先进的管理方法,管理信息系统的应用就仅仅是用计算机系统仿真原手工管理系统,充其量只是减轻了管理人员的劳动,其作用的发挥十分有限。管理信息系统要发挥其在管理中的作用,就必须与先进的管理手段和方法结合起来,在开发管理信息系统时,要融进现代化的管理思想和方法。

2）管理信息系统的结构

管理信息系统的结构是指管理信息系统的组成及其各组成部分之间的相互关系。由于可以从不同的角度理解管理信息系统的各组成部分,所以就形成了不同的管理信息系统的结构。

（1）管理信息系统的概念结构

管理信息系统从总体概念看可以分为信息源、信息处理器、信息用户和信息管理者4个部分,如图2-2所示。信息源是信息的产生地,包括组织内部信息和外界环境的信息;信息处理器完成信息的接受、传输、加工、存储、处理和输出等任务;信息用户和信息管理者依据管理决策的需求收集信息,并负责进行数据的组织与管理、信息的加工、信息的传输等一系列与信息系统的分析、设计与实现相关的活动,同时在信息系统的正式运行过程中负责系统的运行与协调。

图2-2 管理信息系统概念结构

（2）管理信息系统的功能结构

管理信息系统的功能结构描述了管理信息系统的功能组成以及各子功能之间的联系。

从信息技术的角度来看,信息系统无非是信息的输入、处理和输出等功能。因此,管理信息系统的功能结构从技术上看可以表示成如图2-3的形式。所以,在开发信息系统时必须考虑这些具体的功能实现。有时还必须考虑细节,如信息的检索有指定检索和模糊检索;信息的统计有时要考虑按常规时间段统计,有时要考虑按非常规时间段统计;信息的存储既要考虑实时存储,又要考虑定期转存;信息的增加有时要考虑让系统自动记录增加的时间点,以便对系

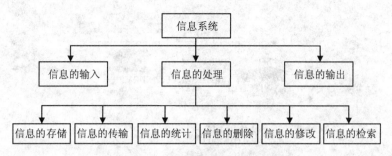

图 2-3　管理信息系统的功能结构

统的操作进行追踪;等等。

从信息用户的角度来看,信息系统应该支持整个组织在不同层次上的各种功能。而各种功能之间又有各种信息联系,构成一个有机的整体,即系统的业务功能结构。例如,一个企业的信息系统可划分为市场营销系统、生产管理系统、物料供应系统、人力资源系统、财务核算系统、信息管理系统、客户管理系统和办公管理系统 8 个子系统,除了完成各自的特定功能外,这 8 个子系统有着大量的信息交换关系,其子系统之间的主要数据交换关系构成子系统之间的信息流,使得企业中的各类信息得到充分的共享,从而为企业的生产活动和管理、决策活动提供支持。

（3）管理信息系统的软件结构

一个组织是通过组织结构设计从而进行组织职能的划分。由于设计出的组织结构并不是唯一的,所以组织职能的划分也不是唯一的。组织内部的每一个职能部门,都有各自的信息需求,因此需要分别为它们设计一个信息系统。这就意味着,可以按照需要使用信息的组织职能来建立管理信息系统,根据组织职能来划分管理信息系统的子系统。基于组织职能的管理信息系统结构是以组织的职能和组织活动层次矩阵描述的。一个组织的管理信息系统可分解为 6 个基本部分。管理信息系统的软件结构如图 2-4 所示。

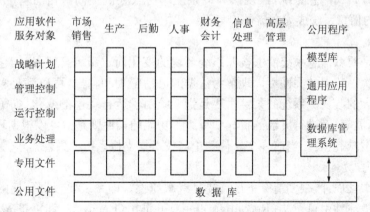

图 2-4　管理信息系统的软件结构

（4）管理信息系统的硬件结构

管理信息系统的硬件结构是指构成管理信息系统的硬件的组成及其连接方式,还包括硬件所能达到的功能。例如图 2-5 为某中小型企业信息化的解决方案。

3）管理信息系统的特点

管理信息系统作为计算机应用的重要领域,其特点主要表现在:它是面向管理决策的、对

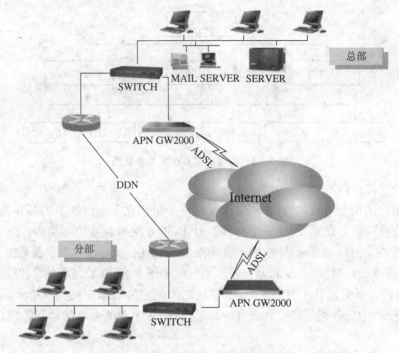

图 2-5 中小型企业信息化解决方案

一个组织管理业务进行全面管理的综合性人机系统,是现代管理方法与手段相结合的系统,是多学科交叉的边缘学科。管理信息系统的特点主要体现在以下几个方面:

(1) 网络化

信息系统的结构经过了主机/终端(Host/Terminal)、单机、客户机/服务器(Client/Server,简称 C/S)、浏览器/服务器(Browser/Server)等多个发展阶段,从基于单机的事务处理系统到基于网络的分布式信息系统,其规模和复杂度均有较大的提高。当前基于 Internet/Intranet/Extranet 的信息系统成为主流的信息系统架构。

(2) 柔性化

柔性化就是要求信息系统能够按照系统环境的变化而重新组合或设计,包括数据、系统、功能等多个层次。数据的柔性可以理解为数据的灵活整理和输出,可以满足多种需求而不需要对系统进行大的改变。系统的柔性主要是指系统由于运行环境的变化(如子公司的增加与削减、市场的拓展等)而进行灵活的扩充和重组。功能的柔性则是指可以根据环境和需求的变化而进行动态增减、组装。当前许多软件理论与技术均支持系统的柔性需求。

(3) 敏捷化

系统除了柔性以外,很多情况下还需要具有敏捷性。即系统要根据环境的变化进行快速调整与重组。敏捷性由可重构(Reconfigurable)、可重用(Reusable)和可扩充(Scalable)共同构成。敏捷化是市场急剧变化的要求,是产品快速更新的要求,也是提高企业核心竞争力的要求。信息系统是一种由人、计算机(包括网络)和管理规则组成的集成化系统。该系统利用计算机的软硬件,手工作业,分析、计划和控制决策用的模型数据库,为一个企业或组织的作业、管理和决策提供信息支持。高敏捷性系统必须能够随着虚拟企业的建立而迅速成型,随着虚拟企业的变化而动态变化。

（4）个性化

个性需求是很典型的，现在市场上有许多通用的软件产品，这些产品不针对用户的个性化需求。但软件系统必须要和具体的应用环境相适应，包括企业或组织的结构、文化、员工的素质等方方面面，即使是最成熟的软件也是如此。

如 SAP 公司在为联想公司设计 ERP 系统时，根据中国的国情和联想公司具体情况做了很多修改。中国台湾中钢在为武汉钢铁公司实施 ERP 时也作了大量的修改。信息系统必须考虑用户的个性化需求，因此，通用软件的二次开发是必不可缺少的环节。

（5）发展性

随着市场环节变化的加剧，对于商品需求和技术进化的对应性、灵活性的要求在不断提高。发展性就是要求信息系统能够适应企业未来的规模，能够适应未来的技术，能够适应未来的发展。

（6）先进性

管理信息系统要不断融入先进的管理思想。如将精益生产（JIT）、供应链管理、企业经营过程重构（Business Process Reengineering，BPT）、客户关系管理等思想引入信息系统，使信息系统充分融入和体现现代化的管理思想。

（7）集成性

集成性就是要求系统能够和其他系统或模块进行无缝对接。这就要求系统有良好的设计规范和标准接口。设计规范包括数据规范、文档规范、代码规范、编码规范等。

（8）学习性

学习性是对系统的较高要求。信息系统不同于事务处理系统（TPS）的显著特点就是系统能够对组织决策进行必要的支持。尤其是系统发展的高级阶段，如知识管理系统等，系统具有知识性和学习性，可以对某些决策问题进行不断地学习，丰富知识库，拥有人才具有的学习属性。

（9）智能化

人工智能等技术的发展为信息系统的发展提供了智能化的条件，如决策支持系统、经理信息系统、智能代理系统等，可以引入人的一些特质，提供智能化的决策方法。

课后习题

一、选择题

1. 管理信息系统的基本类型取决于（　　）。

 A. 业务信息系统　　　　B. 决策支持系统　　　C. 输入输出系统　　　D. 操作系统

2. 下列说法正确的是（　　）。

 A. 信息可以被众多用户所共享　　　　　　B. 信息与知识在内涵上是一致的

 C. 知识是各种信息的简单叠加　　　　　　D. 信息与数据是不能转换的

3. 按照信息的用途可将企业信息分为（　　）。

 A. 市场信息、劳资信息、财务信息　　　　B. 经营决策信息、管理决策信息、业务信息

 C. 数字信息、文字信息、图像信息　　　　D. 状态信息、目标信息、决策信息

4. 管理信息系统进入成熟阶段，大量应用以微型机为主的计算机网络，为达到资源共享的目的，须采用（　　）

 A. 文本文件　　　　B. 网面　　　　C. 数据库　　　　D. 应用程序

5. 用于表示管理信息系统的软件结构的方法是（　　）。

A. 数据流　　　　　　B. 操作系统　　　　　C. 直方图　　　　　　D. 功能/层次矩阵

6. 管理信息系统概念结构图中,信息产生地被称为(　　　),担负信息的传输、加工、保存等任务的部分是(　　　)。

A. 信息源　　　　　　B. 信息处理器　　　　C. 信息用户　　　　　D. 信息管理者

7. 管理信息系统的硬件结构说明硬件的(　　　)。

A. 功能及价格组合　　　　　　　　　　　B. 组成及其联接方式

C. 数量及品牌确定　　　　　　　　　　　D. 设备与操作人员关系

8. 管理信息处理中涉及的"二次信息收集"是指(　　　)。

A. 不同子系统之间的数据交换　　　　　　B. 信息的逆向处理

C. 不同信息系统之间的数据采集　　　　　D. 原始信息的再加工

9. 在管理信息中,属于战略信息的是(　　　)。

A. 新产品的投资方向　　B. 计划完成情况　　C. 产品的年产量　　D. 产品的成本

10. ERP 系统的发展基础是(　　　)。

A. 制造资源计划　　　　B. 办公自动化　　　C. 决策支持系统　　D. 电子商务

二、名词解释

1. 管理信息

2. 企业信息化

3. 企业资源计划

4. 决策支持系统

5. 管理信息系统

三、简答题

1. 简述管理信息的作用及特点。

2. 简述系统的定义及特征。

3. 企业的信息化主要体现在哪些领域? 企业进行改革和创新,主要表现在哪些方面?

4. 在企业经营活动中,决策大致可以分为哪几类? 各种管理类型的管理活动所要求的信息的有什么差别?

5. 简述管理信息系统的特点及结构。

3 关系数据库

【本章学习的目的和要求】

◇ 了解关系模型的概念。

◇ 了解关系模型的基本特征。

◇ 了解关系模式的规范化。

信息在现代社会和国民经济发展中所起的作用越来越大,信息资源的开发和利用水平已成为衡量一个国家综合国力的重要标志之一。在计算机的三大主要应用领域中,数据处理是计算机应用的主要方面,而数据库技术就是作为数据处理中的一门技术发展起来的。

关系数据库采用了关系模型作为数据的组织方式,这就涉及关系模型中的一些基本概念。另外,在关系数据库中进行查询时,需要对关系进行一定的关系运算。

3.1 关系模型

关系模型是以集合论中的关系(Relation)概念为基础发展起来的一种数据模型,它用二维表格表示现实世界实体集及实体集间的联系。自 20 世纪 80 年代以来,新推出的 DBMS 几乎都支持关系数据模型,非关系系统的产品也大都增加了与关系模型的接口。

3.1.1 关系模型的数据结构

在关系模型中,把二维表称为关系,表中的列称为属性,表中的一行称为一个元组,对二维表框架的描述称为关系模式。

在数据库中,满足下列条件的二维表称为关系模型:

(1) 每一列中的分量是类型相同的数据。

(2) 列的顺序可以是任意的。

(3) 行的顺序可以是任意的。

(4) 表中的分量是不可分割的最小数据项,即表中不允许有子表。

(5) 表中的任意两行不能完全相同。

如表 3-1 所示的学生信息表便是一个关系模型。

表 3-1　学生信息表

学　号	姓　名	性　别	班　级
1011121	赵　为	男	0111
1011132	李　琳	女	0111
1020923	肖　愈	男	0209
1021206	王向东	男	0212
1021511	张　云	女	0215

3.1.2　关系模型的基本概念

1) 关系

一个关系就是一张二维表,每个关系有一个关系名。在计算机里,一个关系可以存储为一个文件。

2) 元组

表中的行称为元组。一行为一个元组,对应存储文件中的一条记录值。

3) 属性

表中的列称为属性,每一列有一个属性名,有时也叫做一个字段。

4) 域

属性的取值范围,即不同元组对同一个属性的取值所限定的范围。例如:自然数集,{男,女},{X | X 是年龄小于 18 岁的南京师范大学学生} 等都是域。

5) 关键字

二维表中的某个属性,若它的值唯一地标识了一个元组,则称该属性为候选码。若一个关系有多个候选码,则选定其中一个为主关键字,这个属性称为主属性。

6) 关系模式

是对关系的描述,格式为:

关系名(属性名 1,属性名 2,…,属性名 m)

一个关系模式对应一个关系文件的结构。例如:订单(订单号,货号,订货单位,售价,送货地点);库存(货号,品名,库存量,仓库地点,单价);图书(总编号,分类号,书名,作者,单价)分别描述 3 个关系模式。

【例 3-1】 用关系模型描述客户拥有股票的数据模型,得到客户表,如表 3-2 所示。

表 3-2　客户表

股东代码	姓　名	性　别	职　业	地　址
10211456	李　四	男	教师	南京
10211540	王　丽	女	工人	北京

【例 3-2】 用关系模型描述客户拥有的股票,得到客户拥有股份表,如表 3-3 所示。

表 3-3 持股表

股东代码	股票代码	数　量	价　格	日　期
10211456	10501	2000	5.60	06/07/2012
10211540	10533	3000	13.20	05/07/2012

3.1.3　关系数据模型的优缺点

1）关系数据模型的优点

（1）关系模型有坚实的理论基础，在层次、网状和关系三种常用的数据模型中、关系模型是唯一可数学化的数据模型。关系的数学基础是关系理论，对二维表进行的数据操作相当于在关系理论中对关系进行运算。由此，关系模型中数据模型的定义与操作均建立在严格的数学理论基础上，这为关系模型的研究提供有力的支持。

（2）二维表不仅能表示实体集，而且能方便地表示实体集间的联系，所以说它有很强的表达能力，这是层次模型和网状模型所不及的。例如，学生和课程之间存在 $m:n$ 联系，在层次和网状数据模型中都不能直接描述这种 $m:n$ 联系，但在关系数据模型中，用二维表就可以直接描述这种 $m:n$ 联系。

（3）关系模型的基本结构是二维表，数据的表示方法统一、简单，便于在计算机中实现。另外，它向终端用户提供的是简单的关系模型。用户通过这种模型表达用户的请求，而不涉及系统内的各种复杂联系。所以关系模型具有简单、易学易用的优点。

（4）关系模型去掉了用户接口中有关存储结构和存取方法的描述，即关系数据模型的存取路径对用户透明，数据库中数据的存取方法具有按内容定址的性质，故有较高的数据独立性。这为关系数据库的建立、扩充、调整和重构提供了方便。

2）关系数据模型的主要缺点

关系数据模型的主要缺点是查询效率常常不如非关系数据模型，这是由于存取路径对用户透明，查询优化处理依靠系统完成，加重了系统的负担。

关系数据模型是目前商品化 DBMS 的主流数据模型，在大量事务处理的应用中，且在今后相当长的时间内仍将被继续使用。然而，面对迅速发展的非事务处理应用，传统数据模型存在的不能以自然的方式表示实体集间的联系、语义信息不足、数据类型过少等弱点，限制了它在非事务处理领域中的广泛使用。因此，自 20 世纪 80 年代后期以来，陆续出现了以面向对象数据模型为代表的新的数据模型。

3.2　关系数据库

关系数据库是以关系模型为基础的数据库，它是应用数学理论处理数据组织的一种方法。关系数据库的方法是 20 世纪 70 年代初由 E.F.Codd 开创的。关系数据库与层次数据库、网状数据库相比，具有数据模型简单灵活、数据独立性较高、能提供具有良好性能的语言接口、理论基础比较坚实等优点，是目前最为流行的数据库系统。

关系数据库是得到 DBMS 支持的关系的集合，它具有如下特征：

1）相对于某一应用而言,数据库是完备的

也就是说,它应该为应用提供所需要的数据。在一个关系数据库中,有多少关系,每个关系中有多少数据是由应用决定的。例如,需要构造一个图书流通处理数据库。由于这样的数据库是关于图书借阅的,因此,数据库中应包括读者数据、图书数据、借阅数据,这三类数据必须是完备的。

2）数据库中的所有关系是一个整体,而不是孤立存在的

在这些关系中,有一部分是描述联系的,其他关系之间的连接就是通过这种特殊的关系进行连接。例如【例3-2】中的表是反映客户表和股票表(未列出)之间联系的。这种联系是由持股表中的股东代码和股票代码与另外两张表发生的。数据库的整体性将导致数据的修改变得比较麻烦。

3）关系数据库的 DBMS 提供对关系进行的各种完备操作

由于这种操作的存在,使得关系数据库的应用变得十分简单。例如,DBMS 提供了查询语句,使得人们只需对查询进行简单的描述,即可得到查询结果,而不必去关心查询的具体细节,也不必关心关系的具体实现细节。

4）减少不必要的数据冗余

数据冗余是指出现不必要的重复数据。在数据库中不可避免地会出现数据冗余,例如,股东代码会出现在客户表和持股表中,这种冗余是必要的。但如果在持股表中出现客户姓名就是不必要的数据冗余。冗余数据的存在会对数据库的操作带来破坏。

一个实用的关系数据库包括多个关系,这些关系由相同或不同的关系模式定义。在一段时间内,构成该关系数据库的各关系模式是不变的,而组成各关系的元组是变化的。就关系而言,描述该关系的关系模式称为该关系的内涵,组成关系的元组称为该关系的外延。在不影响理解的情况下,关系和它的关系模式通常都称为关系。

3.3 关系代数

为了进行数学计算,我们可以利用"＋"、"－"、"×"、"÷"、乘方等运算符,并用各种表达式来形式化地表达问题的求解方法、过程和结果。所有的程序设计语言都支持数学计算。

那么,为了表达关系数据库中对数据的操作和操作的结果,我们应当使用什么样的运算符(或命令)、表达式、运算规则呢? 这些内容将成为关系数据库的数据操作语言。

数据库操作语言主要包括查询和更新(增、删、改),查询的表达方式是数据操作语言中最主要的部分。

关系代数是一种抽象的查询语言,是关系数据库操作语言的一种传统表达方式,它是用关系的运算来表达查询的。任何一种运算都是将一定的运算符作用于一定的运算对象上,得到预期的运算结果。所以运算对象、运算符、运算结果是运算的三大要素。

关系代数的运算对象是关系,运算结果亦为关系。关系代数用到的运算符包括四类:集合运算符、专门的关系运算符、算术比较符和逻辑运算符。

关系代数把关系(集合)的基本运算分为两类:一类是传统的集合运算,如并、交、差等;另一类是专门的关系运算,如选择、投影、连接等。有些查询需要几个运算的组合。

3.3.1 传统集合运算

传统集合运算包括集合的并、交、差等。关系是元组的集合,对关系进行集合运算可产生新的关系。由于元组是有结构的,因此对关系的集合运算有相应的规定。

假设关系 R1,R2 有相同的度 n,且对应元组分量取自同一域 $Di(i=1,2,\cdots,n)$。

1) 关系并运算

R1 与 R2 的并定义为:

$$R1 \bigcup R2 = \{(d1,d2,\cdots,dn) \mid (d1,d2,\cdots,dn) \in R1 \vee (d1,d2,\cdots,dn) \in R2\}$$

即由 R1 和 R2 中所有元组组成的集合。

2) 关系交运算

R1 与 R2 的交定义为:

$$R1 \bigcap R2 = \{(d1,d2,\cdots,dn) \mid (d1,d2,\cdots,dn) \in R1 \wedge (d1,d2,\cdots,dn) \in R2\}$$

即由 R1 和 R2 中都有的元组组成的集合。

3) 关系差运算

R1 与 R2 的差定义为:

$$R1 - R2 = \{(d1,d2,\cdots,dn) \mid (d1,d2,\cdots,dn) \in R1 \wedge (d1,d2,\cdots,dn) \notin R2\}$$

即由 R1 中有而 R2 中没有的元组组成的集合。

3.3.2 专门的关系运算

1) 选择运算

对一个关系内元组的选择称为选择运算。选择运算是一目运算。对一个关系进行选择运算(并由该运算给出选择元组的逻辑条件)的结果,还是一个关系,这个关系由满足逻辑条件的那些元组组成。

例如,在 student 表中,若要找出所有女学生的元组,就可以使用选择运算来实现,条件是:sex ="女"。

2) 投影运算

对一个关系内属性的指定称为投影运算,它也是一目运算。对一个关系实施投影运算(由该运算给出所指定的属性)的结果,仍是一个关系。

例如,在 student 表中,若要仅显示所有学生的 studentid (学号)、name(姓名)和 sex(性别),那么可以使用投影运算来实现。

3) 笛卡儿积

关系的笛卡儿积将两个关系的所有元组按一定的方式两两合并,从而产生一个新关系。

4) 连接运算

用笛卡儿积运算建立两个关系之间的连接,并不是一个好办法,因为笛卡儿积往往是一个比较庞大的关系。同时,在关系模型中,建立两个关系的连接时大都要满足一些条件,这些条件可能是:两个关系之间有公共属性,或者可以通过属性值的相等性(大于、小于、不等于、不大于、不小于)进行连接。这主要是由于在关系模型中,实体(集)和实体(集)的联系均用关系表示,而实体间的联系一般是通过在两个关系间设置公共属性以及利用公共属性值的相等性等实现。因此，有必要对笛卡儿积做适当限制，以适应关系模型的实际需要，于是，引出了连接运算，它又分为条件连接、自然连接以及半连接三种。

假设现有两个关系：关系 R 和关系 S，关系 R 如表 3-4 所示，关系 S 如表 3-5 所示。现在对关系 R 和关系 S 进行广义笛卡儿积运算，运算结果如表 3-6 所示的关系 T。

表 3-4　关系 R

studentid	name	sex
11195001	李　勇	男
11195002	刘　晨	女
11195003	王　敏	女

表 3-5　关系 S

studentid	courseid	score
11195001	1021	100
11195002	1031	98
11195003	1011	88
11195102	1021	90

表 3-6　关系 T

studentid	name	sex	studentid	courseid	score
11195001	李　勇	男	11195001	1021	100
11195001	李　勇	男	11195002	1031	98
11195001	李　勇	男	11195003	1011	88
11195001	李　勇	男	11195102	1021	90
11195002	刘　晨	女	11195001	1021	100
11195002	刘　晨	女	11195002	1031	98
11195002	刘　晨	女	11195003	1011	88
11195002	刘　晨	女	11195102	1021	90
11195003	王　敏	女	11195001	1021	100
11195003	王　敏	女	11195002	1031	98
11195003	王　敏	女	11195003	1011	88
11195003	王　敏	女	11195102	1021	90

如果进行条件为"R. studentid ＝S. studentid"的连接运算，那么连接结果为关系 U，如表 3-7 所示。从表 3-7 可以看出关系 U 是关系 T 的一个子集。

表 3-7 关系 U

studentid	name	sex	studentid	courseid	score
11195001	李 勇	男	11195001	1021	100
11195002	刘 晨	女	11195002	1031	98
11195003	王 敏	女	11195003	1011	88

连接条件中的属性称为连接属性,两个关系中的连接属性应该有相同的数据类型,以保证其是可比的。当连接条件中的关系运算符为"="时,表示等值连接。如表 3-7 所示的关系 U 为关系 R 和关系 S 在条件"R. studentid =S. studentid"下的等值连接。若在等值连接的关系 U 中去掉重复的属性(或属性组),则此连接称为自然连接。如表 3-8 所示的关系 V 是关系 R 和关系 S 在条件"R. studentid =S. studentid"下的自然连接。

表 3-8 关系 V

studentid	name	sex	courseid	score
11195001	李 勇	男	1021	100
11195002	刘 晨	女	1031	98
11195003	王 敏	女	1011	88

对关系数据库的实际操作,往往是以上几种操作的综合应用。例如,对关系 V 再进行投影运算,可以得到仅有属性 studentid(学号)、name(姓名)、courseid(课程编号)和 score(成绩)的关系 W,如表 3-9 所示。

表 3-9 关系 W

studentid	name	courseid	score
11195001	李 勇	1021	100
11195002	刘 晨	1031	98
11195003	王 敏	1011	88

以上这些关系运算,在关系数据库管理系统中都有相应的操作命令。

3.4 关系模型的数据约束

关系模型的完整性规则是对关系的某种约束条件。关系模型的数据约束通常由三类完整性约束提供支持,以保证对关系数据库进行操作时不破坏数据的一致性。

3.4.1 域完整性约束

域完整性约束限定了属性值的取值范围,并由语义决定一个属性值是否允许为空值 NULL(NULL 是用来说明数据库中某些属性值可能是未知的,或在某些场合下是不适宜的一种标记)。例如,在教师关系中,对一个新调入的教师,在未分配具体单位之前,属性"系部"一列可取空值。

3.4.2 实体完整性约束

实体完整性约束是指任一关系中标识属性（关键字）的值不能为 NULL，否则，无法识别关系中的元组。

实体完整性规则规定基本关系的所有主属性都不能取空值，而不仅是主关键字整体不能取空值。例如学生选课关系"选修（学号，课程号，成绩）"中，"学号、课程号"为主关键字，则"学号"和"课程号"两个属性都不能取空值。

首先，实体完整性规则是针对基本关系而言的。一个基本表通常对应现实世界的一个实体集。例如学生关系对应于学生的集合。其次，现实世界中的实体是可区分的，即它们具有某种唯一的标识。再次，关系模型中以主关键字作为唯一性标识。最后，主关键字中的属性即主属性不能取空值。所谓空值就是"不知道"或"无意义"的值。如果主属性取空值，就说明存在某个不可标识的实体，即存在不可区分的实体，这与以上叙述相矛盾。

3.4.3 参照完整性约束

现实世界中的实体集之间往往存在某种联系，在关系数据模型中，实体集及实体集间的联系都是用关系来描述的。这样便存在着关系与关系间的相互引用。

参照完整性是不同关系间的一种约束，当存在关系间的引用时，要求不能引用不存在的元组。

参照完整性约束要求一个关系的外关键字取值，要么取空值，要么引用实际存在的主关键字值。

若属性（或属性组）F 是基本关系 R 的外关键字，它与基本关系 S 的主关键字 Ks 相对应（基本关系 R 和 S 不一定是不同的关系），则对于 R 中 F 上每个元组的值必须为取空值（F 的每个属性值均为空值），或者为 S 中某个元组的主关键字值。

例如，对于下述学生实体和专业实体关系（其中主关键字用下划线标识）：

学生（<u>学号</u>，姓名，性别，专业号，年龄）

专业（<u>专业号</u>，专业名）

学生关系中每个元组的"专业号"属性只能取下面两类值：

（1）空值，表示尚未给该学生分配专业。

（2）非空值，这时该值必须是专业关系中某个元组的"专业号"值，表示该学生不可能分配到一个不存在的专业中。即被参照关系"专业"中一定存在一个元组，它的主关键字值等于该参照关系"学生"中的外关键字值。

以上三种数据约束称为关系数据模型的一般性完整性约束。任何关系数据库系统都应该支持实体完整性和参照完整性。此外，不同的关系数据库系统根据其应用环境的不同，往往还需要一些特殊的约束条件。用户定义的完整性约束（如值的类型、宽度等）和其他一些语义约束就是针对某一具体关系数据库的约束条件。例如某个属性必须取唯一值，某些属性值之间应满足一定的函数关系，某个属性的取值范围在 0～100 之间等。关系模型应提供定义和检验这类完整性的机制，以便用统一的系统的方法处理它们，而不是由应用程序承担这一功能。这些约束往往和数据的具体内存有关。至于数据库中完整性约束检查，哪些由 DBMS 实现，哪些由用户负责,因系统而异。从数据库技术发展趋势来看,DBMS 将逐步扩大完整性约束检查的功能。

3.5 函数依赖

3.5.1 函数依赖的定义

在关系模式中,属性之间可能存在着决定关系。例如,每个客户都只有唯一的客户股东代码。客户股东代码就决定了客户姓名以及其他属性,属性间的这种决定关系可理解为:只要客户股东代码相同,客户姓名就一定相同。当然也存在属性之间没有这种决定关系的情形,如在客户类别和年龄之间就不存在这种决定关系。

【例 3-3】 分析下列关系模式中属性间的决定关系。

设:U={客户股东代码,股票代码,上市公司名称,拥有数量}。通过对证券交易活动的分析,上述模式中存在着如下决定关系:

客户股东代码和股票代码反映了某客户拥有某种股票的数量,因此,客户股东代码和股票代码决定了拥有数量。但客户股东代码并不能决定拥有数量,这是因为允许某客户拥有多种股票。股票代码决定了上市公司,因为根据股票发行规定,每一种股票只能由一家公司发行,但可由多家公司控股。

为了反映属性间的这种决定关系,我们用函数依赖这一术语表示这种决定关系。

设 X, Y 是模式 R(U) 中 U 的非空子集,对任意的属于 R 模式的关系 r,对任何 $t, s \in r$,若 $t[X] = s[X]$,则 $t[Y] = s[Y]$ 成立,称 X 函数决定 Y,或 Y 函数依赖 X,记 X→Y。X 称为决定因素或函数依赖左部;Y 称为被决定因素或函数依赖右部。显然【例 3-3】中,{客户股东代码,股票代码}→拥有数量,股票代码→上市公司名称。

3.5.2 关于函数依赖的说明

1) 函数依赖由属性的含义决定

函数依赖由现实信息系统环境决定。函数依赖属于语义范畴。{客户股东代码,股票代码}→拥有数量,是由于我们假定客户拥有某种股票的数量在模式中是确定的。如果取消这种假设,而是按日期记载客户拥有股票的数量,则上述函数依赖将不成立,因为会出现不同日期客户拥有同一种股票的情况。另外,如果对客户拥有的股票是按不同券商集中管理,由于允许客户在不同的券商中设立账户,进行委托交易,客户拥有数量由三个属性{客户股东代码,股票代码,券商名称}决定。

2) 函数依赖与函数的区别

在数学中,当函数的自变量不是时序变量时,自变量确定以后,函数值就唯一确定了,与时间无关。其函数值通常可通过数学式计算出来。而关系理论中的函数依赖只强调决定性,不意味着能通过决定因素计算出函数依赖右部的值。另外函数依赖的决定性可以随时间改变,尽管属性中没有时序属性。例如,在{客户股东代码,股票代码}→拥有数量的函数依赖中,某些股票被卖出,拥有数量随之下降。

【例 3 - 4】 确定下列模式中的函数依赖。

设一名学生可上若干门课,并在一个系注册,每个系只有一个办公地点。模式的属性集如下:学号,课程编号,所在系,办公地点,考试成绩。其中办公地点精确到楼层。求该模式中的函数依赖。

解:该模式中的函数依赖为(学号,课程编号)→考试成绩,学号→所在系,所在系→办公地点。

正是由于关系模式中属性间存在有函数依赖关系,才会产生插入异常、冗余与更新异常和删除异常。这些异常的产生主要是来自关系的冗余结构,也就是说冗余是产生异常的罪魁祸首。

一般,一个关系至少有一个或多个候选键,其中之一为主键。主键值唯一决定其他属性值,候选键的值不能重复,且至多只能有一个 NULL 值。如果将各种数据集中于一个关系中,一般都会违背以上限制,从而首先造成数据的冗余,接着造成异常。如果异常情况存在,则需要用规范化方法,对逻辑关系模式进行相应的分解,以消除这些异常。不过,规范化也会带来问题,它使得查询开销变大,因为数据分解后,要查询这些有联系的数据,就需要将它们再连接起来。

3.6 关系模式的规范化

关系模式的规范化问题是 E. F. Codd 提出的,他还提出了范式(Normal Form,NF)的概念。1971 年到 1972 年,E. F. Codd 提出了 1NF、2NF 和 3NF 的概念;1974 年 Codd 和 Boyce 共同提出了 BCNF(Boyce Codd Normal Form);1976 年 Fagin 提出了 4NF,后来又有人提出 5NF,后面的范式可以看成是前面范式的特例。一般来说,1NF 是关系模式必须满足的最低要求。

把一个低一级范式的关系模式通过模式分解转换为一组高一级范式的关系模式的过程称为规范化。

规范化的关系模式可以避免冗余、更新异常等问题,而且让用户使用方便、灵活。关系数据库模式的设计者要尽量使关系模式规范化,但也要根据具体情况,全面考虑。

以函数依赖为基础的关系模式的范式有 4 种,分别是第一范式、第二范式、第三范式和 BCNF 范式。

1) 第一范式(1NF)

任给关系 R,如果 R 中每个列与行的交点处的取值都是不可再分的基本元素,则 R 达到第一范式,简称 1NF。根据关系的基本性质可知,符合关系基本性质的关系均达到第一范式。达到第一范式仍将有可能有冗余或操作异常的问题。

几乎所有商用 DBMS 都规定:关系的属性是原子的,即要求关系均为第一范式;且关系数据库语言,如 SQL,都只支持第一范式。因此,关系最起码必须规范化为第一范式。非第一范式的关系转换为 1NF 关系,只需将复合属性变为简单属性即可。

但仅满足 1NF 是不够的,尤其在插入、删除、修改时,往往会出现更新异常。为消除这些异常,一般采用分解的办法,使关系的语义单纯化,此即所谓的关系规范化。范式级别越高则规范化程度也越高,但对数据库设计者来说,1NF 和 2NF 并不重要,它们仅作为规范化过程的过渡范式,重要的是 3NF 和 BCNF 这两种范式。

2）第二范式（2NF）

如果一个关系达到第一范式，且不存在任何非主属性对候选关键字的部分函数依赖，则称此关系达到第二范式，简称 2NF。第二范式还可用另一种形式表述，即如果一个关系达到第一范式，且不存在非主属性对构成候选关键字的部分主属性的完全函数依赖，则该关系达到第二范式。

如果非键属性部分函数依赖于键，则为非 2NF。这时，仍存在插入异常、删除异常、更新异常和冗余。

要将非 2NF 关系转换为 2NF 关系，应消除其中的部分函数依赖，一般是将一个关系模式分解成多个 2NF 的关系模式。

3）第三范式（3NF）

如果一个关系达到第二范式且不存在非主属性对候选关键字的传递函数依赖，则称为达到第三范式，简称 3NF。

第三范式还可表述为：如果一个关系达到第二范式且不存在非主属性对非主属性的完全函数依赖，则称之达到第三范式。

其实，上述两个定义是一致的。对非主属性完全函数依赖，对关键字一定是传递函数依赖。

将达到第二范式的关系优化到第三范式的办法是：将对关键字存在传递函数依赖的那些属性与其完全函数依赖的非主属性分解出来建立新的关系，而它们所依赖的那个非主属性作为关联属性要存在于原关系中。

4）BCNF 范式

若关系模式 R 是 1NF，如果对于 R 的每个函数依赖 X→Y，X 必为候选键，则 R 为 BCNF 范式。

如果一个关系数据库的所有关系模式都属于 BCNF，那么，在函数依赖范畴内，它已达到了最高的规范化程度，在一定程度上已消除了插入和删除的异常。

达到 BCNF 范式的关系仍可能存在冗余等问题，因此关系数据库理论还提出了 4NF、5NF 等范式，但在实际应用中，一般达到了 3NF 的关系我们就认为它是较为优化的关系。

在关系数据库中，对关系模式的基本要求是满足第一范式，这样的关系模式就是合法的、允许的。但是，人们发现仍有些关系模式存在插入、删除异常、修改复杂、数据冗余等问题。为了解决这些问题，就必须规范化。

规范化的基本思想是逐步消除数据依赖中不合适的部分，使模式中的各关系模式达到某种程度的"分离"，即"一事一地"的模式设计原则。让一个关系描述一个概念、一个实体或者实体间的一种联系。若多于一个概念就把它"分离"出去。因此，所谓规范化实质上是概念的单一化。

人们认识这个原则是经历了一个过程的，从认识非主属性的部分函数依赖的危害开始，2NF、3NF、BCNF、4NF 的提出是这个认识过程逐步深化的标志。关系模式的规范化过程是通过对关系模式的分解来实现的。

5）范式之间的关系

综合对各级范式的分析得出，第一范式是关系数据模型的基本要求，是所有模式都应满足的基本条件。第二范式是在第一范式的基础之上消除了第一范式中的非组属性对码的部分依赖，它的操作性能比第一范式好。第三范式是在第二范式的基础之上消除了第二范式中的非组属性对候选关键字的传递依赖。第三范式对非主属性而言消除了所有插入异常和删除异常。BCNF 范式在第三范式的基础之上消除了所有属性的插入异常和删除异常。

从以上分析看出,关系模式级别越高,关系的操作性能越好。但级别高的模式是通过对级别低的模式分解而得到的,这样将导致大量的零散的关系模式。应用程序在对关系进行查询时,不得不进行大量的关系连接操作,从而占用较多的时间和存储空间。因此,在数据库设计中,关系模式到底为第几范式,应根据应用环境决定。

课后习题

一、选择题

1. 关系数据库是(   )的集合,其结构是由关系模式定义的。
   A. 元组　　　　　　　B. 列　　　　　　　　C. 字段　　　　　　　D. 表

2. 数据库系统的核心是(   )。
   A. 数据模型　　　　　B. 数据库管理系统　　C. 软件工具　　　　　D. 数据库

3. 下述关于数据库系统的叙述中正确的是(   )。
   A. 数据库系统减少了数据冗余
   B. 数据库系统避免了一切冗余
   C. 数据库系统中数据的一致性是指数据类型的一致
   D. 数据库系统比文件系统能管理更多的数据

4. 下列叙述中正确的是(   )。
   A. 数据库是一个独立的系统,不需要操作系统的支持
   B. 数据库设计是指设计数据库管理系统
   C. 数据库技术的根本目标是要解决数据共享的问题
   D. 数据库系统中,数据的物理结构必须与逻辑结构一致

5. 关系表中的每一行称为一个(   )。
   A. 元组　　　　　　　B. 字段　　　　　　　C. 属性　　　　　　　D. 码

6. 用树型结构来表示实体之间联系的模型称为(   )。
   A. 关系模型　　　　　B. 层次模型　　　　　C. 网状模型　　　　　D. 数据模型

7. 数据模型的三要素是数据结构、数据操作和(   )。
   A. 数据安全　　　　　B. 数据兼容　　　　　C. 数据约束条件　　　D. 数据维护

8. 关系数据库设计理论主要包括 3 个方面内容,其中起核心作用的是(   )。
   A. 范式　　　　　　　B. 数据模式　　　　　C. 数据依赖　　　　　D. 范式和数据依赖

9. 在数据管理技术的发展过程中,经历了人工管理阶段、文件系统阶段和数据库系统阶段。其中数据独立性最高的阶段是(   )。
   A. 数据库系统　　　　B. 文件系统　　　　　C. 人工管理　　　　　D. 数据项管理

10. 关系数据库中的关系必须满足每一个属性都是(   )。
   A. 互不相关的　　　　B. 不可分解的　　　　C. 不可计算的　　　　D. 互相关联的

二、简答题

1. 什么是数据库、数据库管理系统和数据库系统?它们之间有何联系?

2. 什么是关系、元组和属性?

3. 常用的数据模型有哪 3 种?各有什么特点?

4. 什么是关系模式的规范化?

4 数据库的设计

【本章学习目的和要求】
◇ 掌握数据库设计的目的和基本步骤。
◇ 掌握需求分析的目标、方法和分析结果。
◇ 掌握概念结构设计的方法和 E - R 模型的建立。
◇ 掌握逻辑结构设计的方法。
◇ 掌握物理结构设计的方法,了解数据的存取方式。

数据库设计是数据库应用系统开发的一个关键环节,涉及的知识面广,设计周期长,是一门综合性的技术。本章介绍数据库设计的相关知识,主要包括数据库设计概述、数据库的需求分析、概念结构设计、逻辑结构设计、物理结构设计、数据库实施与维护等内容。重点讨论设计过程中的一些技术问题,讲解数据库结构设计阶段及过程。

4.1 数据库设计概述

数据库是长期存储在计算机内有组织可共享的数据集合,它已成为现代信息系统的核心和基础。数据库应用系统把一个企业或部门中大量的数据按 DBMS 所支持的数据模型组织起来,为用户提供数据存储、维护检索的功能,并能使用户方便、及时、准确地从数据库中获得所需的数据和信息。而数据库设计的好坏直接影响着整个数据库系统的效率和质量。

数据库设计是指对于一个给定的应用环境,构造(设计)最优的数据模型与处理模式的逻辑设计,以及一个确定数据库存储结构和存取方法的物理设计,建立既能反映现实世界信息与信息的关系,又能被某个数据库管理系统所接受,同时能实现系统目标,并有效存储数据的数据库。数据库设计的优劣将直接影响信息系统的质量和运行效果,因此。设计一个结构化的数据库是对数据进行有效管理的前提和产生正确信息的保证。

大型数据库的设计和开发是一项庞大的系统工程,是涉及多学科的综合性技术,对从事数据库设计的专业人员来讲,应具有多方面的技术和知识,如要具备数据库的基本知识和数据库设计技巧、计算机科学基础知识及程序设计技巧、软件工程的原理和方法以及应用领域的知识。

4.1.1 数据库设计的特点和方法

1) 数据库设计的特点

数据库设计应该和应用系统设计相结合,"三分技术,七分管理,十二分基础数据"是数据库建设的基本规律。因此,数据库建设是硬件、软件和干件(技术与管理的界面)的结合;是结构/数据库设计和行为/处理设计的结合。

结构特性设计是指数据库总体概念与结构的设计,它应该具有最小数据冗余、能反映不同用户数据要求、满足数据共享。行为特性是指数据库用户的业务活动,通过应用程序去实现。传统的软件工程忽视对应用中数据语义的分析和抽象,数据库模式是各应用程序共享的结构,是稳定的、永久的,不像以文件系统为基础的应用系统,文件是某一应用程序私用的。数据库设计质量的好坏直接影响系统中各个处理过程的性能和质量。

2)数据库设计的目标

(1)满足应用要求

满足应用要求包括两个方面,一是指满足用户要求。对用户来说,关心的是所设计的数据库是否符合数据要求和处理要求,因此,设计者必须仔细地分析需求,并以最小的开销取得尽可能大的效果。二是指符合软件工程的要求,即按照软件工程的原理和方法进行数据库设计,这样既加快研制周期,也能产生正确、良好的结果。

(2)模拟精确程度高

数据库是通过数据模型来模拟现实世界的信息与信息间的联系的。模拟的精确程度越高,则形成的数据库就越能反映客观实际。因此数据模型是构成数据库的关键,数据库设计就是围绕数据模型展开的。

(3)良好的数据库性能

数据库性能包括存取效率和存储效率等。此外,数据库还有其他性能,如当硬件和软件的环境改变时,能容易地修改和移植数据库;当需要重新组织或扩充数据库时,能方便地对数据库作相应的扩充。

一个性能良好的数据库,其数据必须具有完整、独立、易共享、冗余小等特点,并可通过优化进一步改善数据库的性能。

3)数据库设计方法

为了使数据库设计更合理、更有效,人们通过努力探索,提出了各种数据库设计方法。数据库设计方法按自动化程度可以分为4类,即手工的、设计指南或规则指导的、计算机辅助的以及自动的。较有影响的设计方法如下:

(1)新奥尔良(New Orleans)设计方法

新奥尔良设计方法是由三十多个欧美各国的数据库专家在美国新奥尔良市开会讨论数据库设计问题时提出的,它将数据库设计分为四个阶段:需求分析(分析用户要求)、概念设计(信息分析和定义)、逻辑设计(设计实现)和物理设计(物理数据库设计)。

(2)基于3NF(第三范式)的数据库设计方法

基于3NF的数据库设计方法是由 S. Atre 提出的结构化设计方法。其基本方法是:对每一对数据元素推导出3NF关系,基于得到的3NF关系画出数据库企业模式。再根据企业模式,选用某种数据模型,得出适用于某个 DBMS 的逻辑模式。范式设计法的基本思想是过程迭代和逐步求精。

(3)基于 E-R 方法的数据库设计方法

其基本方法是:首先设计一个企业模式,它是现实世界的反映,而与存储组织、存取方法及效率无关。然后再将企业模式变换为某个 DBMS 的数据模式。

(4)计算机辅助数据库设计方法

该方法提供一个交互式过程,一方面充分利用计算机速度快、容量大和自动化程度高的特点,完成比较规则、重复性大的设计工作;另一方面充分发挥设计者的技术和经验,做出一些重大决策,人机结合、互相渗透,帮助设计者更好地进行设计。

现实使用的设计方法通常是由上述几种方法结合、扩展而来的。目前,数据库设计实现方法常用的主要有快速原型法和生命周期法。

快速原型法是迅速了解现行管理和用户的需求之后,以同类数据库为参照,借助多种工具,快速设计、开发数据库原型,并进行试运行。如果与基本要求差距太大,则原型无效,重新设计、开发原型。经过反复修改和完善直到用户完全满意。如果与基本要求差距不大,则通过试用、与用户交流找出问题,并对原型剪裁、修改和补充,得到下一版本,再试运行。最后,工作原型转化为运行系统,正式投入运行。快速原型法的优点是可减少系统开发的投资和时间,适用于中小型数据库的设计。

生命周期法是一种经典的设计方法。它主要采用在生存期中,分阶段、按步骤进行设计,经过整个周密的过程完成数据库设计。该方法的优点是系统针对性强,功能、文档等比较完善,其缺点是开发周期长,通用性稍差,适用于大、中型数据库的设计。

4.1.2 数据库设计步骤及描述

信息系统生命周期包括规划、收集和分析、设计(含数据库设计)、构造原型、实现、测试、转换以及投入后的维护等阶段。由于数据库是企业信息系统的基础组件,因此数据库设计是在信息系统规划与立项的基础上进行。

1) 数据库设计的步骤

在进行信息系统规划与立项之后,按照数据库系统设计中的生命周期法,考虑到数据库及其应用系统开发的过程,将数据库设计分为需求分析、概念结构设计、逻辑结构设计、物理结构设计、数据库实施及数据库运行和维护 6 个阶段,如图 4-1 所示。

(1) 需求分析

收集与分析用户的信息及应用处理的要求,定义数据库应用的主要任务和目标,确定系统范围和边界,并将结果按照一定的格式形成需求说明书。

(2) 概念结构设计

通过对用户需求进行综合、归纳与抽象,形成一个独立于具体 DBMS 的信息模型(用 E-R 图表示)。

(3) 逻辑结构设计

将概念结构转换为某个 DBMS 所支持的数据模型,并对其进行优化。

(4) 物理结构设计

为逻辑数据模型选取一个最适合应用环境的物理结构(包括存储结构和存取方法)。

(5) 数据库实施

运用 DBMS 提供的数据语言(SQL 语言)及其宿主语言(C 语言),根据逻辑设计和物理设计的结果建立数据库,编制与调试应用程序,组织数据入库,并进行试运行。

(6) 数据库运行和维护

数据库应用系统经过试运行后即可投入正式运行。在数据库系统运行过程中必须不断地对其进行评价、调整与修改。

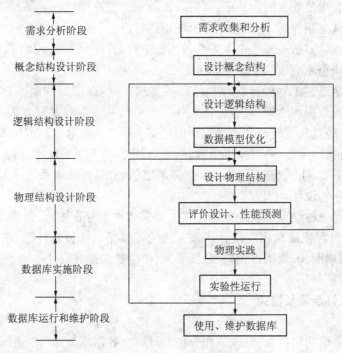

图 4-1 数据库设计步骤

2) 数据库设计描述

在设计过程中,应把数据库的设计和对数据库中数据处理的设计紧密结合起来,使这两个方面的需求分析、抽象、设计、实现在各个阶段同时进行、相互参照、相互补充,以完善两个方面的设计。事实上,如果不了解应用环境对数据的处理要求,或没有考虑如何去实现这些处理要求,是不可能设计出一个良好的数据库结构的。按照这个原则。设计过程各个阶段的设计描述如表 4-1 所示。

表 4-1 数据库设计各阶段的设计描述

设 计 阶 段	设 计 描 述	
	数 据	处 理
需求分析	数据字典、全系统中的数据项、数据流、数据存储的描述	数据流图和判定表(判定树)、数据字典中处理过程的描述
概念结构设计	概念模型(E-R)图、数据字典	系统说明书,包括系统要求、方案和概图;反映系统信息流的数据流图
逻辑结构设计	某种数据模型	系统结构图(模块结构)
物理结构设计	存储安排、方法选择、存取路径建立	模块设计 IPO 表(输入、处理、输出)
数据库实施	编写模式、装入数据、数据库试运行	程序编码、编译连接、测试
数据库运行和维护	性能监测、转换、恢复、数据库重组与重构	新旧系统转换、运行、维护(修正性、适应性、改善性)

在数据库设计过程中,必须注意以下几个问题:第一,数据库设计过程中要充分调动用户的积极性;第二,应用环境的改变、新技术的出现等都会导致应用需求的变化,因此在设计数据

库时必须充分考虑系统的可扩展性;第三,必须充分考虑到已有的应用,尽量使用户能够平稳地从旧系统迁移到新系统。

4.2 需求分析

需求分析是整个数据库设计重要的基础,是整个系统设计过程中最困难、最耗费时间的一步。需求分析结果是否准确反映了用户对系统的实际要求,是概念设计的基础,直接影响到后面各个阶段的设计成效,并影响到设计结果是否合理和实用。

需求分析的主要工具是数据流图(DFD),它是一种最常用的结构化分析工具,从数据传递和加工角度,以图形的方式刻画系统内的数据运动的情况。需求分析收集到的基础数据和数据流图是下一步概念模型设计的基础。概念模型是整个组织中所有用户使用的信息结构,对整个数据库设计具有深远的影响,而要设计好概念模型,就必须在需求分析阶段用系统工程的观点来考虑问题,收集和分析数据。

4.2.1 需求分析的任务

需求分析就是分析用户的要求,是整个数据库设计过程中比较费时、比较复杂的一步,也是最重要的一步。这个阶段的主要任务是通过详细调查现实世界应用领域中要处理的对象(组织、部门、企业等),充分了解用户的组织结构、应用环境、业务规则,明确用户的各种需求(数据需求、完善性约束条件、操作处理和安全性要求等),进行详细分析,然后在此基础上确定新系统的任务、目标与功能,形成需求分析说明书。在确定系统的功能时,必须充分考虑今后可能的扩充和改变,不能仅按当前应用需求来设计数据库。

需求分析中,调查的重点是用户对"数据"和"处理"的要求,具体包括以下几个方面的要求。

1) 信息要求

用户(各业务部门)对即将建立的数据库有何要求? 保存哪些信息? 要从数据库得到什么信息? 提供的数据与取得的信息是什么形式?

2) 处理要求

如何使用数据? 各种数据的使用频率如何? 定期使用还是随机发生? 有无实时要求? 查询方式如何? 要构造哪些表格? 当各处理事件发生时,如何规定优先级、处理顺序、处理间结构? 被存取的数据量与运行限制等。

3) 功能要求

要建立的信息系统需要具备哪些功能(规划的、现存的、人工的或自动的)? 要解决哪些数据处理问题?

4) 企业环境特征

企业的规模与结构,部门的地理分布,有关主管部门对机构规定与要求,数据库的安全性、完整性限制,系统适应性,DBMS 与运行环境,设计条件与经费等。

4.2.2 需求分析的方法

需求分析中,调查用户需求的步骤如下:

1) 调查组织机构情况

了解企业组织情况及各部门的职责,为分析信息流程做准备。

2) 调查各部门的业务活动情况

了解各个部门业务活动情况,了解各个部门输入和使用什么数据、如何加工处理这些数据、输出什么信息、输出到什么部门、输出结果的格式。

3) 分析用户需求

在熟悉业务活动的基础上,协助用户明确对新系统的各种要求,包括信息要求、处理要求、完全性和完整性要求。

4) 确定新系统的边界

确定哪些功能由计算机完成或将来准备让计算机完成,哪些功能由人工完成。由计算机完成的功能就是新系统应该实现的功能。

需求分析的过程如图 4-2 所示。

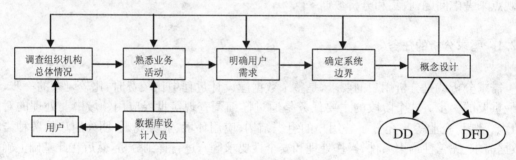

图 4-2　需求分析的过程

需求分析阶段的一个重要而困难的任务是调查收集将来应用所涉及的数据。设计人员应充分考虑到可能的扩充和改变,使设计易于更改、系统易于扩充。调查了解了用户的需求后,还需要进一步分析和表达用户的需求。分析和表达用户需求的方法主要用自顶向下的结构化分析方法(Structure Analysis,SA),即从抽象到具体的分析方法。从最上层的系统组织机构入手,采用自顶向下、逐层分解的方式分析系统,并且每一层用数据流图和数据字典描述。SA方法把任何一个系统都抽象为如图 4-3 所示的形式。

图 4-3　系统高层抽象图

图 4-3 只是给出最高层的抽象系统概貌,要反映更详细的内容,可以将一个处理功能分解为若干子功能,每个子功能再进行分解,直到把系统工作过程表示清楚为止。在功能分解的同时,所有的数据也逐级分解,形成若干层次的数据流图。数据流图表达了数据和处理过程之间的关系,数据字典则是对系统中数据的详细描述。

需求分析常用的调查方法有:

1) 检查文档

通过查阅原系统有关文档,可以深入了解为什么用户需要建立数据库应用系统,并可以提供与问题相关的业务信息。

2）跟班作业

通过亲自参加业务工作来了解业务活动的情况，可以比较准确地理解用户的需求。当用其他方法所获数据的有效性值得怀疑或系统特定方面的复杂性阻碍了最终用户做出清晰的解释时，这种方法尤其有用。

3）面谈调研

通过与用户座谈来了解业务活动情况及用户需求。为了保证谈话成功，必须选择合适的谈话人选，准备的问题涉及面要广，要引导谈话有效地进行。应根据谈话对象的回答，提出一些附加的问题以获得准确的信息并进行扩展。

4）问卷调查

若调查表设计合理，这种方法很有效，也易于被用户接受。

4.2.3 需求分析的工具

数据库设计过程中，可利用各种辅助工具。数据库需求分析阶段的两个主要工具是数据流图与数据字典。

1）数据流图

数据流图(Data Flow Diagram,DFD)是采用图形方式来表达和描述系统的逻辑功能、数据在系统内部的逻辑流向和逻辑变换过程，是结构化系统分析的主要表达工具及用于表示软件模型的一种图示方法。

数据流图可以表示现行系统的信息流动和加工处理等详细情况，是现行系统的一种逻辑抽象，独立于系统的实现。数据流图使用的符号如图 4-4 所示。

数据源点或终点　　数据存储　　数据处理　　数据流

图 4-4　数据流图使用的符号

图 4-5 为签订合同的数据流图。

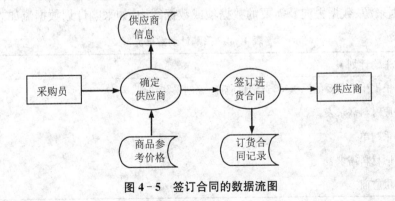

图 4-5　签订合同的数据流图

2）数据字典

数据字典是各类数据描述的集合，是进行详细的数据收集和数据分析所获得的主要结果。

数据字典通常包括数据项、数据结构、数据流、数据存储和处理过程五个部分。其中数据项是数据的最小组成单位,若干个数据项可以组成一个数据结构,数据字典通过对数据项和数据结构的定义来描述数据流、数据存储的逻辑内容。

（1）数据项

数据项是数据的最小单位,对数据项的描述一般包括数据项名、含义说明、别名、类型、长度、取值范围及该项与其他项的逻辑关系,常以表格的形式给出,如采购业务中订货单的订货单号,其数据项的描述如表4-2所示。

表4-2　订货单号

数据项目:订货单号
说　　明:用来唯一标识每张订货单
类　　型:字符型
长　　度:8
别　　名:采购单号
取值范围:00000001—99999999

（2）数据结构

数据结构是若干有意义的数据项的集合,用以表示某一具体的事物,包括数据结构名、含义或组成成分等,如对采购单数据结构的描述如表4-3所示。

表4-3　采购单

数据结构:采购单
含　　义:记录采购信息,包括采购材料及其数据
组成成分:采购单号
材料名称
数量

（3）数据流

数据流可以是数据项,也可以是数据结构,表示某一次处理的输入输出数据,包括数据流名、说明、数据来源、数据去向及需要的数据项或数据结构,如采购计划数据流如表4-4所示。

表4-4　采购计划数据流

数据流名:采购计划
说　　明:根据生产需要的原材料,选定供应商,编制采购计划
来　　源:原材料需求表
去　　向:采购单
数据结构:原材料需求表
供应商

（4）数据存储

加工中需要存储的数据,包括数据存储名、说明、输入数据流、输出数据流、组成成分、数据量、存取方式以及存取频度等。如原材料的价目表,在计算成本和支付采购费用的处理过程中要用到的数据,如表 4-5 所示。

表 4-5 原材料的价目表

数据存储名:原材料价目表
说　　　明:记录每一原材料的名称、供应商及价目,在计算产品成本和采购费用支付处理中使用
输入数据流:订购单
输出数据流:支付费用表
数 据 描 述:原材料名称
供应商
单价
数　据　量:约 50 条记录
存 取 方 式:随机
存 取 频 度:30 次/月

（5）处理过程

加工处理过程的定义和说明,包括处理名称、输入数据、输出数据、数据存储及响应时间等,如采购支付处理过程,如表 4-6 所示。

表 4-6 采购支付处理过程

处理过程名:采购支付
说　　　明:根据采购单、原材料价目表,计算出应付原材料采购费用
输入数据:采购单
数据存储:原材料价目表
输出数据:支付费用表

4.3 概念结构设计

数据库概念结构设计阶段是在需求分析的基础上,依照需求分析中的信息需求,对用户信息加以分类、聚集和概括,建立信息模型,并依照选定的数据库管理系统软件,把它们转换为数据的逻辑结构,再依照软硬件环境,最终实现数据的合理存储。这一过程也称为数据建模,它可以分解为三个阶段:概念结构设计、逻辑结构设计和物理结构设计。

信息模型的主要特点包括:

（1）能真实、充分地反映现实世界中事物和事物之间的联系,有丰富的语义表达能力。

（2）易于交流和理解,便于数据库设计人员和用户之间沟通和交流。

（3）易于改进,当应用环境和应用要求改变时,容易对信息模型修改和扩充。

（4）易于向关系、网状、层次等各种数据模型转换。

4.3.1 概念结构设计的策略和方法

1) 概念结构设计的策略

概念结构设计是设计人员以用户的观点,对用户信息进行抽象和描述。从认识论的角度来讲,是从现实世界到信息世界的第一次抽象,并不考虑具体的数据库管理系统。概念结构设计的任务是对信息进行分类整理,理清各类信息之间的关系,描述信息处理的流程。

(1) 自顶向下

首先定义全局概念结构框架,然后逐步细化。

(2) 自底向上

首先定义各局部应用的概念结构,然后将它们集成起来,得到全局概念结构。

(3) 逐步扩张

首先定义最重要的核心概念结构,然后向外扩充,以滚雪球的方式逐步生成其他概念结构,直至总体概念结构。

(4) 混合策略

即将自顶向下和自底向上两种策略结合使用,首先确定全局框架,划分若干个局部概念模型;再采用自底向上的策略实现各局部概念模型,加以合并,最终实现全局概念模型。

实际应用中,可以根据具体业务的特点选择概念结构设计的策略。例如,对于管理组织机构,因其固有的层次结构,可采用自顶向下的策略;对于已实现计算机管理的业务,通常可以以此为核心,采取逐步扩张的策略。

2) 常用的概念结构设计方法

概念结构设计最著名和最常用的方法是 Peter Chen(陈品山)于 1976 年提出的实体-联系模型(Entity-Relationship Model,E-R 模型)。该方法采用 E-R 模型将现实世界的信息结构统一由实体、属性以及实体之间的联系来描述。

使用 E-R 模型时,无论是哪种策略,都要对现实事物加以抽象,以 E-R 图的形式描述出来。对现实事物抽象的 3 种方法分别是分类、聚集和概括。

(1) 分类(Classification)

对现实世界的事物,按照其固有的共同特征和行为定义类型,如学校中的学生和教师属于不同的类型。在某一类型中,个体是类型的一个成员或实例,即"is member of",如郭东升是学生类型中的一个成员。

(2) 聚集(Aggregation)

定义某一类型所具有的属性。如学生类型具有的学号、姓名、性别和专业等共同属性。每个学生都是这一类型中的个体,通过这些属性中的不同取值案例区分。各个属性是所属类型的一个成分,即"is part of",如姓名是学生类型的一个成分。

(3) 概括(Generalization)

由一种已知类型定义新的类型。如由学生类型定义研究生类型,就是在学生类型的属性上增加导师和研究方向等其他属性。通常把已知类型称为超类(superclass),新定义的类型称为子类(subclass)。子类是超类的一个子集,即"is subset of",如研究生是学生的一个子类。

4.3.2　用 E-R 图构建概念模型

E-R 图是对现实世界的一种抽象,对需求分析阶段所得到的数据进行分类、聚集和概括,确定实体、联系和属性,使用这三种成分,可以建立许多应用环境的信息模型。具体步骤包括:选择局部应用、逐一设计分 E-R 图、E-R 图合并。

局部视图设计是根据需求分析的结果(数据流图、数据字典等),对现实世界的数据进行抽象,设计各个局部视图,即设计分 E-R 视图。具体步骤如下:

1) 选择局部应用

需求分析阶段会得到大量的业务数据,这些业务数据分散杂乱,应用于不同的处理,数据与数据之间的关联关系也较为复杂,要最终确定实体、属性和联系,就必须根据数据流图理清数据。

数据流图是对业务处理过程从高层到底层的逐级抽象。高层抽象数据流图一般反映系统的概貌,对数据的引用较为笼统;而底层数据流图又可能过于细致,不能体现数据的关联关系。因此,要选择适当层次的数据流图,让这一层的每一个部分对应一个局部应用,以设计分 E-R 图。

局部结构的划分方式一般有两种,一种是依据系统的当前用户进行自然划分。例如,对一个企业的综合数据库,有企业决策集团、销售部门、生产部门、技术部门和供应部门等,各部门对信息内容和处理的的要求明显不同,因此,应为它们分别设计各自的分 E-R 图。另一种是按用户要求数据库提供的服务归纳成几类,使每一类应用访问的数据显著地不同于其他类,然后为每类应用设计一个分 E-R 图。

局部结构范围确定的因素有:

(1) 范围的划分要自然,易于管理。

(2) 范围之间的界面要清晰,相互影响要小。

(3) 范围的大小要适度。太小了,综合困难;太大了,不便分析。

2) 逐一设计分 E-R 图

选择好局部结构之后,就要对每个局部结构逐一设计分 E-R 图,亦称局部 E-R 图。每一个局部结构都对应了一组数据流图,局部结构涉及的数据都已经收集在数据字典中了。要将这些数据从字典中抽取出来,使用抽象机制,确定局部应用中的实体、实体的属性、实体标识符和实体间的联系及其类型。

现实世界中,具体的应用环境常常对实体和属性已经作了大体的自然划分。在数据字典中,数据结构、数据流和数据存储都是若干属性有意义的聚合,就体现了这种划分。可以从这些内容出发定义 E-R 图,然后再进行必要的调整,增加联系及其类型,就可以设计分 E-R 图。为了简化 E-R 图,现实世界中能作为属性对待的,尽量作为属性对待。

实体与属性并没有非常严格的界限,但有两条准则:

(1) 作为"属性",一般不具有需要描述的性质。即属性是不可分的数据项,不应包含其他属性。若为复合属性则需进一步处理。

(2) 属性不能与其他实体具有联系。即 E-R 图中所表示的联系只发生在实体之间。例如,职工是一个实体,职工号、姓名、年龄是职工的属性,职称如果没有与工资、福利挂钩,换句话说,没有需要进一步描述的特性,根据准则(1)可以作为职工实体的属性。但如果不同的职称有不同的工资、住房标准和不同的福利时,则职称作为一个实体看待就更恰当。

再例如,机械制造管理系统中,针对技术部门和供应部门设计两个局部 E-R 图。技术部门关心的是产品的性能参数以及部件组成,零件的材料和耗用量等;供应部门关心的是产品的价格,使用材料的价格及库存量等。局部 E-R 图如图 4-6 所示。

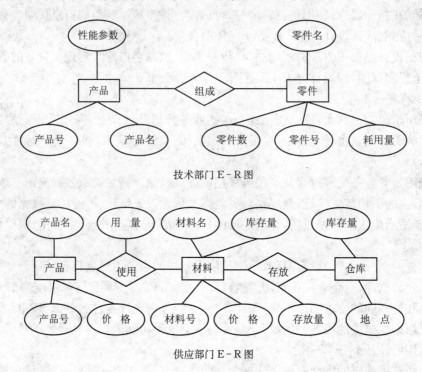

技术部门 E-R 图

供应部门 E-R 图

图 4-6 技术部门和供应部门 E-R 图

局部视图设计完成之后,就要进行视图的集成。视图的集成是将这一步得到的各个局部 E-R 图集成为一个整体的 E-R 图,即全局视图。视图的集成通常分两步进行:首先合并 E-R图,然后消除数据冗余。

4.3.3 合并 E-R 图

根据局部应用设计好各局部 E-R 图之后,就可以对各分 E-R 图进行合并。在合并过程中要解决分 E-R 图间存在的冲突,消除 E-R 图之间存在的信息冗余,使之成为能够被整个系统所有用户都理解和接受的、统一的、精炼的全局概念模型。合并的方法是将具有相同实体的两个或多个 E-R 图合二为一,在合并后的 E-R 图中,相同实体用一个实体表示。合并后实体的属性是所有分 E-R 图中该实体的属性的并集,并以此实体为中心,并入其他所有分 E-R 图。再把合并的 E-R 图作分 E-R 图看待,合并剩余的分 E-R 图,直至把所有的 E-R 图全部合并,最终构成一张全局 E-R 图。将图 4-6 中供应部门和技术部门的 E-R 图进行合并,如图 4-7 所示。

合并的方法有两种:① 二元合并法。指在同一时刻,只考虑两个局部 E-R 图的合并,并产生一个 E-R 图作为合并结果。② 多元合并法。同时将多个局部 E-R 图一次合并。其不足之处是比较复杂,合并起来难度大。

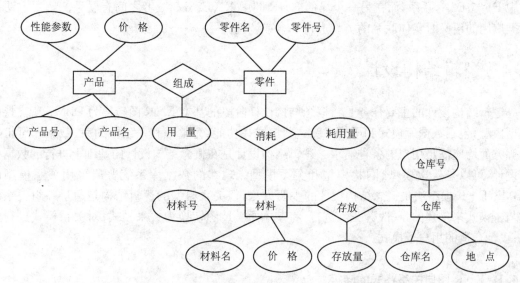

图 4 - 7 技术部门和供应部门 E - R 图的合并

由于局部 E - R 图仅以满足局部应用需求为目标,因而各局部 E - R 图中对应数据对象因各自的应用特征不同可能采取不同的处理。此外,由于众多的设计人员对数据语义理解上可能存在差别,这就导致各个局部 E - R 图之间必定会存在许多不一致的地方,称为冲突。因此,合并局部 E - R 图时,必须着力消除各个局部 E - R 图中的不一致,形成一个为全系统中所有用户共同理解和接受的统一的信息模型。在局部 E - R 图的合并过程中,会产生三种冲突:

1) 属性冲突

属性冲突有两种:① 属性域冲突,即属性值的类型、取值范围或取值集合不同。例如,人的年龄,有的用整型表示,有的用出生日期表示。② 属性取值单位冲突。例如,人的身高,有的用米为单位,有的用厘米为单位。解决方法是取尽可能包含较多局部 E - R 图要求的数据类型、取值或取值单位作为该属性的数据类型、值域或取值单位,并可考虑今后系统维护的工作量进行取舍。

2) 命名冲突

命名冲突有两种:① 同名异义(一词多义)。不同意义的对象在不同的局部 E - R 图中具有相同的名字。例如,名称为"组成"的联系,在某个局部 E - R 图中表示产品和零件的组成关系,在另一个局部 E - R 图中则表示车间和工人的组成关系。② 异名同义(多词一义)。同一意义的对象在不同的局部 E - R 图中具有不同的名字。如对科研项目,财务科称为项目,科研处称为课题,生产管理处称为工程。解决方法是重新命名。

3) 结构冲突

结构冲突包括以下三种:

(1) 同一对象在不同应用中具有不同的抽象。例如,"部门"在某一局部 E - R 图中被当作实体,而在另一局部 E - R 图中则被当作属性。解决方法是统一为实体或属性。

(2) 同一实体在不同局部 E - R 图中包含的属性不完全相同,或者属性的排列次序不完全相同。解决方法是使该实体的属性取各局部 E - R 图中属性的并集,再适当调整属性的次序。

(3) 实体间的联系在不同局部 E - R 图中呈现不同的类型。例如实体 E1 与 E2 在一个局部 E - R 图是多对多联系,而在另一个局部 E - R 图中是一对多联系;又如在一个局部 E - R

图中 E1 与 E2 有联系,而在另一个局部 E-R 图中 E1、E2、E3 三者之间有联系。解决方法是根据应用的语义对实体联系的类型进行综合或调整。

4.4 逻辑结构设计

逻辑结构设计的主要任务是将概念结构设计阶段的基本 E-R 图转换为 DBMS 所支持的数据模型,包括数据库模式和子模式。这些模式在功能、完整性和一致性约束、数据库可扩充性等方面均应满足用户的各种需求。逻辑结构设计是在概念结构设计的基础上进行的数据模型设计,可以是层次模型、网状模型和关系模型。现在的数据库系统普遍采用关系模型的DBMS,E-R 模型法是概念结构设计的主要方法,但关系模型的逻辑结构是通过一组关系模式与子模式来描述的,一般分三步进行:将基本 E-R 图转换为关系模式;对关系模式进行优化;设计合适的用户子模式。

4.4.1 E-R 图向关系模式的转换

采用 E-R 方法所得到的全局概念模型是对信息世界的描述,并不适用于计算机处理。为适合关系数据库系统处理,必须将 E-R 图转换成关系模式。E-R 图是由实体、属性和联系三要素构成,而关系模型中只有唯一的关系模式结构。通常应采用以下方法加以转换:

1) 实体向关系模式的转换

将 E-R 图中的实体逐一转换为一个关系模式,实体名对应关系模式的名称,实体的属性转换成关系模式的属性,实体的候选关键字就是关系的候选关键字(候选关键字的作用是实现不同关系之间的联系)。

2) 联系向关系模式的转换

E-R 图中的联系有 3 种:一对一联系($1:1$)、一对多联系($1:n$)和多对多联系($m:n$),针对这 3 种不同的联系,有不同的转换方法。

(1) 一对一联系的转换

一般是将联系与任意一端实体所对应的关系模式合并,需要在该关系模式的属性中加入另一个实体的候选关键字和联系本身的属性。

(2) 一对多联系的转换

一般是将该联系与 n 端实体所对应的关系模式合并。合并时需要在 n 端实体的关系模式的属性中加入一端实体的候选关键字和联系本身的属性。

(3) 多对多联系的转换

将联系转换成一个关系模式。与该联系相连的各实体的候选关键字及联系本身的属性转换为关系的属性,而关系的候选关键字为各实体候选关键字的组合。

3) 3 个或 3 个以上实体间的一个多元联系可以转换为一个关系模式

与该联系相连的各实体的候选关键字以及联系本身的属性转换为关系模式的属性,关系模式的候选关键字为各实体码的组合。

4.4.2 关系模式的优化

数据库逻辑设计的结果不是唯一的,为了进一步提高数据库应用系统的性能,通常以调整关系数规范化理论为指导,根据应用适当地修改、调整关系数据库的结构,这就是关系模式的优化。规范化理论为数据库设计人员判断关系模式优劣提供了理论标准,可用来预测模式可能出现的问题,使数据库设计工作有了严格的理论基础。

模式优化的方法通常有:

(1) 确定数据依赖。根据需求分析阶段所得到的语义,确定各关系模式属性之间的数据依赖,以及不同关系模式属性间的数据依赖。

(2) 对各关系模式之间的数据依赖进行最小化处理,消除冗余的联系。

(3) 确定各关系模式的范式,并根据需求分析阶段的处理要求,确定是否要对它们进行合并或分解。注意,并非规范化程度越高越好,需权衡各方面的利弊。

(4) 对关系模式进行必要的调整,以提高数据操作的效率和存储空间的利用率。通常可采用垂直分割和水平分割的方法。垂直分割线是关系上的分割,可将关系模式中常用和不常用的属性分开储存。

【例 4-1】 设有关系模式:职工(职工号,姓名,年龄,工资,地址,奖惩,健康状况,简历),要求进行合理的垂直分割。因经常要存取职工号、姓名、年龄、工资等四项,其他项很少用,故可将该模式分割成两个:

职工1(职工号,姓名,年龄,工资)

职工2(职工号,地址,奖惩,健康状况,简历)

这样可以减少程序存储的数据量。注意:分割后的子模式均应包含原关系的键来保证分解的无损连接性。

水平分割是关系平行上的分割,将关系按行划分成若干不相交的子表(列相同)。例如,职工关系可分成在职职工和退休职工两个关系;也可对常用和不常用的记录分开存储,从而提高存储记录的速度。

4.4.3 用户子模式的设计

生成整个应用系统的模式后,还应该根据局部应用需求,结合具体 DBMS 的特点设计用户的子模式。子模式设计的目标是抽取或导出模式的子集,以构造不同用户使用的局部数据逻辑结构。

目前关系 DBMS 一般都提供了视图概念,可以利用这一功能设计更符合局部用户需要的用户子模式。数据库模式的建立主要考虑系统的时间效率、空间效率和易维护性等,而用户子模式的建立更多考虑的是用户的习惯与方便。主要包括如下内容:

1) 使用符合用户习惯的别名

在合并局部 E-R 图时,曾做了消除命名冲突的工作,以使数据系统中的关系和属性具有唯一的名字。这在设计数据库整体结构时是非常必要的,但对于某些局部应用,由于改用了不符合用户习惯的属性名,可能会使他们感到不方便。因此,在设计用户子模式时可以重新定义某些属性名,使其与用户习惯一致。

2）对不同用户定义不同的子模式

为满足系统对安全性的要求,需对不同级别的用户定义不同的子模式。例如,教师关系模式中包括工号、姓名、性别、出生日期、婚姻状况、学历、学位、政治面貌、职称、工资、工龄等属性。学籍管理应用只能查询教师的职工号、姓名、性别、职称数据;课程管理应用只能查询教师的职工号、姓名、学历、职称数据;教师管理应用则可以查询教师全部数据。为此需定义三个不同的子模式,分别包括允许不同局部应用操作的属性,这样就可以防止用户非法访问本来不应查询的数据,保证了系统的安全性。

3）简化用户对系统的使用

如果某些局部应用经常要使用某些较复杂的查询,为了方便用户,可将这些复杂查询定义为子模式,用户每次只对定义好的子模式进行查询,使用户使用系统时感到简单直观、易于理解。

4.5 数据库物理设计

数据库在物理设备上的存储结构与存取方法称为数据库的物理结构。为一个给定的逻辑数据模型选取一个最合适应用环境的物理结构(存储结构与存取方法)的过程就是数据库的物理设计。

数据库的物理设计通常分为两步:

(1) 确定数据库的物理结构。

(2) 对物理结构进行评价,评价的重点是时间和空间效率。

逻辑数据库设计极大地依赖于现实细节,如目标 DBMS 的具体功能、应用程序、编程语言等。逻辑数据库设计输出的是全局逻辑数据模型和描述该模型的文档(数据字典和一组相关的表)。同时,这些也代表着物理设计过程使用的信息源,并且它们提供了数据库物理设计非常重要的依据。

物理设计依赖于具体的 DBMS。要着手物理设计库设计,就必须充分了解使用的 DBMS 的内部特征,特别是文件组织方式、索引和它所支持的查询处理技术。但是,物理数据库设计并不是独立的行为,在物理、逻辑和应用设计之间是经常有反复的,例如,在物理设计期间,为了改善系统性能而合并了表,这可能影响逻辑数据模型。

与逻辑设计相同,物理设计也必须遵循数据的特性以及用途,必须了解应用环境,特别是应用的处理频率和响应时间要求。在需求分析阶段,已了解某些用户要求某些操作的运行速度,或者每秒必须要处理多少个操作,这些信息构成了物理设计时决定的基础。

通常对关系数据库物理设计的主要内容有:

(1) 为关系模式选择存取方法。

(2) 时间关系、索引等数据库文件的物理存储结构。

4.5.1 存取方法与存储结构

物理数据库设计的主要目标之一就是以有效方式存储数据。例如,想按姓名的字母顺序查询职业记录,则文件按职员姓名排列就是很好的文件组织方式,但是,想要查询所有工资在某个范围内的职员,则该排序就不是好的文件组织方式。

数据库系统通常是多用户共享系统,对同一数据存储,要建立多条路径,才能满足多用户的多种应用要求。

1) 关系模式存取方法

(1) 索引存取方法

所谓索引存取方法是指对关系的哪些列建立索引、哪些列建立主索引、哪些列作为次键建立次索引、哪些列建立组合索引、哪些索引要设计为唯一索引等。

① 建立索引的一般原则是:

● 可在经常用于连接操作的列上建立索引,这样会使连接更有效率。

● 可在经常按列的顺序访问记录的某列上建立索引。

● 为经常有查询 ORDER BY、GROUP BY、UNION 和 DISTINCT 的列建立索引。

例如,要知道每个部门职员的平均工资,可以使用如下的 SQL 语句:

SELECT 部门,AVG(工资)FROM 职员 GROUP BY 部门

由于有 GROUP BY 子句,因此可以考虑为"部门"列添加索引。为"部门"和"工资"列共同创建索引会更加有效,因为这使得 DBMS 只根据索引中的数据就可以完成整个查询,而不需要访问数据文件。

② 不适合建立索引的情况:

● 不必为小表建索引。因为在内存中查询该表比存储额外的索引更加有效。

● 避免为经常被更新的列或表建立索引。因为存在更新后维护索引的代价。

● 若查询常涉及表中记录的大部分则不建立索引。因为整表查询比索引查询更有效。

● 避免为由长字符串组成的列创建索引。因为这样的索引量会很大。

(2) 聚簇存取方法

许多关系型 DBMS 都提供了聚簇功能,即为了提高某个属性(或属性组)的查询速度,把在这个或这些属性上有相同值的元组集中存放在一个物理块中。如将同一系的学生元组集中存放,则每读一个物理块可得到多个满足查询条件的元组,从而显著地减少了访问磁盘的次数。

聚簇功能不但适用于单个关系,也适用于多个关系。必须注意的是,聚簇只能提高某些特定应用性能,而且建立与维护聚簇的开销是相当大的。对已有关系建立聚簇,将导致关系中元组移动物理存储位置,并使此关系上原有的索引无效,必须重建。当一个元组的聚簇键改变时,该元组的存储位置也要做相应移动。因此只有在用户应用满足下列条件时才考虑建立聚簇,否则很可能会适得其反。

① 通过聚簇键进行访问或连接是该关系的主要应用,与聚簇键无关的其他访问很少,尤其当 SQL 语句中包括与聚簇键有关的 ORDER BY、GROUP BY、UNION、DISTINCT 等子句或短语时,使用聚簇特别有利,可以省去对结果集的排序操作。

② 对应每个聚簇键值的平均元组数适中。太少了,聚簇效益不明显,甚至浪费块的空间;太多了,就要采用多个连接块,同样对提高性能不利。

③ 聚簇键值相对稳定,以减少修改聚簇键值所引起的维护开销。

(3) Hash 法

当查询是基于 Hash 字段值的准确匹配时,尤其是如果访问顺序是随机的,Hash 就是一种好的存储结构,例如,如果职工表是基于职工号进行 Hash 映射的,则查询职工号等于 M259178 的记录就很方便。但 Hash 法在下列情况下并非好的结构:

① 当记录是基于 Hash 字段值的范围进行查询时。例如,查询职工号为"MZ00000"到"MZ001010"之间的所有职工。

② 当记录是基于其他列而不是基于 Hash 列进行查询时。例如,如果职工表基于职工号进行映射,那么 Hash 映射不能用来查询基于姓名列的记录。

③ 当记录是基于 Hash 字段的一部分进行查询时。例如,如果选课表基于学号和课程号进行 Hash 映射,那么就不能只基于学号列查询记录。

④ 当 Hash 列经常被更新时。当 Hash 列被更新时,DBMS 必须删除整条记录,并且有可能将它重新定位于新地址。因此,经常更新 Hash 列会影响系统性能。

2) 确定数据库的存储结构

确定数据库存储结构时要综合考虑存取时间、存储空间利用率和维护代价三方面的因素,这三个方面常常是互相影响的,例如消除一切冗余数据虽然能够节约存储空间,但往往会导致查询代价的增加,因此必须进行权衡,选择一个折中方案。

(1) 确定数据的存放位置

为了提高系统性能,数据应该根据应用情况将易变部分和稳定部分、经常存取部分和存取频率较低部分分开存放。例如,数据库数据备份、日志文件备份等由于只在故障恢复时才使用,而且数据量很大,可以考虑存放在光盘或磁带上。目前许多计算机都有多个磁盘,因此进行物理设计时可以考虑将表和索引分别放在不同的磁盘上,在查询时,由于两个磁盘驱动器分别工作,因而可以保证物理读写速度比较快。

(2) 确定系统配置

数据库产品一般都提供了一些存储分配参数,供设计人员和 DBA 对数据库进行物理优化。初始情况下,系统都为这些变量赋予了合理的默认值。但是这些值不一定适合每一种应用环境,在进行物理设计时,需要重新对这些变量赋值以改善系统的性能。这些配置变量包括:同时使用数据库的用户数,同时打开的数据库对象数,使用的缓冲区长度、个数,数据库的大小,填装因子,锁的数目等。这些参数值影响存储时间和存储空间的分配,在物理设计时就要根据应用环境确定这些参数值,以使系统性能最优。

4.5.2 性能评价

衡量一个物理设计的好坏,可以从时间、空间、维护开销和各种用户要求着手。其结果可以产生多种方案,数据库设计人员必须对这些方案进行细致的评价,从中选择一个较优的方案作为数据库的物理结构。性能评价的结果也是对前面设计阶段的综合评价,可以作为反馈输入,修改各阶段的设计结果。评价物理数据库的方法完全依赖于所选用的 DBMS,主要是从定量估算各种方案的存储空间、存放时间和维护代价入手,对估算结果进行权衡、比较,选择出一个较优的合理的物理结构,如果该结构不符合用户需求,则需要修改设计。数据库性能指标如下:

1) 存取效率

存取效率是用每个逻辑存取所需的平均物理存取次数的倒数来度量。这里,逻辑存取是指对数据库记录的访问,而物理存取是指实现该访问在物理上的存取。

2) 存储效率

存储效率是用存储每个要加工的数据所需实际辅存空间的平均字节数的倒数来度量的。

例如,采用物理顺序存储数据,其存储效率接近100%。

3）其他性能

设计的数据库系统应能满足当前的信息要求,也能满足一个时期内的信息要求;能满足预料的终端客户需求,也能满足非预料的需求;当重组或扩充组织时应能容易扩充数据库;当软件与硬件环境改变时,应容易修改和移植;存储于数据库的数据只要一次修正,就能一致正确;数据进入数据库之前应能作有效性检查;只有授权的人才允许存取数据;系统发生故障后,应容易恢复数据库。

上述这些性能往往是互相冲突的,为了解决性能问题,要求设计人员熟悉各级数据模型和存取方法,特别是物理模型和数据的组织与存取方法,对于数据库的存取效率、存储效率、维护代价以及用户要求这几方面,需要有一个最优的权衡折中。

4.6　数据库实施与维护

1）数据库实施

数据库实施主要包括以下工作:

（1）定义数据库结构。确定了数据库的逻辑结构与物理结构后,就可以用所选用的DBMS提供的数据定义语言来建立数据库结构。

（2）组织数据入库。这是数据库实施阶段最主要的工作。对于数据量不是很大的小型系统,可以用人工方法完成数据的入库,其步骤为:① 筛选数据;② 转换数据格式;③ 输入数据;④ 校验数据。对于大中型系统,应设计一个数据输入子系统由计算机辅助数据的入库工作。

（3）编制与调试应用程序。在数据库实施阶段,编制与调试应用程序是与组织数据入库同步进行的。调试应用程序时,由于数据入库尚未完成,可先使用模拟数据。

（4）数据库试运行。应用程序调试完成,并且已有一小部分数据入库后,就可以开始数据库的试运行。数据库试运行也称为联合调试,其主要工作包括:① 功能测试;② 性能测试。

2）数据库的维护

数据库试运行结果符合设计目标后,数据库就可以真正投入运行了。在数据库运行阶段,对数据库经常性的维护工作主要是由DBA完成的,包括4个方面:数据的存储与恢复,数据库的安全性、完整性控制,数据库的性能监督,分析与改造和数据库的重组织与重构造。

当数据库应用环境发生变化,会导致实体及实体间的联系发生相应的变化,使原有的数据库设计不能很好地满足新的需求,从而不得不适当调整数据库的模式和内模式,这就是数据库的重构造。DBMS提供了修改数据库结构的功能。

重构数据库的程度是有限的。若应用变化太大,已无法通过重构数据库来满足新的需求或重构数据库的代价太大,则表明现有数据库应用系统的生命周期已经结束,应该重新设计新的数据库系统,开始新数据库应用系统的生命周期了。

设计一个数据库应用系统需要经历需求分析、概念结构设计、逻辑结构设计、物理结构设计、数据库实施、数据库运行维护6个阶段,设计过程中往往还会有许多反复。

数据库的各级模式正是在这样一个设计过程中逐步形成的。需求分析阶段综合各个用户的应用需求。概念设计阶段形成独立于机器特点、独立于各个数据库产品的概念模式,用E-R图来描述。逻辑设计阶段将E-R图转换成具体的数据库产品支持的数据模型,如关系模型,形成数据库逻辑模式。然后根据用户处理的要求、安全性的考虑,在基本表的基础上再建立必要的视图,形成数据的子模式。在物理设计阶段根据 DBMS 特点和处理的需求,进行物理存储安排,设计索引,从而形成数据库内模式。

课后习题

一、选择题

1. 数据流程图是用于数据库设计中( )阶段的工具。

    A. 可行性分析   B. 需求分析

    C. 概要设计   D. 程序编码

2. 概念结构设计是整个数据库设计的关键,它通过对用户需求进行综合、归纳与抽象,形成一个独立于具体 DBMS 的( )。

    A. 数据模型   B. 概念模型

    C. 层次模型   D. 关系模型

3. 数据库设计的概念设计阶段,表示概念结构的常用方法和描述工具是( )。

    A. 实体联系方法   B. 层次分析法和层次结构图

    C. 结构分析法和模块结构图   D. 数据流程分析法和数据流程图

4. 数据库设计中,概念模型( )。

    A. 独立于 DBMS   B. 依赖于 DBMS

    C. 依赖于计算机硬件   D. 独立于计算机硬件和 DBMS

5. 数据库设计可划分为 6 个阶段,每个阶段都有自己的设计内容,"为哪些关系,在哪些属性上建什么样的索引"这一设计内容应该属于( )设计阶段。

    A. 概念设计   B. 逻辑设计

    C. 物理设计   D. 全局设计

6. 如何构造出一个合适的数据逻辑结构是( )主要解决的问题。

    A. 数据字典   B. 物理结构设计

    C. 逻辑结构设计   D. 关系数据库查询

7. 在关系数据库设计中,设计关系模式是数据库设计中( )阶段的任务。

    A. 逻辑设计   B. 概念设计

    C. 物理设计   D. 需求分析

8. 在关系数据库设计中,对关系进行规范化处理,使关系达到一定的范式,例如达到 3NF,这是( )阶段的任务。

    A. 需求分析   B. 概念设计

    C. 物理设计   D. 逻辑设计

9. 关系数据库的规范化理论主要解决的问题是( )。

    A. 如何构造合适的数据逻辑结构

    B. 如何构造合适的数据物理结构

    C. 如何构造合适的应用程序界面

    D. 如何控制不同用户的数据操作权限

10. 在数据库设计中,将 E-R 图转换成关系数据模型的过程属于( )。

    A. 需求分析阶段   B. 逻辑设计阶段

    C. 概念设计阶段   D. 物理设计阶段

11. 从 E-R 图导出关系模型时,如果实体间的联系是 $m:n$ 的,下列说法中正确的是( )。

    A. 将 n 方候选关键字和联系的属性纳入 m 方的属性中

    B. 将 m 方候选关键字和联系的属性纳入 n 方的属性中

C. 增加一个关系表示联系，其中纳入 m 方和 n 方的候选关键字

D. 在 m 方属性和 n 方属性中均增加一个表示级别的属性

12. 在 E-R 模型中，如果有 3 个不同的实体型，3 个 $m:n$ 联系，根据 E-R 模型转换为关系模型的规则，转换为关系的数目是（　　）。

A. 4 B. 5 C. 6 D. 7

13. 下列有关 E-R 模型向关系模型转换的叙述中，不正确的是（　　）。

A. 一个实体模型转换为一个关系模式

B. 一个 $m:n$ 联系转换为一个关系模式

C. 一个 1:1 联系可以转换为一个独立的关系模式，也可以与联系的任意一端实体所对应的关系模式合并

D. 一个 1:n 联系可以转换为一个独立的关系模式，也可以与联系的任意一端实体所对应的关系模式合并

14. 在 E-R 模型转换成关系模型的过程中，下列不正确的做法是（　　）。

A. 所有联系转换成一个关系

B. 所有实体集转换成一个关系

C. 1:n 联系不必转换成关系

D. $m:n$ 联系转换成一个关系

15. 当同一个实体集内部实体之间存在着一个 $m:n$ 的关系时，根据 E-R 模型转换成关系模型的规则，转换成关系的数目为（　　）。

A. 1 B. 2 C. 3 D. 4

二、简答题

1. 简述数据库设计过程分为哪些阶段。

2. 简述数据库设计应注意的问题。

3. 简述数据库设计人员应该具备的知识和技术。

4. 简述需求分析的必要性。

5. 简述需求分析的调查过程和方法。

6. 简述数据字典的内容。

7. 简述数据库物理设计中要解决的主要问题。

8. 简述数据库物理设计的主要内容。

9. 简述数据库运行与维护阶段的主要工作。

10. 试分析数据库设计与软件工程的区别和联系。

5 管理信息系统的开发

【本章学习目的和要求】
◇ 了解管理信息系统的相关概念和特征。
◇ 了解管理信息系统开发的方法。
◇ 了解管理信息系统开发的相关过程。

管理信息系统的开发是一项复杂的系统工程,它涉及的知识面广、部门多,不仅涉及技术,而且涉及管理业务、组织和行为;它不仅是科学,而且是艺术。随着计算机技术的不断发展,人们在管理信息系统的长期开发实践中已研制出了多种开发方法,为了保证系统开发工作的顺利进行,应根据所开发系统的实际情况,明确开发任务,掌握开发原则,采用行之有效的开发方法,以达到管理信息系统开发有效性、经济性和实用性的目的。

5.1 管理信息系统的概述

5.1.1 管理信息系统的定义

管理信息系统最早在 1970 年由 Walter T. Kennevan 提出:"以书面或口头的形式,在合适的时间向总经理、职员以及外界人员提供过去的、现在的、预测未来的有关企业内部及其环境的信息,以帮助他们进行决策。"

该定义主要是从管理学角度给出的。之后又产生了许许多多的定义,其中最具代表性的定义包括以下几种:

(1) 管理信息系统是一个具有高度复杂性、多元化和综合性的人机系统,它全面使用现代计算机技术、网络通信技术、数据库技术以及管理科学、运筹学、统计学、模型论和各种最优化技术,为经营管理和决策服务。

(2) 管理信息系统是为决策科学化提供应用技术和基本工具,为管理决策服务的信息系统。

(3) 管理信息系统不仅把信息系统看作是一个能对管理者提供帮助的基于计算机的人机系统,而且把它看作是一个社会技术系统,将信息系统放在组织与社会这个大背景去考察,并把考察的重点从科学理论转向社会实践,从技术方法转向使用这些技术的组织和人,从系统本身转向系统与组织、环境的交互作用。

(4) 管理信息系统是一个由人、计算机硬件、计算机软件和数据资源组成的,能及时收集、加工、存储、传递和提供信息,实现组织中各项活动的管理、调节和控制的人机系统。

从以上定义可以看出管理信息系统的本质,它不仅是技术系统,也是社会系统;能够为决策服务;具有多学科交叉的性质;是基于计算机的人机系统。

5.1.2 管理信息系统的特征

1）它为管理决策服务

它必须能够根据管理的需要,及时提供信息,帮助决策者作出决策。

2）它对组织乃至整个供应链进行全面管理

一个组织在建设管理信息系统时,可根据需要逐步应用个别领域的子系统,然后进行综合,最终达到应用管理信息系统进行综合管理的目标,管理信息系统综合的意义在于产生更高层次的管理信息,为管理决策服务。

3）它是一个人机结合的系统

虽然信息系统在计算机发明前已经存在,但是现在的信息系统一般指基于计算机的信息系统。计算机在信息系统中扮演着重要的角色,因为计算机的存储能力与运算能力是人所不及的。但是人的因素是决定性的因素,因为系统需求的提出、系统分析、系统设计、系统实施、系统维护和评价、系统的使用是由人进行的,因此系统应用成功与否主要取决于人。

4）它与先进的管理方法和手段相结合

对信息系统,不同的人有不同的视角,有的从技术视角,有的从管理视角,有的从应用视角等,但是现在普遍的认识是信息系统有助于提高管理水平。结合信息系统的开发应该从管理角度进行分析,引进先进的管理思想,改造传统的不合理的业务流程。

5）它是多学科交叉形成的边缘学科

管理信息系统是一门新的学科,其理论体系尚处于发展和完善的过程中。早期的研究者从计算机科学、应用数学、管理理论、决策理论和运筹学等相关学科中抽取相应的理论,构建了管理信息系统的理论基础,从而形成一个具有鲜明特色的边缘科学。

5.1.3 管理信息系统的分类

管理信息系统是一个广泛的概念,至今尚无明确的分类方法。依据信息不同的功能、目标、特点和服务对象,可以分为业务信息系统、管理信息系统和决策支持系统。依据管理信息系统不同的功能和服务对象,可分为国家经济信息系统、企业管理信息系统、事务型管理信息系统、行政机关办公型管理信息系统和专业型管理信息系统。

1）国家经济信息系统

国家经济信息系统是一个包含各综合统计部门在内的国家级信息系统。这个系统纵向联系各省市、地市、各县直至各重点企业的经济信息系统,横向联系外贸、能源、交通等各行业信息系统,形成一个纵横交错、覆盖全国的综合经济信息系统。国家经济信息系统由国家经济信息中心主持,在"统一领导、统一规划、统一信息标准"的原则下,按"审慎论证、积极试点、分批实施、逐步完善"的十六字方针边建设边发挥作用。

2）企业管理信息系统

企业管理信息系统面向工厂、企业,主要进行管理信息系统的加工处理,这是一类最复杂的管理信息系统,一般应具备对工厂生产实施监控、预测和决策支持的功能。企业复杂的管理活动给管理信息系统提供了典型的应用环境和广阔的应用舞台。

3) 事务型管理信息系统

事务型管理信息系统面向事业单位,主要进行日常事务的处理,如医院管理信息系统、饭店管理信息系统和学校管理信息系统等。由于不同应用单位处理的事务不同,这些管理信息系统的功能也各不相同。

4) 行政机关办公型管理信息系统

国家各级行政机关的办公管理自动化,对提高领导机关的办公质量和效率,改进服务水平具有重要意义。办公管理系统的特点是办公自动化和无纸化,如应用局域网、打印、传真、印刷、缩微等办公自动化技术,以提高办公效率。行政机关办公型管理信息系统,要与行政首脑决策服务系统整合,为行政首脑提供决策支持信息。

5) 专业型管理信息系统

专业型管理信息系统指用于特定行业或领域的管理信息系统,如人口管理信息系统、科技人才管理信息系统和房地产管理信息系统等。这类管理信息系统专业型很强,使用的技术相对简单,规模一般较大。再如铁路运输管理信息系统、电力建设管理信息系统、银行信息系统、民航信息系统、邮电信息系统等,这类管理信息系统的特点是综合性很强,包含了上述各种管理信息系统的特点,也称为综合型信息系统。

5.2　管理信息系统的规划

管理信息系统的建设耗资巨大,建设周期较长,技术复杂且涉及面广,风险高。建设管理信息系统之前必须进行统筹规划,制定出详细的工作目标、计划和方案,才能保证管理信息系统开发成功。系统规划主要解决如下 4 个问题:如何保证信息系统规划同它所服务的组织及其总体战略上的一致? 怎样为该组织设计出一个信息系统总体结构,并在此基础上设计、开发应用系统? 对相互竞争资源的应用系统,应如何拟定优先开发计划和运营资源的分配计划?面对前三个阶段的工作,应怎样选择并应用行之有效的方法论? 许多失败的例子说明,缺乏规划的管理信息系统,成功的可能性很低。

信息资源是企业的重要资源,要经过细致规划和信息资源开发,才能发挥其作用。管理信息系统的技术复杂且涉及面广,又包括许多子系统,各子系统相互间还需要协调,总体规划的目的就是使管理信息系统的各个组成部分之间能够相互协调,满足企业管理的整体功能要求,预想出可能出现的重要问题和对策。进行总体规划可以使人力、物力、时间等资源合理安排,以保证将来系统的开发顺利进行。

系统总体规划概述是管理信息系统建设的第一阶段工作。起始阶段的系统规划工作的好坏将直接影响到整个系统建设的成败。因此,应该充分认识这一阶段工作所具有的特点和应注意的一些关键问题,以提高系统规划工作的科学性和有效性。

5.2.1　系统总体规划阶段的目标和工作任务

1) 系统总体规划阶段的总目标

系统规划是管理信息系统建设生命周期的第一个阶段。这一阶段的总目标,就是从整个企业的发展战略出发,制定出企业的管理信息系统长期的发展建设方案,规划系统的目标范围、功能结构、开发进度、投资规模、主要信息技术、参加人员和组织保证,制定规划和实施方案,并进行项目开发的可行性认证。总体规划的重点是确定系统目标、总体结构和子系统的划分。

2) 系统总体规划的步骤

制定系统总体规划分为三个步骤:根据企业的发展战略,制定管理信息系统的发展战略;信息需求分析,制定管理信息系统的总体方案,制定项目开发计划;制定系统建设的资源分配计划。

(1) 制定管理信息系统战略规划

深入分析领会企业的目标、发展战略,分析企业重要的业务流程;根据企业的目标和发展战略确定管理信息系统的发展建设战略,对当前管理信息系统的功能、应用现状和应用环境进行评价;制定建设管理信息系统的政策、目标和战略,提出新的管理信息系统建设报告。这一阶段的关键是要使管理信息系统的战略与整个企业的战略和目标协调一致。

(2) 信息需求分析

对用户的需求进行初步调查,调查业务过程和现实环境,包括技术、经济、资源、基础条件等方面内容,分析系统开发的可行性,制定出实用、先进的总体规划方案。

用户的需求包括功能要求、性能要求、可靠性要求、安全保密性要求以及开发费用和开发周期、可使用资源等方面的限制。

分析确定企业在事务处理和决策支持方面的信息需求,为整个企业提出管理信息系统的总体结构方案,制订发展计划,根据发展战略和系统总体结构,制定管理信息系统的总体方案,确定系统、各子系统的开发次序和时间安排,制定项目开发计划。

(3) 资源分配

制定为实现开发计划所需要的软硬件资源、数据通信设备、人员、技术、服务、资金等计划,提出整个系统建设的概算规划。

规划是对较长时期的活动进行总体、全面的计划。现代企业的结构和活动内容都很复杂,实现企业的信息管理计算机化需要经过长期的努力,因而必须对一个组织的信息系统建设进行规划,根据企业的目标和发展战略、内部条件和外部环境,科学地预定管理信息系统的发展战略和总体方案,合理安排系统建设步骤。

上述三个主要步骤也是系统规划工作的三项目标,如图 5-1 所示。

图 5-1 管理信息系统系统规划的三个主要工作步骤

制定系统规划的详细步骤为:

① 确定规划年限、规划方法。

② 初步调查、收集信息,包括组织外部、内部的各种信息,尤其是外部的信息。

③ 确定企业的资源和约束,包括现存硬件和它的质量、信息部门人员、运行和控制、资金、安全措施、人员经验。

④ 设置目标。由组织的最高领导者和信息化部门来设置、应包括信息服务的质量和范围、政策、组织以及人员等,它不仅包括信息系统的目标,而且应是整个组织的目标。

⑤ 设计 MIS 的总体结构。

⑥ 项目成本/效益分析和给定项目的优先权。

⑦ 编制项目实施总体进度计划。

⑧ 规划经专家评审和企业领导者批准生效,并宣告战略规划任务的完成。

5.2.2 系统总体规划的原则

管理信息系统系统总体规划是面向企业的长远、全局性问题,系统规划是企业规划的一部分,高层管理人员是本项工作的参加者。系统规划人员对管理与技术的领悟程度,是规划工作成功与否的决定因素。系统的总体规划宜粗不宜细,是为系统的发展制定一个科学而合理的目标和达到该目标的可行途径。

进行总体规划,应掌握以下原则:

(1) 管理信息系统是企业的辅助系统,管理信息系统系统总体规划的工作应支持企业的总目标,不能单独为信息化而信息化。

(2) 管理信息系统系统的总体规划从宏观上应着眼于企业的高层管理工作,兼顾各管理层的要求,但开始不宜过细。

(3) 总体规划的工作是为未来的管理信息系统而系统制定的,将来需要对现有的组织结构进行调整以适应现代化的管理信息系统需要,规划时应摆脱对现有的组织结构的依从,从系统的功能进行规划。

(4) 系统结构应能满足企业管理的全面、全局和长期的需要。

5.2.3 管理信息系统战略规划的内容

1) 管理信息系统战略规划的内容

系统总体规划是关于企业建设全面的管理信息系统的长期计划,该计划短则几个月至一年,长则三年、五年或更长。管理信息系统战略规划的具体内容包括:

(1) 管理信息系统的目标、总体结构和约束条件。管理信息系统战略规划应根据企业的战略目标、内外约束条件,来确定所建设的管理信息系统的总目标、发展战略和系统的总体结构等问题,信息系统的总体结构规定了信息的主要类型以及主要的子系统,采用的主要信息技术,为系统开发提供了框架。

(2) 企业现有的管理信息系统情况和评价,包括各个计算机应用项目。

(3) 企业的业务流程现状、存在的问题,流程在新信息技术下的重组,组织的资源状况,包括计算机硬件软件情况、人员的配备情况以及开发费用的投入情况。

(4) 对影响规划的信息技术发展方向的预测。管理信息系统战略规划需要当前和未来信息技术的支持。信息技术是开发管理信息系统的核心技术,计算机及其各项信息技术在战略规划中应有体现和预测,应准确把握信息技术的发展趋势。信息技术包括计算机硬件软件技术、网络通信技术及数据库处理技术等。新技术将给管理信息系统的开发带来根本影响,决定管理信息系统的开发水平和深度。

(5) 近期计划。应对近期的管理信息系统建设做出较详细的计划。计划主要应包括项目的开发、转换工作时间表、硬件设备的采购时间表、人力资源的需求计划、人员培训时间以及资金需求等。

最后,对以上内容形成系统规划报告。

2）管理信息系统规划的主要方法

用于管理信息系统规划的方法很多，较常用的方法有企业系统规划法（Business System Planning，BSP）、关键成功因素法（Critical Success Factors，CSF）和战略目标集转化法（Strategy Set Transformation，SST）。此外还有几种用于特殊情况或者作为整体规划的一部分使用的方法，例如，企业信息分析与集成技术（BIAIT）、投资回收法（ROI）等方法。

5.3 管理信息系统的分析

系统分析阶段工作的实质在于确定系统必须"做什么"，是管理信息系统开发过程工作量最大、涉及部门和人员最多的一个阶段。系统分析的结果是系统设计和系统实施的基础，系统分析没有做好，整个管理信息系统的开发工作要取得成功是不可能的。系统分析阶段的工作质量决定后面的系统设计和系统实施能否顺利进行，关系到管理信息系统开发工作的成败。因此，系统分析是整个管理信息系统开发工作的一个重要阶段。

5.3.1 系统分析的任务

系统分析是在系统规划的指导下，运用系统的观点和方法，对系统进行深入详细的调查研究，通过问题识别、系统调查、系统分析等工作来确定新系统的逻辑模型。系统分析（System Analysis）也称为逻辑设计（Logical Design），是指在逻辑上构造新系统的功能，解决系统"做什么"的问题。系统分析的主要任务是定义新系统应该"做什么"的问题，至于新系统的功能如何实现，即"怎么做"的问题，是系统设计的任务。

系统分析是确定新系统逻辑设计方案的关键阶段，要完成这个目标，系统分析必须从现行系统入手，调查系统的组织结构和各机构的内在联系，分析组织的职能，详细了解每个业务过程和业务活动的工作流程及信息处理流程，理解用户对信息系统的需求，包括对系统功能、性能方面的需求，对硬件配置、开发周期、开发方式等方面的意向及打算。在详细调查的基础上，系统分析员运用各种系统的开发理论、开发方法和开发技术，确定系统应具有的逻辑功能，经过与用户反复讨论、分析和修改后，产生一个用户比较满意的总体设计，再用一系列图表和文字表示出来，形成符合用户需求的系统逻辑模型，为下一阶段的系统设计提供依据。

5.3.2 系统环境分析

环境是管理信息系统外部的约束条件，是影响系统的重要原因。它们相互作用，表现为外部对管理信息系统的数据来源以及管理信息系统对外部的输出时间及方式。

在划分系统与环境边界时应注意：研究分析问题的重要部分应作为系统的要素，对系统分析问题有重大影响的部分也应看作系统的要素。与研究分析问题有关但却无重大影响，而又不可忽略的非重要部分，可视为系统的环境。对系统影响甚微的部分，可从环境中略去。

对系统进行全面调查分析分为两个方面：① 对系统的外界环境进行调查分析（系统目的调查分析）。② 对系统的内部进行调查分析（系统方案调查分析）。

在系统目的调查分析中，又包含两方面：① 对系统的输出调查分析；② 对系统的输入调查分析。

在系统方案调查分析中,也包含两方面:① 系统实施方案的可行性分析;② 各实施方案的经济效益分析。

5.3.3 系统调查

管理信息系统的开发需要基于现行系统。搜集系统背景资料,了解现行系统概况,从总体上了解企业和组织概况、基本功能、信息需求及主要薄弱环节等内容,并进行系统可行性分析,是系统规划与分析的基础。

系统调查分为总体调查和功能调查,两次调查目的不同,调查内容的详细程度与侧重面也不同。总体调查的内容是调查企业的总貌及其对信息的总需求,目的是为了合理地确定系统目标、进行系统总体规划以及可行性研究。功能调查的内容是详细了解企业内各个系统的业务流程与信息流程,其目的是设计出包括新系统基本功能的逻辑模型。功能调查在系统分析阶段进行。

5.3.4 可行性研究

可行性研究又称为可行性分析或可行性设计。可行性研究是任何大型项目在正式投入建设之前都必须进行的一项工作,这对于保证资源的合理使用、避免浪费是十分必要的,也是项目开始以后能顺利进行的必要保证。对于管理信息系统开发而言,可行性研究的目的是解决新系统开发"是否可能"和"有无必要"的问题,是在对现行系统初步调查的基础上,根据组织当前的实际情况和环境条件,运用经济理论和技术方法,从各个方面对建立管理信息系统的必要性和可能性进行详细完整的分析讨论。可行性分析工作的长短取决于管理信息系统的规模。一般来说,可行性分析工作的成本占预期项目总成本的 5%~10%。

一般来说,系统可行性研究可以从技术可行性、经济可行性和运行可行性三方面来考虑。

1) 技术可行性

要确定使用现有的技术能否实现系统,就要对要开发系统的功能、性能、限制条件进行分析,确定在现有的资源条件下,技术风险有多大,系统能否实现。这里的资源包括已有的或可得到的硬件、软件资源,现有技术人员的技术水平和已有的工作基础。

2) 经济可行性

进行开发成本的估算以及取得效益的评估,确定要开发的系统是否值得投资开发。对大多数系统,衡量经济上是否合算,应考虑一个最小利润值。经济可行性研究范围较广,包括成本—效益分析、公司经营长期策略、开发所需的成本和资源、潜在的市场前景等。

3) 运行可行性

运行可行性包括法律可行性和操作使用可行性等方面。法律方面主要是指在系统开发过程可能涉及的各种合同、侵权、责任以及与法律相抵触的问题。操作使用方面主要指系统使用单位在行政管理、工作制度和人员素质等因素上能否满足系统操作方式的要求。

5.3.5 系统分析内容

1）需求分析

系统需求分析工作是系统生命周期中重要的一步，也是决定性的一步。只有通过系统需求分析，才能把用户对系统功能和性能的总体要求描述，转化为具体的需求规格说明，奠定系统开发的基础。系统需求分析是一个不断认识和逐步细化的过程。该过程将系统规划阶段确定的系统范围逐步细化到可以详细定义的程度，分析出各种不同的系统元素，然后为这些元素找到可行的解决办法。

好的需求分析必须用创新的方式，满足用户那些难以表达的需求，让系统完美地配合他们的需求。了解用户需求是一件持续性的工作，需要技巧、创意和持续不断的努力。

2）组织结构与功能分析

组织与功能分析一般包括组织机构与组织结构、组织/功能关系、功能结构和功能重构及组织变革等方面的内容。这一分析并不仅仅是以相关图表表达现行系统组织功能结构，更重要的是通过分析，发现结构中存在的问题，提出合理可行的目标系统结构方案。

要全面了解建设管理信息系统的企业，需要对企业目标、企业的方针政策、企业的环境进行了解。从了解企业的组织机构开始，然后再展开其他的调研。结构是企业业务处理的基础。

过去，由于机构原因带来的功能交叉、重复、缺失问题，需要改变，信息化后不许再出现职责不明、互相推诿的现象。计算机对功能处理的要求与手工系统不可能也不应该是一一对应关系，需要以合理的信息流重定义业务流和工作流，该合并的合并，该取消的取消，该增加的增加，该整合的整合，确保信息入口的统一、出口的规范。

3）业务流程分析

业务流程分析包括流程分析、业务流程图的绘制和流程重组等方面的内容。业务流程分析的基础是业务流程调查和现有信息载体的相关调查。业务流程分析的目的是通过剖析现行业务流程，经过调整、整合以后，重构目标系统的业务流程。业务流程分析的基本工具是业务流程图，业务流程图使用标准的符号进行绘制。业务流程分析是数据流程分析的基础，对于整个系统分析具有基础性作用。

业务流程调查是工作量大、繁琐而又细致的工作。它的主要任务是调查系统中各环节的管理业务活动，掌握管理业务的内容和作用、信息的输入和输出、数据存储、信息处理方法及过程等，为建立 MIS 数据模型和逻辑模型打下基础。在此基础上，用尽量标准的符号绘制现行系统的业务流程图（Transition Flow Diagram，TFD）。TFD 是掌握现行系统状况，确立系统逻辑模型不可缺少的环节。

4）数据流程分析

数据流程分析是把数据在现行系统内部的流动情况抽象地独立出来，舍去了具体组织机构、信息载体、处理工具、物质、材料等，单从数据流动过程来考查实际业务的数据处理模式。数据流程分析主要包括对信息的流动、传递、处理、存储等的分析。

描述系统数据流程的工具是数据流程图及其附带的数据字典、处理逻辑说明等图表。

数据流程图（Data Flow Diagram，DFD）是描述系统逻辑模型的主要工具，是用箭线连接图形符号对某一业务流程中的数据在系统中的流动、传递、存储和处理过程的描述。数据流程图具有抽象性和综合性两个特点。其抽象性表现在已经完全舍去了具体的物质，如组织机构、工作场所、物质流、货币流等,只保留了数据的流动、存储、使用及加工的情况。综合性表现在可以把系统中的各种业务处理过程联系起来,形成一个整体。

(1) 基本图例

① 外部实体(外部项)指系统以外的人或事物。它表示该系统数据的外部来源和去处,例如学生,职工,车间等。外部实体也可以是另外一个信息系统。

我们用一个正方形,在其左上角外边另加一个直角来表示外部实体,在正方形内写上这个外部实体的名称。为了区分不同的外部实体,可以在正方形的左上角标上一个字符。在数据流程图中,为了减少线条的交叉,同一个外部实体可在一张数据流程图中出现多次,这时在该外部实体符号的右下角画上小斜线,表示重复。外部实体的图例如图5-2所示。

图5-2 外部实体

② 数据处理(加工)指对数据的逻辑处理,也就是数据的变换,可以是人工处理,也可以是计算机处理。在数据流程图中,用长方形表示处理,长方形分为三部分,如图5-3所示。

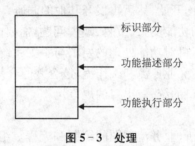

图5-3 处理

标识部分用来给一个功能编号,一般用字母加数字表示,如 P1、P2 等。

功能描述部分是必不可少的,它直接表达这个处理的逻辑功能,一般用动宾结构来表示。

功能执行部分表示这个功能由谁来完成,可以是一个部门,也可是一个计算机程序。

③ 数据流是指处理功能的输入或输出,用一条带箭头的直线表示。箭头指出数据的流动方向。数据流可以是信件、票据,也可以是电话等。

一般来说,对每个数据流都要加以简单的描述,使用户和系统设计员能够理解其的作用。数据流的描述写在直线的上方,如图5-4所示。

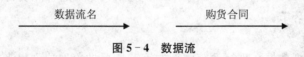

图5-4 数据流

④ 数据存储表示数据保存的地方。这里"地方"是指数据存储的逻辑描述. 它可以是一个实际的账簿文件夹、一叠登记表等手工文件,也可以是某个计算机文件或数据库等。

在数据流程图中,数据存储用右边开口的长方条表示。在长方条内写上数据存储的名字。为了区别和引用方便,再加一个标识,由字母 D 和数字组成,如图5-5所示。

(2) 数据流程图的画法

采用结构化分析方法绘制数据流程图的基本思想是:自顶向下,由外向里,逐层分解。下

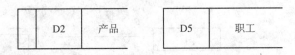

| | D2 | 产品 | | D5 | 职工 |

图 5-5 数据存储

面以高等学校学籍管理系统为例来说明。

首先,把系统看成一个整体,或一个总的数据处理模块,在最顶层的数据流程图上只指明流入系统的外部数据和流出系统的数据,暂时不考虑系统内部的各种数据流情况。例如学籍管理系统的顶层数据流程图如图 5-6 所示。图中"学籍表"中记载了学生的基本情况,如学籍变动情况、各学期各门课程的学习成绩、在校期间的奖惩记录等。

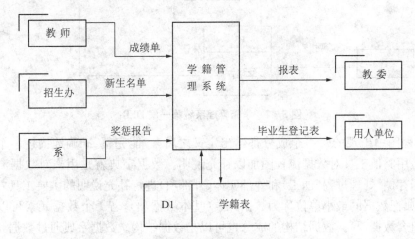

图 5-6 学籍管理系统顶层 DFD

图 5-6 只是对一个系统的高度概括的描述,仅揭示了系统的边界、系统与外界环境的关系以及总的功能。为了更详细地描述系统的逻辑功能,需要对图中的总功能再进行分解,即把"学籍管理"分解成"成绩管理"、"奖惩管理"、"异动管理"三大功能模块,如图 5-7 所示。

数据流程图分解时,应当特别注意以下两个问题:一是需要新增加的数据流不应该遗漏,同时每一个数据流的出发端和终止端应画正确;二是数据存储的添加,应限于各功能模块之间的接口处。各功能模块的内部,为了其自身处理工作的需要所设置的数据存储文件一般不急于添加,因为这还是比较粗略的分解,而且各功能模块内部的数据存储一般不影响全局,只要抓住这个功能模块的输入输出,就能使它与整个系统协调一致地工作。在分解的每一个层次上,系统分析人员都应该把注意力集中在该层次的各个功能模块之间的关系上,而对各个功能模块内部的情况,包括它的处理机制和信息存储都暂时置之不理,即把它视作一个"黑箱"。这是人们有步骤、有层次地认识一个复杂系统的行之有效的方法。

建议走访本校的有关部门,根据实际情况画出"成绩管理"、"异动管理"、"奖惩管理"的分解图。分解的终止点应视具体情况而定。一般来说,当每个处理(加工)模块都已足够简单时,分解就可以结束。最底层的各个处理称为基本处理。

(2) 数据字典(Data Dictionary, DD)

数据流程图描述了系统的分解,即描述了系统由哪几部分组成,各部分之间有什么联系等,但它却不能说明系统中各个成分的含义。例如,数据存储"学籍表"包括哪些内容,在数据流程图中表达不够具体、准确。又如处理框"判定留级或退学"如何决定,图上也看不出来。只

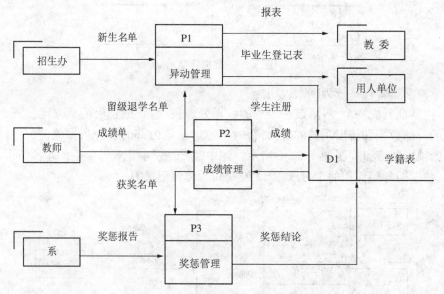

图 5-7　学籍管理系统第一层 DFD

有当数据流程图中出现的每一个成分都给出定义之后，才能完整、准确地描述一个系统。为此，还需要运用其他工具对数据流程图加以补充说明。数据字典就是用来对数据流程图中的数据流、数据存储、处理过程(加工)和外部实体(外部项)进行补充说明的主要工具之一。

数据字典把数据的最小单位称为数据元素(基本数据项)，若干个数据元素可以组成一个数据结构(组合数据项)。数据结构的成分也可以是数据结构。数据字典通过数据元素和数据结构来描述数据流、数据存储的属性。

数据字典一旦建立起来，并按编号排序之后，它就是一本可供人们查阅的字典。编制和维护数据字典是一项十分繁重的任务，不但工作量大，而且相当繁琐。但是这是一项必不可少的工作。

数据字典可以用人工方式建立，事先打印好表格，填好后按一定顺序排序；也可以建立在计算机内。数据字典实际上是关于数据的数据库，这样使用、维护数据都比较方便。

5) 建立新系统的逻辑模型

通过系统调查，对现行系统的业务流程、数据流程、处理逻辑等进行深入的分析后，对原有系统进行大量的分析和优化的结果就是新系统拟采用的信息处理方案。因而对原有系统分析之后就应该提出系统的建设方案，即建立新系统的逻辑模型。建立逻辑模型是系统分析中重要的任务之一，它是系统分析阶段的重要成果，也是下一阶段工作的主要依据。

新系统的逻辑模型主要包括新系统的目标、新系统的业务处理流程及数据处理流程、新系统的总体功能结构及子系统的划分和功能结构等，是系统分析阶段系统分析成果的综合体现。

6) 系统分析报告

系统分析阶段的成果就是系统分析报告，它反映了这一阶段调查分析的全部情况，是下一步设计与实现系统的基础。系统分析报告不仅能够展示系统调查的结果，而且还能反映系统分析的结果——新系统逻辑方案。经过上述过程，我们就完成了建立新系统逻辑模型的任务，也即完成了整个系统分析阶段的工作。作为该阶段的一个工作成果，应提交一份完整的系统分析说明书。

系统分析报告形成后,必须组织各方面的人员,即组织的领导、管理人员、专业技术人员、系统分析人员等一起对已经形成的逻辑方案进行论证,尽可能地发现其中的问题、误解和疏漏。对于问题、疏漏要及时纠正,对于有争论的问题甚至可能需要调整或修改系统目标,重新进行系统分析。

系统分析报告一经确认由用户认可接受后,就成为具有约束力的指导性文件,成为下一阶段系统设计工作的依据和今后验收目标系统的检验标准。

5.4　管理信息系统的设计

系统分析阶段要解决系统"做什么",即建立新系统的逻辑模型,从具体到抽象的过程。而系统设计是要解决系统"怎么做",即建立目标系统的物理模型,从抽象到具体的过程。系统设计的主要任务是根据系统分析报告确定系统的具体设计方案,即确定新系统的总体结构,提出各个细节处理方案。系统设计阶段的工作通常可分为总体设计和详细设计。

5.4.1　系统设计的内容

系统设计的主要内容包括:总体结构设计和具体物理模型的设计。

1)总体结构设计

(1)划分子系统

划分子系统是把整个系统按功能划分若干个子系统,明确各子系统的目标和功能。该部分的主要工作已经在系统分析阶段完成,根据需要,可以进一步优化和调整。

(2)功能结构图设计

功能结构图设计是按层次结构划分功能模块,画出功能结构图。

(3)处理流程图设计

(4)代码详细设计

为了便于整个系统的信息交换和系统数据资源共享,也为了便于计算机处理,要对被处理数据进行统一的分类编码,确定代码对象和编码方式。

(5)物理系统配置方案设计

物理系统配置方案设计包括设备配置、网络的选择和设计以及数据库管理系统的选择等。

(6)数据文件和数据库设计

主要是根据系统分析阶段所得到的数据流程图和数据字典,再结合系统处理流程图,进行数据文件结构设计和数据库设计。

2)具体物理模型的设计

(1)数据存储设计

确定存储内容、存储容量,根据存取要求和设备条件,设计文件系统的结构或数据库的模式、子模式以及数据库的完整性和安全性保证。

(2)输入输出设计

根据数据处理的要求以及用户的使用习惯,设计输入输出方式和数据输入输出的格式。

(3)编写程序模块设计说明书

5.4.2 系统总体设计

系统设计的目标是在保证实现系统逻辑模型的基础上,尽可能提高系统的各项指标,如系统的工作效率、可靠性、工作质量、可变性和经济性等。

系统总体设计又称系统初步设计或系统概要设计。从工程实践看,系统总体设计通常包括需求说明、系统处理流程设计、总体技术方案设计、应用系统设计、接口设计、开发环境设计、测试环境设计、运行环境设计和应用系统维护设计等。总体设计的核心任务是完成系统模块结构设计,即在目标系统逻辑模型的基础上,把系统功能划分为若干子系统,再将子系统分解成功能单一、彼此相对独立的模块,形成具有层次关系的模块结构,包括系统模块的组成、模块的功能和模块间的相互关系。实际上,就是设计新系统的总体框架。

系统结构设计是从计算机实现的角度出发,对前一阶段划分的子系统进行校核,使其界面更加清楚和明确,并在此基础上,将子系统进一步逐层分解,直到模块。从 20 世纪 70 年代以来,出现了许多种先进的系统结构设计方法,比较有代表性的是杰克逊方法、帕纳斯方法、结构化设计方法等。在众多的系统结构设计方法中,结构化设计方法是应用比较广泛并且比较受重视的一种方法。下面重点讨论这种方法在系统结构设计中的应用。

1) 结构化设计的原理

结构化设计方法的基本思想是使系统模块化,即把一个系统自上而下逐步分解为若干个彼此独立而又有一定联系的组成部分,这些组成部分称为模块。对于任何一个系统都可以按功能由上向下,由抽象到具体,逐层分解为一个多层次的、由具有相对独立功能的模块所组成的系统。在这一基本思想的指导下,系统设计人员以逻辑模型为基础,并借助于一套标准的设计准则和图表等工具,逐层地将系统分解成多个大小适当、功能单一、具有一定独立性的模块,把一个复杂的系统转换成易于实现、易于维护的模块化结构系统。

结构化设计的工作过程可以分为两步:第一步是根据数据流程图导出系统初始结构图;第二步是对结构图的反复改进过程。因此,系统结构图是结构化设计的主要工具,它不仅可以表示一个系统的层次结构关系,还反映了模块的调用关系和模块之间数据流的传递关系等特性。

(1) 结构化设计的工具

系统结构化设计的主要工具是结构图。结构图主要由以下几个基本部分构成:

① 模块:模块用矩形方框表示。矩形方框中写有模块的名称,模块的名称应恰当地反映这个模块的功能。

② 调用:从一个模块指向另一个模块的箭头线,表示前一个模块中含有对后一个模块的调用关系。

③ 数据:调用箭头线旁边带圆圈的小箭头线,表示从一个模块传送给另一个模块的数据。

④ 控制信息:调用箭头线旁边带圆点的小箭头,表示从一个模块传递给另一个模块的控制信息。

图 5 - 8(a)的结构图说明了模块 A 调用模块 B 的情况。当模块 A 调用模块 B 时,同时传递数据 X 和 Y,处理完后将数据 Z 返回模块 A。如果模块 B 对数据 Y 修改后,再送回给模块 A,则数据 Y 应该出现在调用箭头线的两边,如图 5 - 8(b)所示。图 5 - 8(c)表示模块 A 调用模块 B,且模块 A 把数据 X 和 Y 及控制信息 C 传送给模块 B,模块 B 把数据 Z 返回到模块 A。

在结构图中,除了以上几个基本符号之外,还有表示模块有条件调用和循环调用的符号。

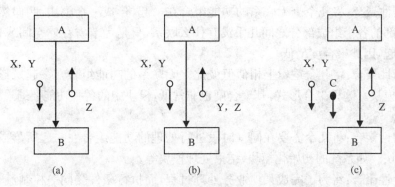

图 5-8　结构图的简单示例

图 5-9(a)表示模块 A 有条件地选择调用模块 B、C 或 D,图中的菱形符号表示选择调用关系。
图 5-9(b)表示模块 A 循环地调用模块 B、C、D,图中的弧形箭头表示循环调用关系。

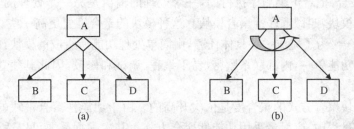

图 5-9　选择调用和循环调用示意图

应该指出的是,我们把结构图设定为树状组织结构,以保证系统的可靠性。一个模块只能有一个上级,可以有几个下级。在结构图中,一个模块只能与它的上一级模块或下一级模块进行直接联系,而不能越级或与它同级的模块发生直接联系。若要进行联系,则必须通过它的上级或下级模块传递。另外,这里所说的结构图与程序框图是两个不同的概念。结构图是从空间角度描述系统的层次特征,而程序框图则主要描述了模块的过程特征。

2) 功能模块结构设计

模块化就是把系统划分为若干个模块,每个模块完成一个特定的功能,然后将这些模块汇集起来组成一个整体,完成指定功能的一种方法。采用模块化设计原理可以使整个系统设计简单、结构清晰,可读性、可维护性强,提高系统的可行性,同时也有助于管理信息系统开发和组织管理。

结构化方法强调把一个系统设计成具有层次的模块化结构,我们希望获得这样一种系统:每个模块完成一个相对独立的特定功能;模块之间的关联和依赖程度尽量小;接口简单。

模块的独立程度由两个定性标准度量,它们分别是模块间的联系和模块内的联系。模块间的联系是度量不同模块相互依赖的紧密程度,模块内的联系则是衡量一个模块内部的各个部分结合的紧密程度。

(1) 模块内部的聚合度

模块内部的聚合度用来描述和评价模块内部各个组成部分之间联系的紧密程度。一个模块内部的各个组成部分之间联系的越密切,其聚合度越高,模块的独立性也就越强。模块的聚合度是由模块的聚合方式决定的。根据模块内部的构成情况,其聚合方式可以分成以下 7 种形式:

① 偶然性聚合:将几个毫无联系的功能组合在一起,形成一个模块,叫偶然性聚合模块。这种模块内部的各个组成部分之间几乎没有什么联系,只是为节省存储空间或提高运算速度而结合在一起,因此聚合度最低。

② 逻辑性聚合:将几个逻辑上相似但彼此并无联系的功能组合在一起所形成的模块,叫逻辑性聚合模块。这种聚合形式,其聚合度也非常低,模块中的各种功能要通过控制变量选择执行。

③ 时间性聚合:将几个需要在同一时段进行处理的功能组合在一起所形成的模块,叫时间性聚合模块。如系统的初始化模块、结束处理模块等。

④ 过程性聚合:将为了完成某项业务处理过程,而执行条件受同一控制流支配的若干个功能组合在一起所形成的模块,称为过程性聚合模块。这类模块的聚合度较前几个要高一些。

⑤ 数据性聚合:将对同一数据做加工处理的若干个功能组合在一起所形成的模块,称为数据性聚合模块。这种模块能合理地定义功能,结构也比较清楚,因此其聚合度也较高。

⑥ 顺序性聚合:把若干个顺序执行的,一个处理的输出是另一个处理的输入的功能组合在一起所构成的模块,叫做顺序性聚合模块。这种模块的聚合度要更高一些。

⑦ 功能性聚合:为了完成一项具体任务,由简单处理功能所组成的模块,叫做功能性聚合模块。这种模块功能单一,内部联系紧密,易于编程、调试和修改,因此其独立性最强,聚合度也最高。

上述 7 种模块聚合方式的聚合度是依次升高的。由于功能性聚合模块的聚合度最高,所以在划分模块的过程中,应尽量采用功能性聚合方式。其次根据需要可以适当考虑采用顺序性聚合或数据性聚合方式,但要避免采用偶然性聚合和逻辑性聚合方式,以提高系统的设计质量,增加系统的可变更性。

在划分系统模块时,除了降低模块之间的关联度和提高模块的聚合度这两条基本原则之外,还要考虑到模块的层次数和模块结构的宽度。如果一个系统的层数过多或宽度过大,则系统的控制和协调关系也就相应复杂,系统的模块也要相应地增大,结果将使设计和维护的难度增大。

(2) 耦合度

块间耦合是一个系统内不同模块之间互联程度的度量。耦合的强弱取决于模块间接口的复杂程度,模块间的耦合度越低,说明模块的独立性越好;耦合度越高,模块独立性越弱。模块间的耦合形式有数据耦合、控制耦合、公共耦合和内容耦合。

① 数据耦合:如果两个模块之间通过数据交换信息,且每一个参数均为数据,那么这种模块间的耦合称为数据耦合。

数据耦合是系统中必不可少的联结方式,其耦合程度很低,对系统的执行过程没有大的影响。但传递的参数个数应尽量少,以降低复杂性。我们应尽可能采用这种耦合方式。

② 控制耦合:如果两个存在调用关系的模块之间,一个模块通过开关量、标志、名字等控制信息明显地控制另一模块的功能,它们之间即为控制耦合或逻辑耦合。

这种耦合对系统的影响较大,它直接影响到接受控制信号的模块的内部运行,并有可能造成系统或某个模块内部处理规则的改变,因此应该尽量避免出现。

③ 公共耦合:如果两个模块之间通过一个公共的数据区域传递信息,则称为公共耦合或公共数据域耦合。公共数据区是指全局数据结构、共享通信区或内存公共覆盖区等。

④ 内容耦合:当一个模块需要使用另一个模块的内部信息,或者转移进入另一个模块时,

则称为内容耦合。

内容耦合方式是改动模块时发生连锁错误的主要来源,所以要不惜一切代价消除内容耦合。

对一个系统进行模块化设计时,我们的目标是建立模块间耦合度松散的系统,因此应遵循下列原则:

- 模块间尽量使用数据耦合;
- 必要时采用控制耦合;
- 限制公共耦合的范围;
- 坚决避免使用内容耦合。

5.4.3 系统平台设计

管理信息系统是以信息技术为基础的人机系统,管理信息系统的平台是管理信息系统开发和应用的基础。平台设计包括计算机处理方式的选择、计算机软硬件的选择、网络系统的设计、数据库管理系统的选择等。随着信息技术的发展,多种多样的计算机软、硬件产品为信息系统的建设提供了极大的选择空间,但同时也给系统的设计工作带来新的困难,如何在众多厂家的产品中选择符合本系统需求的计算机软硬件、网络系统、数据库管理系统,是需要在系统平台设计中讨论的问题。

5.5 管理信息系统的实施与运行

当系统分析与系统设计的工作完成以后,开发人员的工作重点就从分析、设计和创造性思考阶段转入实践阶段,该阶段称为管理信息系统的实施阶段。在此期间,将投入大量的人力、物力及占用较长的时间进行物理系统实施、程序设计、程序和系统调试、人员培训、系统转换等工作。当系统正常投入使用后,还需要对系统进行有效的运行管理,进行系统的维护和评价工作,因此系统的实施与运行是保证系统能正常发挥作用的关键一环。

5.5.1 系统实施

系统实施的目标就是把系统设计阶段提出的新系统的物理模型,按照实施方案,形成一个可以实际运行的信息系统,交付用户使用。

1) 系统实施的过程

(1) 物理系统的实施

MIS 物理系统的实施包括计算机系统和通信网络系统设备的订购、机房的准备和设备的安装调试等一系列的活动。首先,根据设计说明书,进行计算机系统的配置,包括硬件、软件的选择和外购。其次,进行网络系统的实施,MIS 通常是一个由通信线路把各种设备连接起来组成的网络系统。

(2) 程序设计

程序设计的目的就是用计算机程序语言来实现系统设计的每一个细节,该阶段工作主要是根据系统设计阶段的 HIPO 图以及数据库结构和编程语言设计,强调程序要具有可维护性、可靠性和可理解性，并兼顾效率性。程序设计的方法有很多种，一般推荐使用现有软件工具，这样做不但可以减轻开发的工作量，而且可以使系统开发过程规范，功能强，易于修改和维护。

（3）程序调试

在管理信息系统开发周期的各个阶段都不可避免地会出现差错。开发人员应力求在每个阶段结束之前进行认真、严格的技术审查，尽可能早地发现并纠正错误，否则等到系统投入运行后再回头来改正错误，将在人力、物力上造成很大的浪费，有时甚至会导致整个系统的瘫痪。然而，经验表明，单凭审查并不能发现全部差错，加之在程序设计阶段也不可避免还会产生新的错误，所以，对系统进行调试是不可缺少的，是保证系统质量的关键步骤。统计资料表明，对于一些较大规模的系统来说，系统调试的工作量往往占程序系统编制开发总工作量的 50%以上。

当程序编制完成以后，就要对程序进行调试，排除其他的各种错误，如语法错误、逻辑错误等。一般情况下，语法错误比较容易发现，而逻辑错误要查找出来并加以改正就不那么容易，而且逻辑错误一般都需要通过程序测试才能发现。所以程序调试与测试往往是密不可分的。调试是为了改正错误，而程序中的错误需要通过测试来查找。调试的目的在于发现其中的错误并及时改正，所以在调试时应想方设法使程序的各个部分都投入运行，力图找出所有错误。错误多少与程序质量有关。即使这样，调试通过也不能证明系统绝对无误，只不过说明各模块、各子系统的功能和运行情况正常，相互之间连接无误，系统交付用户使用以后，在系统的维护阶段仍有可能发现少量错误要进行纠正，这是正常的。

（4）系统测试

系统测试是根据系统开发各阶段的规格说明和程序的内部结构而精心设计一批测试用例，在系统中运行这些测试用例，以发现系统错误的过程。好的测试方案能尽可能地发现至今尚未发现的错误。

系统测试方案包括：测试内容（名称、内容、目的），测试环境（设备、软件、集成的应用测试环境），输入数据（输入数据及选择的策略），输出数据（预期结果及中间结果），操作步骤（说明测试的操作过程），评价标准（说明测试用例能检查的范围及局限性，判断测试工作能否通过的评价尺度等）。

系统测试的内容包括：单元测试、组装测试、确认测试、系统测试、验收测试等。

① 单元测试：主要以模块为单位进行测试，因此也叫模块测试，是测试系统中的每一个低级处理的基本功能，其目标是告诉程序员哪些程序部分需要改正或改进。

② 组装测试：在每个模块完成单元测试后，需按照设计时做出的结构图，把它们连接起来，进行组装测试。

③ 确认测试：组装测试完成后，在各模块接口无错误并满足软件设计要求的基础上，还需要进行确认测试。包括功能方面、性能方面、其他限制条件（如可使用性、安全保密性、可维护性）等。

④ 系统测试：在软件完成确认测试后，对它与其他相关的部分或全部软硬件组成的系统进行综合测试。

⑤ 验收测试：系统测试完成，且系统试运行了预定的时间后，企业应进行验收测试。确认软件能否达到验收标准。应在软件投入运行后所处的实际工作环境下进行验收。包括文档资料的审查验收、余量要求、功能测试、性能测试、强化测试等。

软件测试技术通常分为人工测试和机器测试两大类。人工测试采用人工方式检查程序的静态结构,找出编译不能发现的错误。一般包括个人复查、走查和会审三种。机器测试是运用事先设计好的测试用例,执行被测试程序,对比运行结果与预期结果的差别以发现错误。机器测试又分为黑盒测试和白盒测试两种。

5.5.2 系统的运行

1) 系统试运行阶段

在系统测试阶段使用的是系统测试数据,而这些数据很难检测出系统在实际运行中可能出现的问题。所以一个系统开发完成后,让它实际运行一段时间,才是对系统最好的检验和测试方式。该阶段很容易被人忽视,但对新系统最终使用的安全性、可靠性、准确性来说,又是十分重要的工作。系统的试运行是与信息系统的最后测试一起开始的,是系统调试和测试工作的延续。

试运行的主要工作包括:对系统进行初始化处理,并输入各原始数据记录;详细记录系统运行的数据和状况;对实际系统的输入方式进行全面考查;核对新系统输出和老系统输出结果;对系统实际运行指标进行测试等。

2) 系统正式运行阶段

系统切换后就开始正式运行。系统运行包括系统的日常操作、维护等。任何一个系统都不是一开始就很好的,总是经过多重的开发、运行、再开发、再运行的循环而不断上升的。开发的思想只有在运行中才能得到检验,而运行中不断积累问题是新的开发思想的源泉。

信息系统的日常运行管理是为了保证系统长期有效地正常运转而进行的活动,具体有系统运行情况的记录、系统运行的日常维护等工作。对系统运行情况的记录应事先制定登记格式和登记要点,具体工作主要由使用人员完成。人工记录的系统运行情况和系统自动记录的运行信息,都应作为基本的系统文档,按照规定的期限保管。这些文档既可以在系统出现问题时查清原因和责任,还能作为系统维护的依据和参考。

为了减少意外事件引起的对信息系统的损害,首先要制订应付突发性事件的应急计划,其次要每日审查应急措施的落实情况。应急计划主要针对一些突发性的、灾害性的事件,例如火灾、水害等。因此,机房值班员每日都应仔细审查相应器材和设备是否良好,相关资源是否做好了备份。

在维护信息系统正常运行过程中,还应对系统的资源进行合理的管理,例如对计算机的使用及打印纸、墨粉的消耗等,制定合理的管理方法。

5.6 管理信息系统的控制与评价

管理信息系统的开发作为一项复杂而艰巨的系统工程,除了依靠先进的科学技术,更要依靠强有力的组织管理措施。人们常说:"开发管理信息系统是三分技术,七分管理",这说明了在管理信息系统开发阶段,企业采取相应的管理控制措施的重要性。

管理信息系统投入运行后,要在平时运行管理工作的基础上,定期地对其运行状况进行集中评价。进行这项工作的目的是通过对新系统运行过程和绩效的审查,来检查新系统是否达到预期目的,是否充分地利用了系统内各种资源(包括计算机硬件资源、软件资源和数据资源),系统的管理工作是否完善,以及系统改进和扩展的方向是什么等。

系统评价主要的依据是系统日常运行记录和现场实际检测数据。评价的结果可以作为系统改进的依据。通常,新系统的第一次评价与系统的验收同时进行,以后每隔半年或一年进行一次。参加首次评价工作的人员有系统研制人员、系统管理人员、用户、用户领导和系统外专家,以后各次的评价工作主要是系统管理人员和用户参加。

系统评价的指标包括经济指标、性能指标、应用指标等。

对于管理信息系统这样大的项目,在系统完成并试运行了一段时间(一般为半年)之后,进行正式的验收是必要的。系统评价是专业人员分别对各项指标进行技术评定,而系统验收则是投资项目单位或使用系统的企业,同时聘请有关专家和主管部门人员参加,按照系统总体规划和合同书、计划任务书进行全面检查和综合评定。其内容不仅包括系统评价的各项指标,还包括企业的相应管理措施和应用水平,检查是否达到建立管理信息系统的目标。验收时的各项要求包括:管理机构、建立信息分类编码体系、信息管理的工作规范和制度、总体规划和系统分析、系统功能、技术指标(平均无故障时间、联机作业响应时间、作业处理速度)等。

课后习题

一、选择题

1. 高级程序设计语言中用于描述程序的运算步骤、控制结构及数据传输的是(   )。
   A. 语句　　　　　　　　B. 语义　　　　　　　　C. 语用　　　　　　　　D. 语法

2. 在结构化设计方法和工具中,IPO 图描述了(   )。
   A. 数据在系统中传输时所通过的存储介质和工作站点与物理技术的密切联系
   B. 模块的输入/输出关系、处理内容两模块的内部数据和模块的调用关系
   C. 模块之间的调用方式,体现了模块之间的控制关系
   D. 系统的模块结构及模块间的联系

3. 下列选项中,(   )不属于结构化分析方法所使用的工具。
   A. 数据流图　　　　　B. 判定表和判定树　　　C. 系统流程图　　　　　D. E-R(实体联系)图

4. 下列选项中,不属于详细设计的是(   )。
   A. 模块结构设计　　　B. 代码设计　　　　　　C. 数据库设计　　　　　D. 人机界面设计

5. 系统实施阶段任务复杂,风险程度高,人们总结出 4 个关键因素,其中不包括(   )。
   A. 软件编制　　　　　B. 进度安排　　　　　　C. 人员组织　　　　　　D. 任务分解

6. 下面有关测试的说法正确的是(   )。
   A. 测试人员应该在软件开发结束后开始介入
   B. 测试主要是软件开发人员的工作
   C. 要根据软件详细设计中设计的各种合理数据设计测试用例
   D. 要严格按照测试计划进行,避免测试的随意性

7. 影响系统可维护性的因素不包括(   )。
   A. 可理解性　　　　　B. 可测试性　　　　　　C. 可修改性　　　　　　D. 可移植性

8. 数据流图(DFD)是一种描述数据处理过程的工具,常在(   )活动中使用。
   A. 结构化分析　　　　B. 结构化设计　　　　　C. 面向对象分析与设计 D. 面向构件设计

9. 在系统开发过程中,系统详细调查所处的阶段是(   )。
   A. 系统分析　　　　　B. 系统设计　　　　　　C. 系统实施　　　　　　D. 运行和维护

10. 逻辑模型设计工作的完成阶段是(   )。
    A. 系统分析阶段　　　B. 系统设计阶段　　　　C. 系统实施阶段　　　　D. 运行和维护阶段

二、简答题

1. 模块的聚合有哪几种？模块间的耦合有哪几种？
2. 什么是数据流程图？它主要反映什么情况？
3. 说明系统实施的主要内容。

6 Access 数据库操作与应用

【本章学习目的和要求】
◇ 熟悉 Access 2007 的界面和功能。
◇ 掌握 Access 2007 数据库和表的创建与操作。
◇ 掌握 Access 2007 查询的创建和操作。
◇ 掌握 Access 2007 窗体的创建。
◇ 掌握 Access 2007 报表的创建。

6.1 Access 2007 系统概述

Access 是微软公司推出的关系型数据库管理系统(RDBMS),它作为微软 Office 系统的一部分,具有与 Word、Excel 和 PowerPoint 等相同的操作界面和使用环境,深受广大用户的喜爱。Access 2007 是 Office 2007 系统成员之一,较之于 Access 2003 版本,界面和功能更加完善和实用。它提供了诸多如表生成器、查询生成器、报表生成器等可视化操作工具,以及表向导、查询向导、窗体向导、数据页向导和报表向导等对象生成工具,可以非常轻松地设计和完成一些日常的、通用的数据库操作和管理。

与以往版本相比,Access 2007 版本的界面发生了很大的变化,如图 6-1 所示。它将原来的那些需要执行菜单命令才能看到的选项直接放到了可见的工具栏中,使操作过程更加的方便和快捷。

图 6-1 Access 2007 界面

6.2 数据库的建立

在 Access 数据库管理系统中,数据库是一个容器,存储数据库应用系统中的其他数据库对象,也就是说,构成数据库应用系统的其他对象都存储在数据库中。建立数据库主要是为了用它存储表、查询、窗体、报表和宏等。在 Access 中创建数据库有两种方法:一是使用模板创建,模板数据库可以原样使用,也可以对它们进行自定义,以便更好地满足需要;二是先建立一个空数据库,然后再添加表、窗体、报表等其他对象,这种方法较为灵活,但需要分别定义每个数据库元素。无论采用哪种方法,都可以随时修改或扩展数据库。

6.2.1 利用模板创建数据库

Access 提供了种类繁多的模板,使用它们可以加快数据库创建过程。模板是随即可用的数据库,其中包含执行特定任务时所需的所有表、窗体和报表。通过这些模板可以快速地创建一个基本符合要求的数据库,节省大量的创建查询、窗体和报表的时间,同时通过对模板的修改,可以使其进一步符合自己的需要。如图 6-2 所示,单击窗口左侧的"模板类别"下的相关选项,即可打开相关的数据库模板。

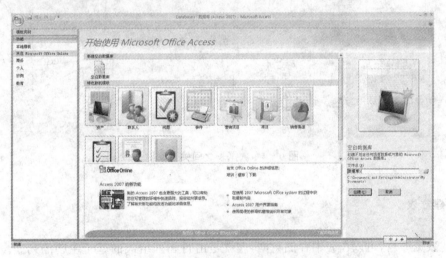

图 6-2 数据库的创建

6.2.2 创建空白数据库

创建空白数据库是一种较为常用的数据库建立方式,通常情况下,用户或是先创建数据表等组件之后再创建数据库;或者先创建一个空数据库,然后根据数据管理工作的实际需要,再在此空数据库中添加表、查询、窗体等组件。如图 6-2 所示,点击窗口中间"空白数据库"选项,在窗口右侧出现创建的界面,要求用户输入数据库的名称,单击"创建"按钮即可创建一个空白数据库。空白数据库创建以后的界面如图 6-1 所示。

6.3　数据表的操作

表是同一类数据的集合体，也是 Access 数据库中保存数据的地方，如图 6-3 所示。一个数据库中可以包含一个或多个表，表与表之间可以根据需要创建关系，如图 6-4 所示。

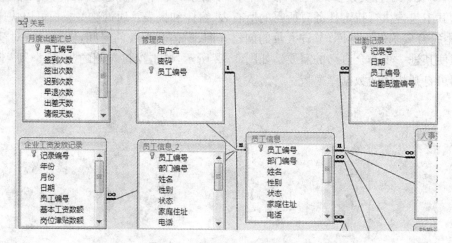

图 6-3　员工信息表

图 6-4　数据表之间关系示例

6.3.1　建立表

创建数据库后，可以在表中存储数据，表就是由行和列组成的基于主题的列表。例如，可以创建"员工信息"表来存储包含员工编号、姓名、地址和电话号码的列表。在设计数据库时，应在创建任何其他数据库对象之前先创建表。这里我们将介绍 3 种创建表的方法。

1）输入数据创建表

输入数据创建表是指在空白数据表中添加字段名和数据，同时 Access 会根据输入的记录自动地指定字段类型，如图 6-5 所示。

2）使用模板创建表

使用模板创建表是一种快速建的方式。Access 在模板中内置了一些常见的示例表，这些表中都包含了足够多的字段名，用户可以根据需要在数据表中添加和删除字段。如图 6-6 所示就是通过表模板创建的联系人表。

3）使用表设计器创建表

表设计器是一种可视化工具，用于设计和编辑数据库中的表。该方法以设计器所提供的

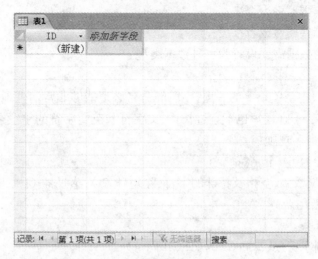

图 6 - 5　输入数据创建表

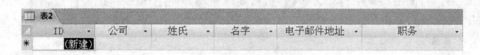

图 6 - 6　通过模板建立表

设计视图为界面,引导用户通过人机交互来完成对表的定义。利用表向导创建的数据表在修改时也需要使用表设计器。如图 6 - 7 所示就由表设计器创建的表。

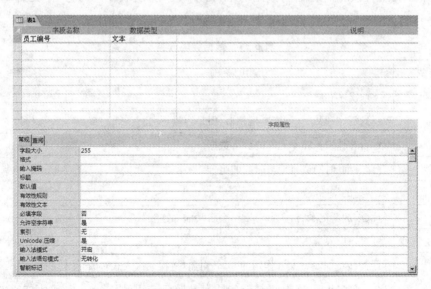

图 6 - 7　使用表设计器创建表

6.3.2　表的相关知识

　　表、查询、窗体、报表是 Access 数据库中要建立和使用的内容。在开始建表之前,我们需要掌握表的结构,包括以下问题:

- 完成特定工作需要多少个表;
- 在表中需要哪些属性或者字段;
- 这些字段中的数据需要设置为哪种数据类型。

1）字段名

字段名是数据表中至关重要的一项,字段的命名必须能够非常清楚地让系统的用户和系统本身识别出其含义,不宜过短也不宜过长,中文字符和英文字符的字段名都可以,但是要遵循如下的 Access 的命名规则:

- 长度最多只能为 64 个字符。
- 可以包含字母、数字、空格及特殊的字符(除句号 (.)、感叹号 (!)、重音符号 (`) 和方括号 ([]) 之外)的任意组合。
- 不能以空格开头。
- 不能包含控制字符(从 0 到 31 的 ASCII 码值)。

在命名字段时,通常是使用中文字符,这样建立的字段容易识别和记忆,而且也没有什么特殊的限制。若使用英文字符作为字段名,需要注意不要使用 Access 的控件或属性定义的英文单词,否则会给后续的操作带来不必要的麻烦。例如"Name"就不能随意作为字段名使用。

2）设置字段属性

使用设计视图创建表是最常用的方法之一,在设计视图中,用户可以为字段设置属性。在 Access 数据表中,每一个字段的可用属性取决于为该字段选择的数据类型。

（1）字段数据类型

字段数据类型直接影响着输入数据的准确性和易用性,表 6-1 列出了几种基本的数据类型。

表 6-1　数据类型分类

数据类型	用　途	字符长度
文本型	字母、汉字和数字	0～255 个字符
备注型	字母、汉字和数字(和文本型相似,但是容量更大)	0～64000 个字符
数字型	数值,存储进行算术运算的数字数据	1、2、4 或 8 字节
日期时间型	存储日期、时间或日期与时间的组合	8 字节
货币型	数字型的特殊类型	8 字节
自动编号	每次添加新纪录时,Access2007 会自动添加连续数字	4 字节
布尔型或逻辑型	是/否,真/假	1 位(1/8 字)
OLE 对象	可与 Visual Basic 交互作用的 OLE 对象(链接或嵌入式对象)	可达 1 GB
超链接	Web 地址、Internet 地址或链接到其他数据库、应用程序	可达 65536 字符

（2）选择数据格式

Access 允许自主为字段数据选择一种格式。选择数据格式可以确保数据表示方式的一致性。如图 6-8 所示为"出生年月"字段选择数据格式为"日期/时间"型。

（3）改变字段大小

Access 允许更改字段默认的字符数。改变字段大小可以保证字符数目不超过特定限制,

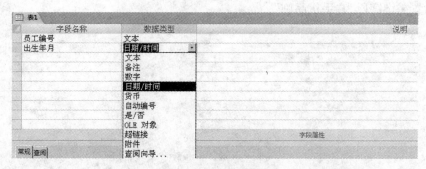

图 6-8　选择数据格式

从而减少数据输入错误。

（4）输入掩码

"输入掩码"属性用于设置字段、文本框以及组合框中的数据格式，并可对允许输入的数值类型进行控制。要设置字段的"输入掩码"属性，可以使用 Access 自带的"输入掩码向导"来完成。例如设置电话号码字段时，就可以使用掩码引导用户准确地输入格式为×××－×××的数据。

（5）设置有效性规则和有效性文本

输入数据时，有时会将数据输入错误，如将薪资多输入一个 0，或输入一个不合理的日期。事实上，这些错误可以利用"有效性规则"和"有效性文本"属性来避免。"有效性规则"属性可输入公式（可以是由比较或逻辑运算组成的表达式），用于对该字段将来输入的数据进行查核，如查核是否输入了数据、数据是否超过范围等；"有效性文本"属性可以输入一些通知使用者的提示信息，当输入的数据有错误或不符合公式时，自动弹出提示信息。

（6）设置表的索引

索引就是搜索或排序的根据。为某一字段建立索引，可以显著加快以该字段为依据的查找、排序和查询等操作。但是，并不是将所有字段都建立索引，搜索的速度就会达到最快。这是因为，索引建立的越多，占用的内存空间就越大，这样会减慢添加、删除和更新记录的速度。

（7）字段的其他属性

在表设计视图窗口的"字段属性"选项区域中，还有多种属性可以设置，如"必填字段"属性、"允许空字符串"属性、"标题"属性等。

6.3.3　表之间关系的建立

Access 是一个关系型数据库，用户创建了所需要的表后，还要建立表之间的关系，Access就是凭借这些关系来连接表或查询表中数据的。

要在表之间建立关系，至少需要两个表。如果需要创建数据库表间的关系，一般要用到主键字段。在多表之间创建关系时，两个表之间关联的字段名称可以完全不同，但是数据类型一定要相同。

Access 可以创建三种不同的表关系，分别是一对一、一对多和多对多。在实际工作中，一对多和多对多关系的应用较为常见。

我们首先在 Access 数据库中建立一张新表，名为"手机销售情况"，录入数据，如图 6-9

所示,并设置主键字段为"手机品牌"。

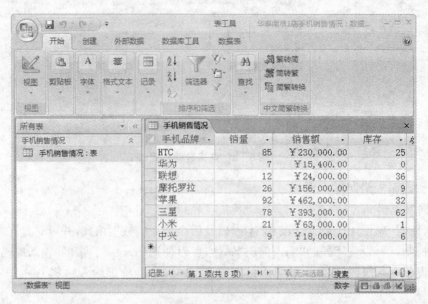

图 6-9 手机销售情况表

由于要在表之间建立关系,至少需要两个表,因此我们在数据库中再新建一张表,名为"苹果手机销售",录入相关数据,设置主键字段为"苹果",如图 6-10 所示。

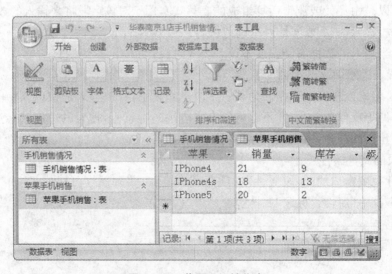

图 6-10 苹果手机销售表

下面我们将在这两张表之间建立关系。单击菜单栏"数据库工具"中的"关系"按钮,弹出如图 6-11 的"显示表"对话框。

分别选择"苹果手机销售"表和"手机销售情况表",点击添加,将这两张表添加到"关系"窗口中,如图 6-12 所示。

要在构成关系的表之间建立一个连接,需要从主表或主查询中把准备用作连接的字段拖拽到相关表或查询的一个或多个匹配字段上。这里把"手机销售情况"表中的"手机品牌"字段拖拽到"苹果手机销售"表中的"苹果"字段上,出现如图 6-13 所示的"编辑关系对话框"。

图 6-11 "显示表"对话框

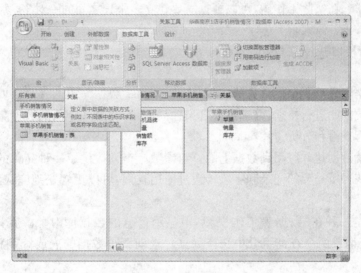

图 6-12 关系窗口

图 6-13 "编辑关系"对话框

单击"创建"按钮,建立的关系如图 6 – 14 所示。

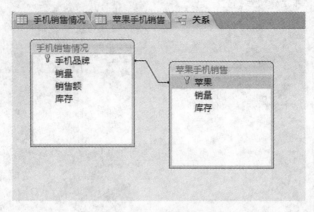

图 6 – 14　建立的关系

在表之间创建关系,可以确保将某一表中的改动反映到相关联的表中。一个表可以和多个其他表相关联。在实际工作中,可以根据需要建立多张表之间的一对多、多对多关系。

6.4　查询的使用

查询是数据库最重要和最常见的应用,作为 Access 数据库中的一个重要对象,可以让用户指定条件对数据库进行检索,筛选出符合条件的记录,构成一个新的数据集合,从而方便用户对数据库进行查看和分析。

所谓查询就是创建并应用到数据上的一组参数。查询提供了一种简单的方法,能够从一个或多个表中获得所需要的记录和字段。通过使用查询,可以更轻松地完成绝大部分数据操作任务。

选择查询是一种在"数据表工作视图"中显示信息的数据库对象。查询可以从一个或多个表、现有查询或两个查询组合中获得数据。查询获得数据的表或查询称为该查询的数据源。

无论是使用向导创建的简单查询还是在"设计视图"中创建的选择查询,具体的步骤基本是一样的。需要选择数据源及要包含在查询中的字段,另外,还可以指定用于优化结果的选择。

6.4.1　单表查询

选择查询是最常用的查询类型,它从一个或多个相关联的表中检索数据,并且用数据视图显示结果。用户也可以使用选择查询来对记录进行分组,或对记录进行总计、计数、平均值以及其他类型的计算。

单表查询就是在一个数据表中完成查询操作,不需要引用其他表中的数据。打开"创建"选项卡,"创建"组提供了"查询向导"和"查询设计"两种创建查询的方法,如图 6 – 15 所示。

在打开一个新的查询之后,可以执行多个不同的操作,这些操作都是设计过程的组成部分:

图 6-15　新建查询

- 为查询添加表;
- 向添加到查询的表中添加字段;
- 制定查询所用的条件;
- 为查询选择一种排序次序;
- 执行查询、保存查询以及打印结果。

下面举例进行说明。单击"查询设计"按钮,一个新的查询设计窗口被打开,在弹出的"显示表"窗口中可以添加一个或多个表,这些表将提供要搜索的数据,如图 6-16 所示。

图 6-16　"显示表"窗口

单击"手机销售情况"表,点击"添加"按钮,将这张表作为查询的数据源,如图 6-17 所示。

查询设计窗口分为两部分:上半部分有一个列表框,显示添加的作为查询的数据源的所有表或字段。下半部分有一个查询网格。在查询网格中可以指定需要包含的字段,指定空间出现在查询中的条件,指定查询结果的排序次序。

在为查询提供数据源以后,可以把需要添加的字段添加到"字段"行的不同列中去。

每次拖拽列表框中的一个字段,然后把它放到查询网格"字段"行的相应位置上是最简单的方法。例如,想要建立一个基于"手机销售情况"表的查询,可以把"手机销售情况"表列表框中的每一个字段拖放到查询网格的"字段"行,如图 6-18 所示。

还可以点击空白字段行,在下拉菜单中选择相应表的相应字段,这样可以把某字段直接添加到查询网格"字段"行的下一个空白行中。

要把全部的字段添加到查询中,只需把它们作为一个组选择,然后拖拽到查询网格的一个空白行上,或者是把"字段"列表框上方的星号拖拽到查询的第一行上。

要把所有字段作为一个组选择,需首先选择第一个字段,然后按住键盘"shift"键,单击最

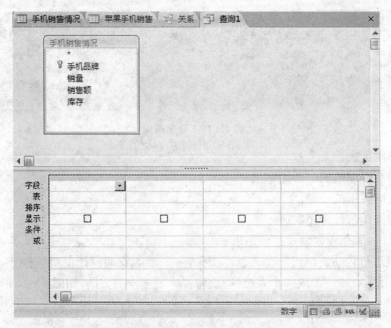

图 6‑17　查询设计窗口

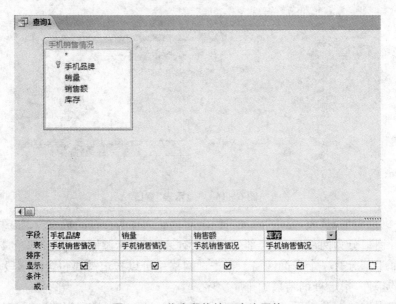

图 6‑18　将字段拖拽至查询网格

后一个字段。这样,组中的所有字段都变为高亮显示,然后,单击并拖拽所选择的字段,放置到查询网格的一个空行中。

6.4.2　设置查询条件

设置查询条件是一种限制查询范围的方法,主要用来筛选出符合某种特殊条件的记录。查询条件可以在查询设计视图窗口的“条件”文本框中进行设置。

在查询的条件行中输入表达式,Access会用这些表达式进行数据检索,可以指定多个条件,只需在多个行中输入条件,或者是在表达式中包含OR语句。

对于前面举的例子,为它设置查询条件的步骤如下:

(1) 在图6-18"手机品牌"列下面的"条件"行中输入"联想",如图6-19所示。

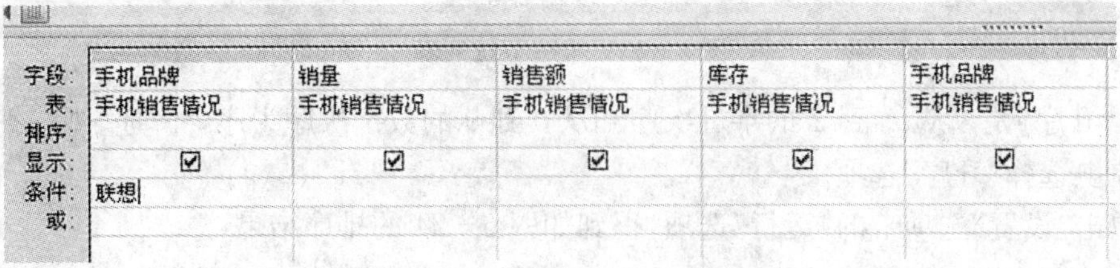

图6-19 输入查询条件

(2) 单击"设计"选项卡的"运行"选项,得到如图6-20所示的查询结果。

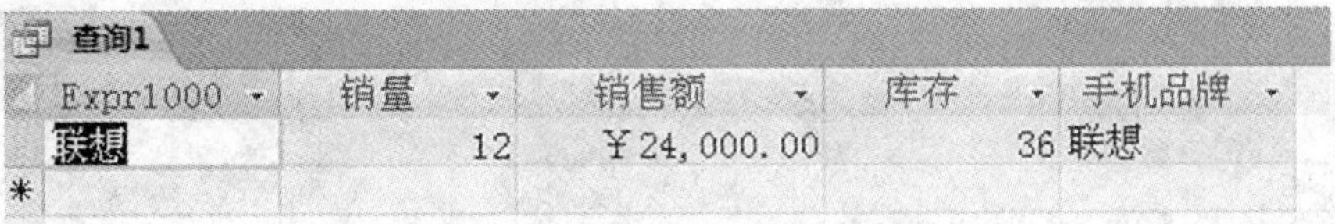

图6-20 查询结果

(3) 在图6-18的"销量"列下面,输入查询条件">60",如图6-21所示。

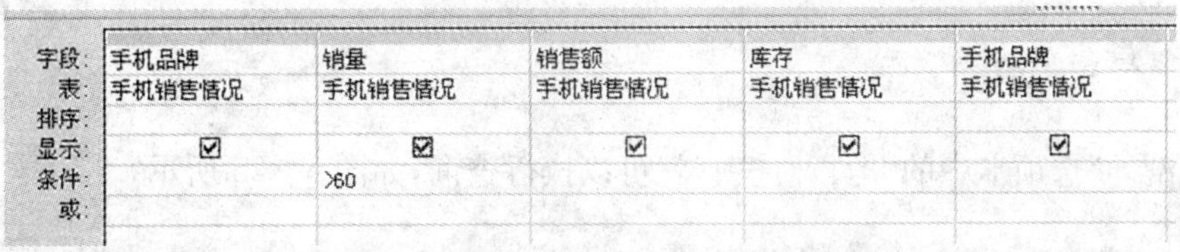

图6-21 查询销量超过60部的手机品牌

(4) 单击"设计"选项卡中的"运行"选项,得到如图6-22所示的查询结果。

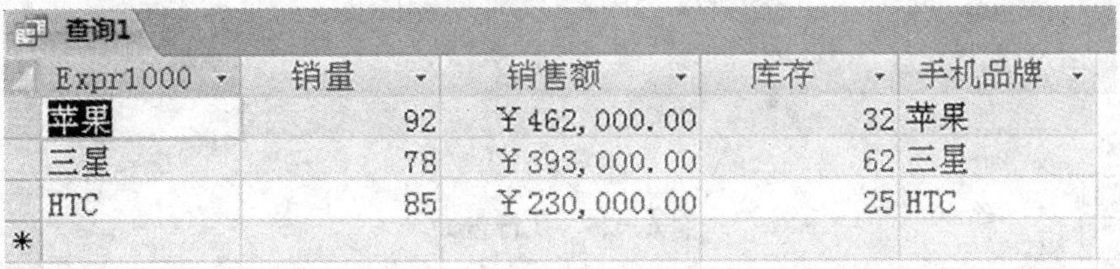

图6-22 查询结果

6.4.3 查询的排序

查询结果可以按照一定的次序排列数据。可以基于单个字段排序,也可基于多个字段组合排序。排序的操作步骤如下:

1) 单击查询中的"排序"行,打开如图6-23所示的列表。

字段:	手机品牌	销量	销售额	库存	手机品牌
表:	手机销售情况	手机销售情况	手机销售情况	手机销售情况	手机销售情况
排序:		升序			
显示:	☑	降序	☑	☑	☑
条件:		(不排序)			
或:					

图 6-23 排序下拉列表

其中"升序"是以从 A 到 Z 的字母次序和从 0 到 9 的数字次序为序,"降序"则与其相反。

2) 单击选择"升序"选项。

3) 单击"设置"选项卡的"运行"选项,得到如图 6-24 的排序结果。

查询1				
Expr1000 ▾	销量 ▾	销售额 ▾	库存 ▾	手机品牌 ▾
华为	7	¥15,400.00	0	华为
中兴	9	¥18,000.00	6	中兴
联想	12	¥24,000.00	36	联想
小米	21	¥63,000.00	1	小米
摩托罗拉	26	¥156,000.00	9	摩托罗拉
三星	78	¥393,000.00	62	三星
HTC	85	¥230,000.00	25	HTC
苹果	92	¥462,000.00	32	苹果

图 6-24 按照销量升序排列的结果

6.4.4 执行查询

单击"设计"选项卡中的"运行"选项,就可以执行查询,如图 6-25 所示。

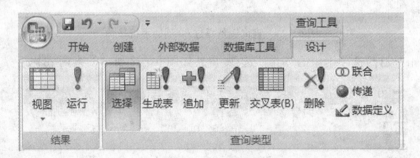

图 6-25 执行查询

6.4.5 在单表中应用总计查询

总计查询是对表中的记录进行求和、求平均值等操作。总计查询是选择查询中的一种,在单表查询和连接查询中都可以使用。

(1) 建立基于"手机销售情况"表的一个新查询,将"手机品牌"和"销量"字段拖拽到查询中,如图 6-26 所示。

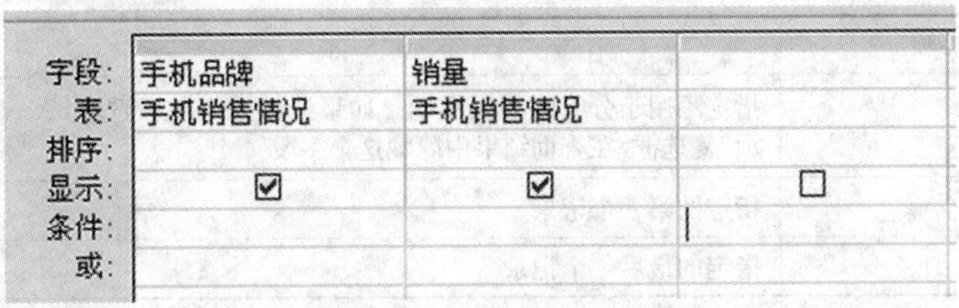

字段:	手机品牌	销量	
表:	手机销售情况	手机销售情况	
排序:			
显示:	☑	☑	☐
条件:			
或:			

图 6-26　总计查询的应用

（2）在查询列上单击鼠标右键，在弹出的列表中，选择"汇总"选项，在"手机品牌"、"销量"字段下的"总计"行出现的下拉列表中，分别选择"First"和"最大值"，如图 6-27 所示。

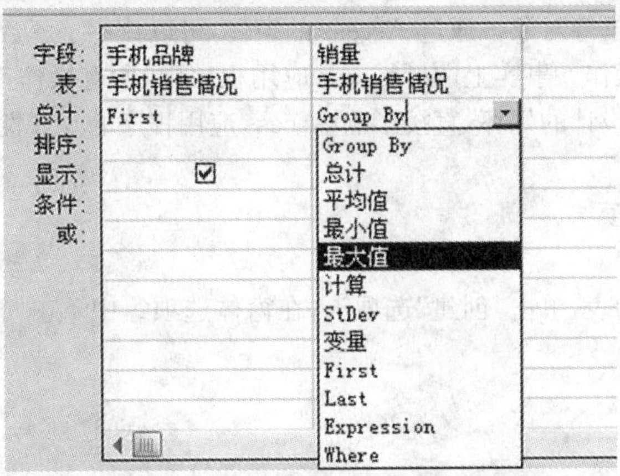

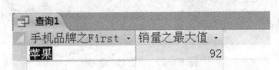

字段:	手机品牌	销量
表:	手机销售情况	手机销售情况
总计:	First	Group By ▼
排序:		Group By
显示:	☑	总计
条件:		平均值
或:		最小值
		最大值
		计算
		StDev
		变量
		First
		Last
		Expression
		Where

图 6-27　总计查询条件的设置

3）执行查询，得到如图 6-28 所示结果。

查询1	
手机品牌之First ▾	销量之最大值 ▾
苹果	92

图 6-28　总计查询结果

该查询的作用是查询出销量最大的"手机品牌"及其销量。

使用"总计"的预定义计算，可计算出记录组或全部记录的下列量值：总和（Sum）、平均值（Avg）、数量（Count）、最小值（Min）、最大值（Max）、标准偏差（StDev）、方差（Var）。可以对每个字段选择要进行的总计计算。

总计中其他选项的含义如表 6-2 所示。

表 6-2　总计中其他选项的含义

选　　项	含　　义
Group By	定义要执行计算的组，将记录与指定字段中的相等值组合成单一记录
Expression	创建表达式中包含合计函数的计算字段。通常在表达式中使用多个函数时，创建计算字段

选　　项	含　　义
Where	指定不用于分组的字段准则。如果选定这个字段选项，Access 将清除"显示"复选框，在查询结果中隐藏这个字段
First	指定的第一个记录
Last	指定的最后一个记录

6.5　窗体设计

窗体是定制的显示界面，可以让用户查看、录入和编辑信息。窗体除了显示信息外，还可以包含一些按钮、文本框等对象。通过 Access 的窗体，可以让不了解数据库的用户，轻松地对数据库中的数据进行操作。事实上，在 Access 应用程序中，所有操作都是在各种各样的窗体内进行的。因此，窗体设计的好坏，直接影响 Access 应用程序的友好性和可操作性。

6.5.1　使用"窗体"选项

选择要创建窗体的表，单击"创建"选项卡，在窗体选项组中单击"窗体"按钮，如图 6-29 所示。

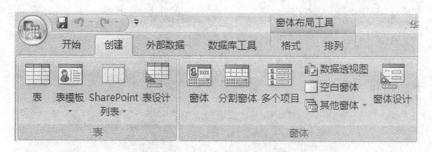

图 6-29　"窗体"选项

出现如图 6-30 所示的窗体。

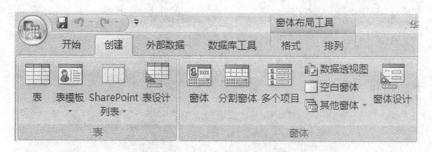

图 6-30　窗体效果

单击记录旁的按钮可以向前或者向后翻一条记录,也可直接翻到第一条或者最后一条记录。

6.5.2 手工设计窗体

用手工的方法来设计窗体,可以打开一个空白窗体,并可为窗体添加所需的设计对象(文本、显示字段的文本框、图形、线和矩形等)。手工创建窗体的步骤如下:

(1) 选择要创建窗体的表,这里以"手机销售情况"表为例。

(2) 在"创建"选项卡中,单击"窗体设计"按钮,在视图中即显示该窗体,如图6-31所示。

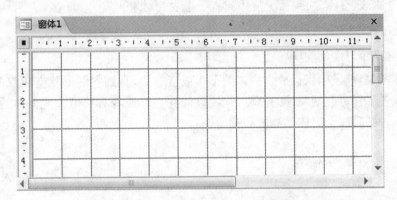

图6-31 设计视图中的一个空白窗体

(3) 把"设计"选项卡"控件和域"选项组中的不同控件放到窗体中,如图6-32所示。

图6-32 "控件和域"选项组

"控件和域"选项组中的各个控件功能如下:

选择对象 :选择、移动、调整和编辑窗体中的对象。

使用控件向导 :打开或者关闭控件向导。

标签 Aa :给标题、说明或者说明性文本插入标签。

文本框 abl :建立能显示文字内容的文本框。

选项组 :为窗体添加一个选项组。选项组包括复选框、选项按钮、组切换按钮。

切换按钮 :添加切换按钮,用于选项组从多个选择中选取一个,或用于单独表示"是/否"选择。

选项按钮 :添加选项按钮,用于选项组从多个选择中选取一个,或用于单独表示"是/否"选择。

组合框 :建立允许从列表中选取一项或输出所要数值的组合框。

列表框[image]:建立允许从选择列表中选取一项的列表框。

按钮[image]:添加能在窗体中执行命令的命令按钮。

图像[image]:插入一个显示静态图像的图文框。

未绑定对象框[image]:插入一个包含 OLE 对象的图文框。

绑定对象框[image]:插入一个包含 OLE 对象字段内容的图文框。

插入分页符[image]:把分页符插入到窗体中指定的位置上。

选项卡控件[image]:添加带选项卡的多页窗体。

子窗体/子报表[image]:添加包括子窗体或者子报表的对象。

直线[image]:在窗体中绘制直线。

矩形[image]:在窗体中绘制矩形。

在设计视图中,把鼠标指针放到窗体的下边或者右边,直到它的形状变成双向箭头,拖拽该箭头上移或者下移可改变窗体的高度,拖拽该箭头左移或者右移可改变窗体的宽度。拖拽窗体的右下角可同时改变窗体的高度和宽度。

6.5.3 使用窗体向导建立窗体

如果想更多地控制窗体建立的过程,而又不想多做设计工作,可以使用窗体向导来建立窗体。使用窗体向导建立窗体的步骤如下:

(1) 在"创建"选项卡中,单击"窗体"中的"其他窗体",在打开的菜单中选择"窗体向导"选项,如图 6-33 所示。

图 6-33 "窗体向导"选项

(2) 打开"窗体向导"对话框。在这个对话框中,使用"表/查询"列表框选择作为窗体数据源的表或查询,使用"可用字段"和"选定字段"框来输入所需的字段。单击不同的箭头按钮可将多个字段或者全部字段添加到"选定字段"列表中,如图 6-34 所示。

如果选择错误,也可单击相应的按钮从"选定字段"中删除一个或全部字段。当需要建立基于多个表的窗体,并已为第一张表添加了所有所需的字段时,可选择"表/查询"列表框中的另一张表并为它添加所需的字段。可以为基于多个表的窗体选择使用关系查询或者多个表。

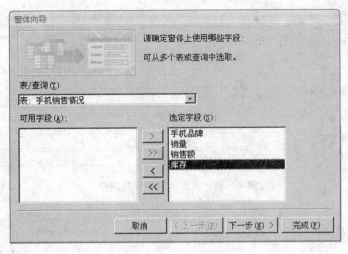

图 6-34 选定字段

(3) 添加完所需的字段后，单击"下一步"按钮，将出现确定窗体布局的对话框。在这个对话框中，"纵栏表"选项将建立一个列式布局的默认窗体，它把所有的字段都安排在窗体左手边的单个列中。

(4) 选择对话框中的"纵栏表"单选按钮，单击"下一步"按钮。

(5) 窗体向导弹出对话框要求选择窗体的样式，如图 6-35 所示。

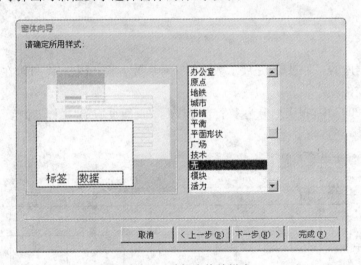

图 6-35 选择窗体的样式

(6) 选择"无"选项，单击"下一步"按钮。

(7) 弹出最后一个对话框要求给出窗体的标题，选择"手机销售情况"作为该窗体的标题。单击"完成"按钮，这时就出现了如图 6-36 所示的窗体。

Access 不仅提供了方便用户创建窗体的向导，还提供了窗体设计视图。与使用向导创建窗体相比，在设计器视图中创建窗体具有如下特点：不但能创建窗体，而且能修改窗体。无论是用哪种方法创建的窗体，生成的窗体如果不符合预期要求，均可以在设计视图中进行修改，并且支持可视化程序设计。用户可利用"窗体设计工具"栏中的"设计"和"排列"选项卡在窗体中创建与修改对象。

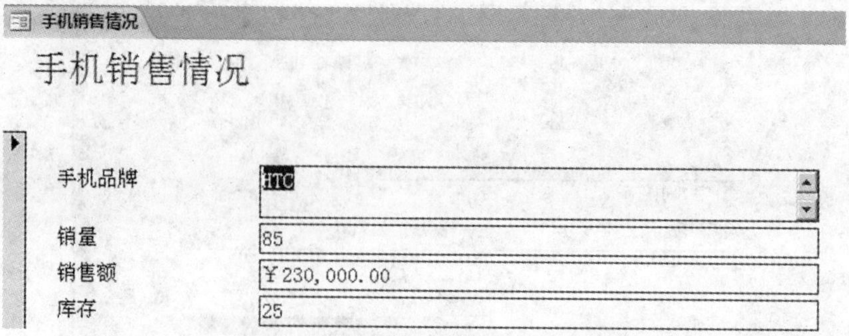

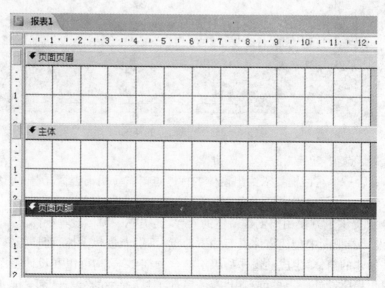

手机销售情况
手机销售情况
手机品牌
HTC
销量
85
销售额
￥230,000.00
库存
25

图 6-36　用窗体向导完成的窗体

6.6　报表设计

报表是专门为打印而设计的特殊窗体，Access 2007 中使用报表对象来实现打印格式数据功能。将数据库中的表、查询的数据进行组合，即形成报表，还可以在报表中添加多级汇总、统计比较、图片和图表等。建立报表和建立窗体的过程基本相同，只是窗体最终只能显示在屏幕上，而报表还可以打印出来；窗体可以与用户进行信息交互，而报表没有交互功能。本节将介绍与报表设计相关的知识。

6.6.1　报表节

报表是数据库的一种对象，是展示数据的一种有效方式。同窗体一样，在报表中也可以添加子报表或者控件。

在 Access 2007 中，报表划分为多个节，包含了“页面页眉”、“主体”和“页面页脚”如图 6-37 所示。

报表1
页面页眉
主体
页面页脚

图 6-37　报表节

6.6.2 使用报表工具快速创建报表

报表工具提供了最快的报表创建方式，因为它会立即生成报表，而不提示任何信息。报表将显示基础表或查询中的所有字段。报表工具可能无法创建用户最终需要的完美的报表，但对于迅速查看基础数据极其有用。

点击“创建”选项中的“报表”按钮即可以快速创建一个报表，如图 6－38 所示。

手机销售情况

手机销售情况　　2012年12月22日 19:59:20

手机品牌	销量	销售额	库存
苹果	92	¥462,000.00	32
三星	78	¥393,000.00	62
摩托罗拉	26	¥156,000.00	9
HTC	85	¥230,000.00	25
小米	21	¥63,000.00	1
中兴	9	¥18,000.00	6
联想	12	¥24,000.00	36
华为	7	¥15,400.00	0
		¥1,361,400.00	

页 1 共 1

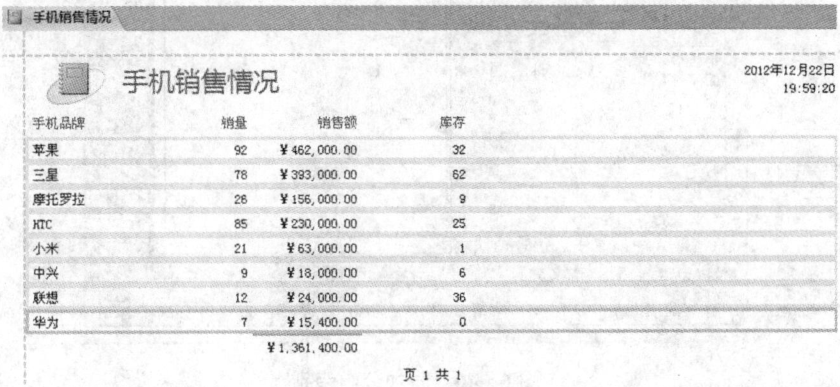

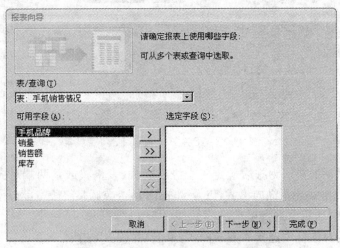

图 6－38　快速创建的报表

6.6.3 使用报表向导创建报表

使用报表向导创建报表不仅可以选择报表上显示哪些字段，还可以指定数据的分组和排序方式。并且，如果事先指定了表与查询之间的关系，那么还可以使用来自多个表或查询的字段进行创建。

使用报表向导创建报表的步骤如下：

(1) 在“创建”选项卡的“报表”选项组中单击“报表向导”按钮，出现如图 6－39 所示的对话框。

图 6－39　报表向导的“选定字段”对话框

（2）在这个对话框中，使用"表/查询"列表框来选择"手机销售情况"表作为报表的数据源，使用"可用字段"和"选定字段"列表框来放置要在报表中使用的字段。单击相应的按钮，把"可用字段"中所有的字段都放置到"选定字段"中。

（3）单击"下一步"按钮后，将会弹出如图 6-40 所示的对话框。

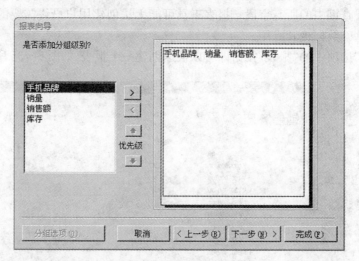

图 6-40　添加分组级别

如果要分组记录字段，可选择各个字段，然后单击向右的箭头按钮把字段的分组带（分组带是使报表中的记录分为组的报表部分）添加到报表中。分组后，单击"下一步"按钮。

（4）弹出的对话框要求给记录排序，如图 6-41 所示，可以最多用 4 个字段给报表中的记录排序。在列表框中选择所需的字段"销量"，单击"升序"按钮，单击"下一步"按钮。

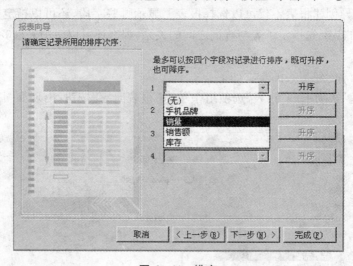

图 6-41　排序

（5）弹出的对话框要求为报表确定一个纵栏表式、表格式或是两端对齐的布局。确定所需的报表是用横向格式还是纵向格式，以及 Access 是否应调整字段宽度以便一页能放进所有的字段，如图 6-42 所示。选择后单击"下一步"按钮。

（6）在弹出的对话框中选择所需的样式，单击"下一步"按钮。

（7）最后一步要求给出报表的标题，如图 6-43 所示。

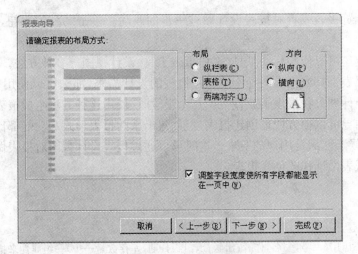

图 6-42　报表布局

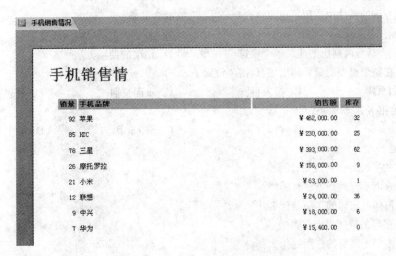

图 6-43　报表标题

图 6-44　通过报表向导创建的报表

可以选择预览报表或者对报表设计做进一步的改动。单击"完成"按钮，得到如图 6-44 所示的报表。

报表的创建还可以使用标签工具、空白报表工具、设计视图等多种方法。

如果使用报表工具或报表向导不能满足报表的设计需求，那么可以使用空白报表工具从头生成报表。当计划只在报表上放置很少几个字段时，使用这种方法生成报表将非常快捷。

使用报表向导可以很方便地创建报表，但创建出来的报表形式和功能都比较单一，布局较为简单，很多时候不能满足用户的要求。这时可以通过报表设计视图对报表做进一步的修改，或者直接通过报表设计视图创建报表。

课后习题

一、单项选择题

1. 假设一个书店用（书号，书名，作者，出版社，出版日期，库存数量……）一组属性来描述图书，可以作为"关键字"的是（　　）。

    A. 书号　　　　　　　　B. 书名　　　　　　　　C. 作者　　　　　　　　D. 出版社

2. 下列属于 Access 对象的是（　　）。

    A. 文件　　　　　　　　B. 数据　　　　　　　　C. 记录　　　　　　　　D. 查询

3. 在 Access 数据库的表设计视图中，不能进行的操作是（　　）。

    A. 修改字段类型　　　　B. 设置索引　　　　　　C. 增加字段　　　　　　D. 删除记录

4. 在 Access 数据库中，为了保持表之间的关系，要求在子表（从表）中添加记录时，如果主表中没有与之相关的记录，则不能在子表（从表）中添加改记录。为此需要定义的关系是（　　）。

    A. 输入掩码　　　　　　B. 有效性规则　　　　　C. 默认值　　　　　　　D. 参照完整性

5. 将表 A 的记录添加到表 B 中，要求保持表 B 中原有的记录，可以使用的查询是（　　）。

    A. 选择查询　　　　　　B. 生成表查询　　　　　C. 追加查询　　　　　　D. 更新查询

6. 在 Access 中，查询的数据源可以是（　　）。

    A. 表　　　　　　　　　B. 查询　　　　　　　　C. 表和查询　　　　　　D. 表、查询和报表

7. 在 Access 的一个表中有字段"专业"，要查找包含"信息"两个字的记录，正确的条件表达式是（　　）。

    A. ＝left（［专业］,2）＝"信息"　　　　　　　　　B. like" * 信息 * "

    C. ="* 信息 * "　　　　　　　　　　　　　　　　D. Mid（［专业］,2）＝"信息"

8. 如果在查询的条件中使用了通配符方括号"［ ］"，它的含义是（　　）。

    A. 通配任意长度的字符　　　　　　　　　　　B. 通配不在括号内的任意字符

    C. 通配方括号内列出的任一单个字符　　　　　D. 错误的使用方法

9. 如果要在整个报表的最后输出信息，需要设置（　　）。

    A. 页面页脚　　　　　　B. 报表页脚　　　　　　C. 页面页眉　　　　　　D. 报表页眉

10. 可作为报表数据源的是（　　）。

    A. 表　　　　　　　　　B. 查询　　　　　　　　C. Select 语句　　　　　D. 以上都可以

二、简答题

1. Access 的字段名命名规则有哪些？

2. 什么是查询？查询的方法有哪些？

3. 什么是窗体？窗体的作用是什么？

4. Access 字段的数据类型有哪些？

5. 什么是索引？索引的作用是什么？

7 Visual FoxPro 数据库操作与应用

【本章学习目的和要求】

◇ 掌握 Visual FoxPro 6.0 的基础知识和基本操作。
◇ 掌握 Visual FoxPro 6.0 数据库和表的创建与操作。
◇ 掌握 Visual FoxPro 6.0 查询和视图的创建与操作。
◇ 掌握 Visual FoxPro 6.0 表单的设计。
◇ 掌握 Visual FoxPro 6.0 报表和菜单的创建。

7.1 Visual FoxPro 6.0 基础

7.1.1 Visual FoxPro 6.0 的启动和退出

在 Windows 桌面上单击开始菜单,选定 Microsoft Visual FoxPro 6.0,单击级联菜单中的 Microsoft Visual FoxPro 6.0 选项即可进入 Visual FoxPro 6.0。或者在 Windows 桌面上建立 Microsoft Visual FoxPro 6.0 的快捷方式,双击该快捷方式图标也可。

点击 VFP 窗口"文件"菜单中的"退出"选项即可退出 Visual FoxPro 6.0。或者在命令窗口中执行 Quit 命令,也可以单击 VFP 窗口右上角的关闭按钮,还可使用快捷键【ALT+F4】退出 Visual FoxPro 6.0。

7.1.2 Visual FoxPro 6.0 用户界面的组成

Visual FoxPro 6.0 用户界面的组成如图 7-1 所示。

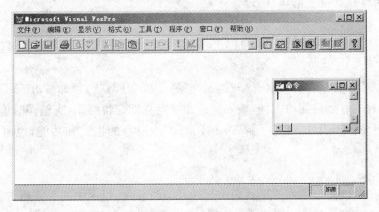

图 7-1 Visual FoxPro 6.0 用户界面的组成

Visual FoxPro 6.0用户界面包含了标题栏、菜单栏、工作栏、工作区、状态栏和命令窗口。

（1）标题栏位于 Visual FoxPro 窗口的第一行，通常有一个名字作为窗口的标识。最左端为控制菜单按钮，最右端为最小化、最大化和关闭按钮。

（2）菜单栏位于窗口第二行，有"文件"、"编辑"、"显示"、"格式"、"工具"、"程序"、"窗口"、"帮助"八个菜单项，单击每个菜单项都会弹出一个下拉式菜单。

（3）工具栏位于窗口第三行，由若干个按钮组成，每个按钮对应一项特定的功能。对于没有打开的工具栏，如果希望打开它，则可以在菜单栏中单击"显示"，然后从中选择"工具栏"，在对话框中选择希望打开的工具栏，如图 7-2 所示；在已有工具栏的空白处右击，也会弹出工具栏对话框。

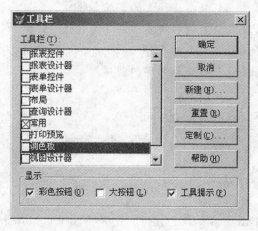

图 7-2 工具栏

（4）工作区位于工具栏下方，是窗口中最大的一块区域，用于显示命令和程序的执行结果或显示 VFP 提供的工具栏。

（5）命令窗口位于主窗口的内部，标题为 Command（命令）的小窗口，其主要作用是显示命令。

（6）状态栏位于窗口的底部，用于显示 Visual FoxPro 当前工作状态，其中包括各种菜单、控件的功能说明。

7.1.3 Visual FoxPro 6.0 的工作方式

Visual FoxPro 6.0 的工作方式有以下几种：

1）命令方式

用户在命令窗口中输入一条命令并按回车键，系统立即执行该命令并在工作区显示执行结果。这种方式的好处是简单方便，输入每条命令后立即获得结果，有错误时能立刻发现并当即修改，即使不懂程序设计，只要了解 Visual FoxPro 命令的格式和功能，也可以用它来管理和操作数据库。

2）程序方式

指把多条命令以命令序列的形式集中起来，构成程序。程序中的一行通常叫做一条语句。如完成某项任务需要执行若干条命令，程序方式很方便，也充分体现了计算机高速、自动、大量地处理数据或信息的特点,但要求编程人员熟练掌握 Visual FoxPro 命令以及结构化程序设计方法。

3) 菜单方式

用户利用鼠标,通过菜单以及 Visual FoxPro 提供的向导、设计器和生成器等辅助设计工具来完成操作任务。当用户选择某个菜单时,命令窗口会自动显示等价的 Visual FoxPro 命令,省去了用户记忆命令的负担,操作直观,但步骤较为繁琐。

7.1.4 Visual FoxPro 系统环境设置

1) "选项"对话框的设置

点击"工具"菜单下的"选项"命令,"选项"对话框中包含的一系列环境设置的选项卡如图 7-3 所示。

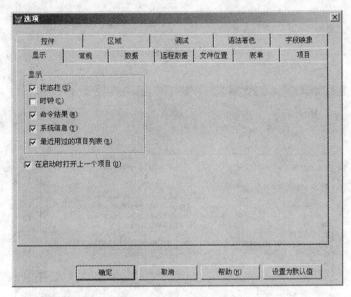

图 7-3 选项设置

2) 设置日期和时间的显示格式

选择"选项"|"区域"命令,在此可以设置日期和时间的显示方式。系统默认的格式为"美语",即 mm/dd/yy。将日期和时间格式设置为"年月日",如图 7-4 所示。

3) 设置默认目录

为了方便管理,用户在开发系统的时候应尽量将自己的文件放在自己建立的工作目录。将此文件夹设置为默认目录后,系统生成的文件都将存储在这里。操作步骤如下:

(1) 在 D 盘下建立一个文件夹 myfile。

(2) 点击"选项"→"文件位置"→"默认目录"→"文件位置",如图 7-5 所示。

(3) 单击"修改"按钮,打开"更改文件位置"对话框,如图 7-6 所示,选中"使用默认目录"复选框,在文本框中输入默认路径。

(4) 单击"确定"按钮,退出"更改文件位置"对话框。

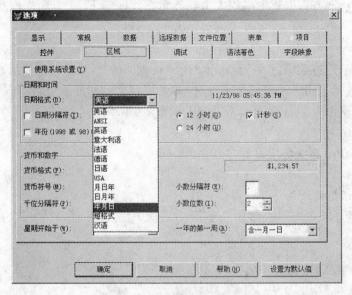

图 7-4　设置日期和时间显示格式

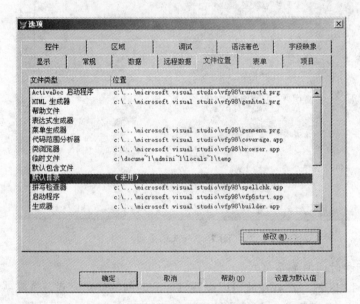

图 7-5　修改默认目录

图 7-6　更改文件位置

7.1.5 Visual FoxPro 6.0 的命令

一般格式：

<命令动词>[<短语 1>/<子句 1>][<短语 2>/<子句 2>]…

常用格式：

<命令动词>[范围][FOR/WHILE<条件>][表达式表]

常用命令：

- 设置默认目录：SET DEFAULT TO D:\myfile
- 设置日期分隔符格式：SET MARK TO "—" | "."
- 设置日期显示格式为年份四位/二位：SET CENTURY ON | OFF
- 设置日期 MDY 显示格式：SET DATE TO AMERICAN | MDY | DMY | YMD

7.1.5 Visual FoxPro 数据类型

数据类型是数据的重要属性，所有数据都属于某一确定的类型。数据类型决定了数据的存储方式和处理方式，对数据进行操作时，只有同类型的数据才能进行操作。

Visual FoxPro 的主要数据类型如表 7-1 所示。

表 7-1　数据类型

类型	缩写	说　明	字　节　大　小
字符型	C	任意大小	每个字符占用 1 个字节，最大不超过 254 个字节
货币型	Y	货币型	8 个字节
数值型	N	数字、小数点和正负号	在内存中占 8 个字节，在表中占 1~20 个字节
浮点型	F	数字、小数点和正负号	在内存中占 8 个字节，在表中占 1~20 个字节
双精度型	B	双精度浮点型	8 个字节
整型	I	整型值	4 个字节
日期型	D	包括年、月、日的数据	8 个字节
逻辑型	L	"真"和"假"的布尔型	1 个字节
备注型	M	数据块	4 个字节
通用型	G	OLE 对象引用	4 个字节

7.1.6 常量

1）数值型

由数字、小数点及正负号组成的实数，也可以用科学记数法表示。

2）字符型

用定界符括起来的字符串。定界符有三种：单引号''、双引号""、方括号[]。

3）逻辑型

用一对小数点作为界标，只有真和假两个值，.T.（.t.）、.Y.（.y.）表示真；.F.（.f.）、.N.

(.n.)表示假。

4) 日期型

用于表示日期,定界符为一对花括号,花括号里包括年、月、日三部分,各部分之间可用斜杠(/)、短格线(一)、点号(.)和空格等分隔符分隔,默认格式为:{^yyyy-mm-dd}。

5) 日期时间型

表示日期和时间。默认格式为:{^yyyy/mm/dd[,][hh[:mm[:ss]][am | pm]]}

6) 货币型

以符号"$"开头,后面是整数或小数,小数部分若超过4位,则四舍五入取4位小数。

7.1.7　变量

1) 内存变量

内存变量名必须以字母、汉字或下划线开头,由字母、汉字、数字或下划线组成,长度不超过128个字符。

在 Visual FoxPro 中,变量名不区分大小写。为避免混淆与误解,不能使用 Visual Fox-Pro 的保留字。例如 Store 、Dimension 等不作为内存变量名。

2) 系统变量

系统变量由 Visual FoxPro 自动定义和维护,往往以"_"(下划线)开头。

3) 字段变量

在 Visual FoxPro 系统,表由若干记录构成,每个记录包含若干数量相同的字段,而同一字段在不同记录中取不同的值。所以,字段是变量。字段变量与其他变量不同,是定义在表中的变量,随表的存取而存取,是永久性变量。字段变量的变量名即字段名,数据类型为 Visual FoxPro 系统中任意数据类型,变量值即字段值。

4) 数组变量

数组是按一定顺序排列的一组内存变量,数组中的各个变量称为数组元素。数组必须先定义后使用。

7.1.8　表达式

1) 算术表达式

如表7-2所示。

表7-2　算术运算符及其优先级

优先级	运算符	功　　能
1	（　　）	小括号,用来改变运算的先后顺序
2	＊＊或^	乘方运算
3	＋、－、＋(正)、－(负)	单目运算,正、负
4	＊、/、％	乘、除、求余运算
5	＋、－	加、减运算

2）字符表达式

＋ 完全连接运算符：即将两个字符串按顺序直接连接在一起。

－ 非完全连接运算符：即连接两个字符串并去掉前串中尾部的空格。

3）日期时间表达式

如表7-3所示。

表7-3　日期时间表达式的格式

格　　式	结果及类型
<日期>＋<天数>	日期型，指定若干天后的日期
<天数>＋<日期>	日期型，指定若干天后的日期
<日期>－<天数>	日期型，指定若干天前的日期
<日期1>－<日期2>	数值型，两个指定日期相差的天数
<日期时间>＋<秒数>	日期时间型，指定若干秒后的日期时间
<秒数>＋<日期时间>	日期时间型，指定若干秒后的日期时间
<日期时间>－<秒数>	日期时间型，指定若干秒前的日期时间
<日期时间1>－<日期时间2>	数值型，两个指定日期时间相差的秒数

4）关系表达式

如表7-4所示。

表7-4　关系运算符

运算符	功　　能	运算符	功　　能
<	小于	<=	小于等于
>	大于	>=	大于等于
=	等于	==	字符串精确比较
<>、#、！=	不等于	$	子串包含测试

5）逻辑表达式运算规则

如表7-5所示。

表7-5　逻辑运算规则

A	B	A OR B	A AND B	NOT A
.T.	.T.	.T.	.T.	.F.
.T.	.F.	.T.	.F.	.F.
.F.	.T.	.T.	.F.	.T.
.F.	.F.	.F.	.F.	.T.

以上表达式优先级由高到低为：算术运算符→字符串运算符→日期时间运算符→关系运算符→逻辑运算符。

7.1.9 函数

1) 数值函数

如表 7-6 所示。

表 7-6 数值函数

函　数	功　能	示例(注解表示结果)
ABS(N)	求 N 的绝对值	? ABS(−4)　&&4
SIGN(N)	求 N 中数值表达式的符号结果为正、负、零时,符号分别为 1,−1,0	? SIGN(−8)　&& −1
SQRT(N)	求 N 的平方根	? SQRT(4)　&&2.00
EXP(N)	求 e 的 N 次方的值	? EXP(2)　&&7.39
INT(N)	返回 N 的整数部分	? INT(7.5)　&&7
CEILING(N)	返回大于或等于指定数值表达式的最小整数	? CEILING(9.5)　&& 10
FLOOR(N)	返回小于或等于指定数值表达式的最大整数	? CEILING(9.5)　&& 9
MAX(N1,N2)	返回 N1,N2 的较大者	? MAX(4,7)　&&7
MIN(N1,N2)	返回 N1,N2 的较小者	? MIN(4,7)　&&4
MOD(N1,N2)	取模,返回 N1 除以 N2 所得的余数	? MOD(8.7,3)　&&2.7
ROUND(N1,N2)	将 N1 四舍五入,保留 N2 位的小数	? ROUND(3.1415,3) &&3.142
PI()	返回圆周率 π 的值	? pi() * 2 * 2　&&12.5664

2) 字符函数

如表 7-7 所示。

表 7-7 字符处理函数

函　数	功　能	示例(注解表示结果)
SUBSTR(C,N1[,N2])	返回 C 中第 N1 位起的长度为 N2 的子串	? SUBSTR("ABCD",2,2)　&&BC
LEFT(C,N)	返回 C 左起 N 个字符的子串	? LEFT("ABCD",2)　&&AB
RIGHT(C,N)	返回 C 右起 N 个字符的子串	? RIGHT("ABCD",2)　&&CD
LEN(C)	返回字符串的长度	? LEN("ABCD")　&& 4
AT(C1,C2[,N])	返回 C1 在 C2 中第 N 次出现的位置,区分大小写	? AT("bc","ABCD",1)　&& 0
ATC(C1,C2[,N])	返回 C1 在 C2 中第 N 次出现的位置,不区分大小写	? AT("BC","ABCD",1)　&& 2
TRIM(C)	去掉尾部空格	? TRIM("ABCD")　&&ABCD
LTRIM(C)	去掉前导空格	? LTRIM("ABCD")　&&ABCD
ALLTRIM(C)	删除 C 前导和末尾的空格	? ALLTRIM("ABCD")　&&ABCD
SPACE(N)	返回 N 个空格	? SPACE(4)

函　数	功　能	示例(注解表示结果)
UPPER(C)	将小写字母转换为大写字母	? UPPER("aBc")　&&ABC
LOWER(C)	将大写字母转换为小写字母	? LOWER("aBc")　&&abc
REPLICATE(C,N)	返回 C 重复指定 N 次后所得到的子串	? REPLICATE("A",2)　&&AA
OCCURS(C1,C2)	返回 C1 在 C2 中出现的次数值	? OCCURS("a","aab")　&&2
STUFF(C1,P,N,C2)	用 C2 值从指定位置 P 和长度 N 替换 C1 中的一个子串的值。	STORE"计算机等级考试"TO X ? STUFF(X,1,6,"英语")　&&英语等级考试
LIKE(C1,C2)	比较 C1 与 C2 对应位置上的字符,若所有字符相匹配,函数返回逻辑真(.T.),否则为逻辑假(.F.)。	? LIKE("ab","ab")　&&.T. ? LIKE("ab","cd")　&&.F.
&<字符型内存变量>[.]	替换出<字符型内存变量>的内容	Name="张华" Xm="Name" ? &Xm+"您好!" &&张华您好!

3) 日期/日期时间函数

如表 7 - 8 所示。

表 7 - 8　日期处理函数

函　数	功　能	示例(注解表示结果)
TIME()	以 hh:mm:ss 的格式返回系统当前时间	? TIME()　&&21:12:14
DATE()	返回系统当前日期	? DATE()　&&01/01/10
DATATIME()	返回当前系统日期时间	? DATETIME ()　&&01/01/10 21:12:14
YEAR()	返回年份	? YEAR(DATE())　&&2010
MONTH()	返回月份	? MONTH (DATE())　&& 1
DAY()	返回日子	? DAY (DATE())　&& 1
HOUR()	返回小时,24 小时制	? HOUR ({＾2010/01/01 14:30:20}) && 14
MINUTE()	返回分钟	
SEC()	返回秒数	

4) 数据类型转换函数

如表 7 - 9 所示。

表 7 - 9　数据类型转换函数

函　数	功　能	示例(注解表示结果)
VAL(C)	将字符串转换成数值	? VAL("3.14")　&&3.14
STR(N1[,N2[,N3]])	将数值 N1 转换为长度为 N2 位、具有 N3 位小数的字符串	? STR(3.14,5,1)　&&3.1

函 数	功 能	示例(注解表示结果)
CTOD(C)	将 C 转换为日期	? CTOD("09/09/04") &&.09/09/04
DTOC(D)	将 D 转换为字符串	? CTOD({09/09/04}) &&.09/09/04
CHR(N)	返回 ASCII 码值为 N 的对应字符	? CHR(65) &&.A
ASC(C)	返回字符 C 的 ASCII 码值	? ASC("A") &&.65

5）测试函数

如表 7－10 所示。

表 7－10 测试函数

函 数	功 能	示例(注解表示结果)
ISNULL(<表达式>)	测试<表达式>的值是否为 NULL 值,如是 NULL 值则返回逻辑真(.T.),反之则返回逻辑假(.F.)	X=. NULL. Y="" ? ISNULL(X),ISNULL() &&. .T. .F.
VARTYPE(<表达式>[,<逻辑表达式>])	测试<表达式>值的数据类型,返回一个表示数据类型的大写字母	? VARTYPE({^2010－01－01}) &&. D
BETWEEN(<表达式1>,<表达式2>,<表达式3>)	测试<表达式1>的值是否介于<表达式2>值和<表达式3>值之间,若<表达式1>值大于等于<表达式2>的值且小于等于<表达式3>的值,则函数返回逻辑真(.T.);否则函数值为逻辑假(.F.)	? BETWEEN(20,10,30) &&. .T.
EMPTY(<表达式>)	测试<表达式>值是否为"空"值,返回逻辑真(.T.)或逻辑假(.F.)	? EMPTY("") &&. .T.
IIF(<逻辑表达式>,<表达式1>,<表达式2>)	判断<逻辑表达式>的值,若值为真(.T.),函数返回<表达式1>的值;若为假(.F.),函数返回<表达式2>的值	IIF(10>20,6,7) &&. 6

7.2 项目管理器与设计器

7.2.1 项目管理器

项目管理器是 Visual FoxPro 提供的一个集成开发环境,能对程序开发过程中的所有资源进行集中管理,并在此基础上进行应用程序的连编。

可以在命令窗口输入命令"CREATE PROJECT"来创建新的项目文件,也可以点击菜单栏"文件"菜单下的"新建"项,在弹出的菜单中选择"项目",点击"新建文件"按钮,设置文件名和文件存放路径,一个新的项目就建成了。

项目管理器共有 6 个选项卡，包括"全部"选项卡、"数据"选项卡、"文档"选项卡、"类"选项卡、"代码"选项卡、"其他"选项卡，如图 7-7 所示，用户可以根据自己项目开发的需要，进行资源的添加、新建、修改、移除、浏览、预览和运行操作。

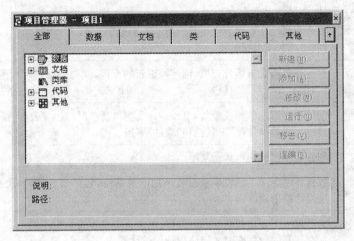

图 7-7　项目管理器

"项目管理器"窗口是 Visual FoxPro 用户的工作平台，在这里能一目了然地看到组成应用程序的元素。

项目管理器中每个选项卡都以层次的方式分类显示各种项目文件，各个选项卡作用分别如下：

● 全部：用于显示和管理项目管理器所能管理的所有类型的文件。
● 数据：用于显示和管理项目中的所有数据文件，包括数据库（数据库表）、自由表、查询和视图。
● 文档：用于显示和管理表单、报表和标签。
● 类：用于显示和管理所有的类库文件。
● 代码：用于显示和管理文本文件、菜单文件和其他文件。

在项目管理器中不仅可以创建、添加、移去或删除项目文件，还可以执行其他操作，例如修改文件、浏览表或者运行程序等。

7.2.2　Visual FoxPro 6.0 的设计器

设计器是用于创建和修改 Visual FoxPro 中的各种文件和对象，如表设计器用来定义 VFP 中的表，查询设计器用来建立和修改查询。

Visual FoxPro 提供的设计器及其功能如表 7-11 所示。

表 7-11　设计器及其功能

设计器名称	功　能
表设计器	创建并修改数据库表、自由表、字段和索引，可以实现诸如有效性检查和默认值等高级功能
数据库设计器	管理数据库中包含的全部表、视图和关系。当该设计器窗口活动时，显示"数据库"菜单和"数据库设计器"工具栏

设计器名称	功　　能
报表设计器	创建和修改打印数据的报表,当该设计器窗口活动时,显示"报表"菜单和"报表控件"工具栏
查询设计器	创建和修改在本地表中运行的查询,当该设计窗口活动时,显示"查询"菜单和"查询设计器"工具栏
视图设计器	在远程数据源上运行查询,创建可更新的查询,即视图,当该设计器窗口活动时,显示"视图设计器"工具栏
表单设计器	创建和修改表单和表单集,当该设计器窗口活动时,显示"表单"菜单、"表单控件"工具栏、"表单设计器"工具栏和"属性"窗口
菜单设计器	创建菜单栏或弹出式子菜单
数据环境设计器	数据环境定义了的表单或报表使用的数据源,包括表、视图和关系,可以用数据环境设计器来修改
连接设计器	为远程视图创建并修改命名连接,因为连接是作为数据库的一部分存储的,所以仅在有打开的数据库时才能使用连接设计器

7.3　数据库和表

在数据库管理系统中,数据库和程序是分开存放的,设计程序的目的是将数据加工处理成符合用户要求的有用信息。Visual FoxPro 的数据存储在表(Table,后缀名为 DBF)中,但是还有一层名为数据库的外套(后缀名为 DBC)。数据库中包含表、索引、关系、触发器等信息。

7.3.1　Visual FoxPro 的表

Visual FoxPro 的数据以表的形式存储,表的每一列表示一个单一的数据元素(在 Visual FoxPro 中称为字段),比如姓名、地址或者电话号码等。每一行是一个记录,是一个由列中的数据组成的组。如表 7-12 所示的"学生情况表"由 7 个字段和 5 个记录组成。本节将以此表为例,介绍表的建立和修改。

表 7-12　学生情况表

学　号	姓　名	性　别	出生时间	入学时间	所在系代码	生源地
201212001	王小红	女	1993.10.1	2012.9.1	01	江苏南京
201212002	宋秋菊	女	1994.1.15	2012.9.1	01	江苏泰州
201212003	卓力格图	男	1994.9.29	2012.9.1	04	内蒙古呼伦贝尔
201111078	张和平	男	1992.12.30	2011.9.1	06	江苏淮安
201111079	王翠连	女	1991.12.7	2011.9.1	05	湖北武汉

表的每一个字段都有特定的数据类型如表 7-1 所示。

由此,我们可以定义上述学生情况表的结构,如表 7-13 所示。

表 7 - 13　学生情况表结构

字段名	字段类型	字段宽度
学号	字符型	9
姓名	字符型	8
性别	字符型	2
出生时间	日期型	8
入学时间	日期型	8
所属系代码	整型	2
生源地	字符型	14

7.3.2　创建新表

在 Visual FoxPro 中,可以在命令窗口输入命令"CREATE [<表文件名>]"创建新表。也可以点击"文件"菜单下的"新建"项,在弹出的"新建"对话框中选择"表",然后点击"新建文件"按钮,在弹出的"创建"对话框中选择存放的目录或者文件夹,并输入表名(如:学生情况),点击"确定",弹出表设计器对话框,录入字段名,设置字段类型和宽度,如图 7-8 所示。

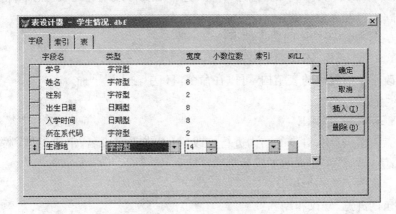

图 7 - 8　表设计器

学生情况表字段名在这里使用汉字来定义,是为了让大家可以直观地了解字段的含义,在编程时一般使用汉字的拼音简写来定义(如学号用 xm 来定义)。

7.3.3　表的打开

对表进行任何操作都要先打开表。打开表有菜单方式和命令方式两种。

1) 菜单方式

单击"文件"菜单下的"打开"命令,选择文件类型为表(＊.dbf),然后按照表存放的路径找到表,选中并点击"确定"按钮。

2) 命令方式

打开表的命令格式如下:

USE<表文件名>

例如，打开"学生情况"表，可以在命令窗口中输入：

USE 学生情况

如果该表在当前默认路径下，输入命令后按回车就能直接打开该表；如果该表不在当前默认路径下，则在执行 USE 命令后应输入该表文件所在的完整路径和文件名。后面所举的例子都默认表文件存放在当前默认路径下。

7.3.4 表的关闭

对表文件操作结束后需关闭表，关闭表有菜单方式和命令方式两种。

1）菜单方式：直接点击"文件"下的"关闭"命令，即可关闭当前打开的表。

2）命令方式：关闭表的命令为 USE，也可使用 CLOSE ALL 来关闭所有在工作区中打开的表。

7.3.5 表结构的修改

表结构的修改也有菜单方式和命令方式两种。

1）菜单方式：单击"文件"下的"打开"命令，选择需要修改结构的表，然后单击"显示"下的"表设计器"命令，打开表设计器。

2）命令方式：修改表结构的命令如下：

MODIFY STRUCTURE

例如，修改学生情况表的表结构，可以在命令窗口中输入以下命令：

USE 学生情况

MODIFY STRUCTURE

在弹出的表设计器中，对表的结构进行修改，可以修改字段名、字段类型、宽度等；也可以单击"插入"或者"删除"按钮来增加或者删除字段。

7.3.6 表记录的浏览、修改和删除

在建立了新表后，就可以在表中浏览、编辑修改数据了，表中数据的编辑修改包括增加记录、修改记录和删除记录。

1）表记录的浏览

（1）菜单方式

首先打开要浏览的表，然后单击"显示"下的"浏览"命令，打开浏览窗口，如图 7-9 所示。

（2）命令方式

可以使用命令在浏览窗口和工作区中浏览表的记录。

① 在浏览窗口中浏览的命令格式如下：

BROWSE[FIELDS<字段名列表>][FOR<条件>]

例如，要显示学生情况表中，所在系代码为 01 的学生记录，可以在命令窗口输入如下命令：

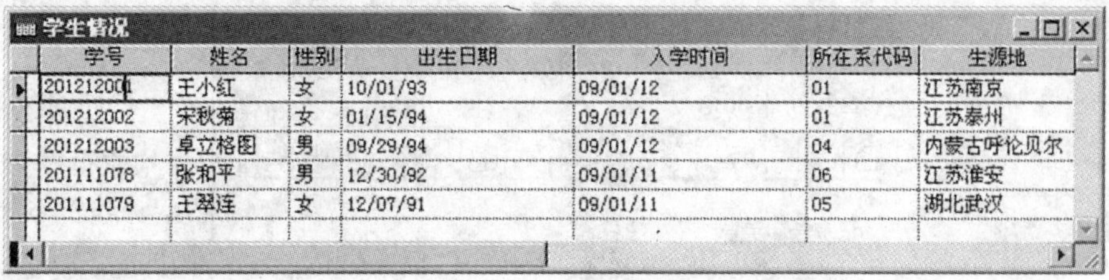

图 7-9　浏览窗口

USE 学生情况

BROWSE FOR 所在系代码＝"01"

命令执行结果如图 7-10 所示。

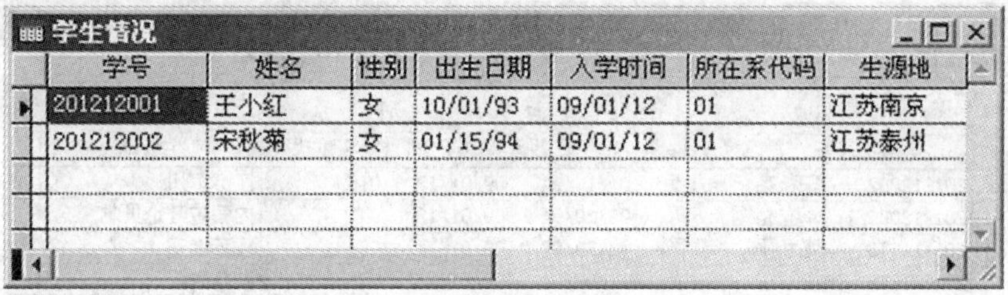

图 7-10　BROWSE 命令执行结果

② 在工作区中浏览的命令格式如下：

LIST｜DISPLAY［＜范围＞］[FIELDS＜字段名列表＞]［FOR｜WHILE＜条件＞］［TO PRINTER｜TO FILE＜文件名＞］［OFF］

其中 LIST 为连续显示命令，DISPLAY 为分页显示命令。＜范围＞用于指定操作的记录范围，可选的范围有以下 4 种：

● ALL：表示所有记录，如果范围缺省，则默认为 ALL。

● RECORD n：表示第 n 条记录。

● NEXT n：表示从当前记录开始的第 n 条记录。

● REST：从当前记录到最后一条记录。

FIELDS＜字段名列表＞指定在流量窗口中显示的字段，如果缺省，则默认显示所有字段。FOR＜条件＞指定在流量窗口中显示满足条件的记录，如果缺省，则默认显示所有记录。TO PRINTER｜TO FILE＜文件名＞指定输出结果到打印机或 FILE 后的文件中。OFF 指定不显示记录号，如果缺省，则默认显示记录号。

例如，要显示学生信息表中第 4 条记录的学号和姓名，可在命令窗口输入如下命令：

USE 学生情况

LIST RECORD 4 学号,姓名

命令执行结果如图 7-11 所示。

2）表记录的增加

若想在表中快速增加新记录，可以将"浏览"窗口设置为"追加方式"，方法是选择菜单中"显示/追加方式"。在追加方式中，表记录底部会出现一组空记录，可以在这里输入数据来建立新记录，如图 7-12 所示。

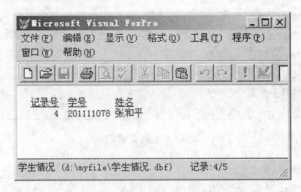

图 7-11 在工作区中显示表记录

学号	姓名	性别	出生日期	入学时间	所在系代码	生源地
201212002	宋秋菊	女	01/15/94	09/01/12	01	江苏泰州
201212003	卓立格图	男	09/29/94	09/01/12	04	内蒙古呼伦贝尔
201111078	张和平	男	12/30/92	09/01/11	06	江苏淮安
201111079	王翠连	女	12/07/91	09/01/11	05	湖北武汉
2010			/ /	/ /		
			/ /	/ /		

图 7-12 追加新记录

此方式适于批量数据的录入,若只需添加一条记录,可以选择菜单栏"表"菜单下的"追加记录"命令。

3) 表记录的修改

若要改变"字符型"字段、"数值型"字段、"逻辑型"字段、"日期型"字段、"日期时间型"字段中的信息,可以把光标移到字段中并编辑相关信息,或者选中整个字段并键入新的信息。

若要编辑"备注型"字段,可以在"浏览"窗口下双击该字段或按下【CTRL+PgDn】快捷键,在打开的窗口中修改、添加"备注型"字段的内容。

4) 表记录的删除

在 Visual FoxPro 中,删除表中的记录共有两种方式。第一种是在"浏览"窗口中单击每一个要删除记录左边的删除标记区,标记要删除的记录,这种方式也称为逻辑删除。这时,需要删除的记录前面都会显示黑色方块的删除标记,如图 7-13 所示。

学号	姓名	性别	出生日期	入学时间	所在系代码	生源地
201212001	王小红	女	10/01/93	09/01/12	01	江苏南京
201212002	宋秋菊	女	01/15/94	09/01/12	01	江苏泰州
201212003	卓立格图	男	09/29/94	09/01/12	04	内蒙古呼伦贝尔
201111078	张和平	男	12/30/92	09/01/11	06	江苏淮安
201111079	王翠连	女	12/07/91	09/01/11	05	湖北武汉

图 7-13 显示删除标记

第二种是命令方式,格式如下:

DELETE ［＜范围＞］［FOR＜条件＞］

其中＜范围＞用于指定要添加删除标记的记录范围。如果命令中有 FOR 条件,则缺省时默认为所有记录;如果命令中没有 FOR 条件,则缺省时默认为当前记录。FOR＜条件＞用于指定对满足条件的记录添加删除标记。

例如,要逻辑删除学生情况表中学号为 201111079 的记录,可在命令窗口输入如下命令:

USE 学生情况

DELETE FOR 学号＝"201111079"

LIST

执行结果如图 7-14 所示,该条记录前面被加上了删除标记"﹡"。

记录号	学号	姓名	性别	出生日期	入学时间	所在系代码	生源地
1	201212001	王小红	女	10/01/93	09/01/12	01	江苏南京
2	201212002	宋秋菊	女	01/15/94	09/01/12	01	江苏泰州
3	201212003	卓立格图	男	09/29/94	09/01/12	04	内蒙古呼伦贝尔
4	201111078	张和平	男	12/30/92	09/01/11	06	江苏淮安
5	﹡201111079	王翠连	女	12/07/91	09/01/11	05	湖北武汉

图 7-14 工作区中删除标记的显示

需要注意的是,被标记的记录并未从磁盘上消失,要想真正地删除记录,应选择菜单栏上"表"菜单下的"彻底删除"命令,这个命令将删除所有有删除标记的记录,并关闭浏览窗口。

7.4 查询与视图

查询是向数据库发出检索信息的请求,通过限制一些条件而从数据库中提取特定的信息。用户如果需要快速检索存储在表或视图中的信息,可以通过"查询"来搜索满足指定条件的记录,也可以对记录进行排序和分组,并将结果送出。查询可以扩充用户控制数据的能力,可以让用户按需要的方式显示表中的信息。查询能单独以扩展名为.QPR 的文件保存,可以在命令方式下使用,可以选择查询去向,但不能更新和修改数据,只能一次性使用,只能访问本地数据。查询的去向有 7 种:"浏览"、"临时表"、"表"、"图形"、"屏幕"、"报表"、"标签"。

图是一个类似于目录的有关数据的虚拟表或者逻辑表,视图中的数据来源于数据库中的表或者其他视图。它具有普通表的一般性质,可以对它进行浏览、修改和使用。值得一提的是利用视图修改的结果可以送回数据源,进行永久保存。但视图依赖于数据库而存在,在新建视图之前,必须先打开相关数据库。视图和查询很相似,都可以从一个或多个相关联的表中提取有用的信息。但视图和查询之间也有着本质的区别:(1) 利用查询设计器生成的是.QPR 文件,它是完全独立的,不依赖于任何数据库和表而存在,而视图则依赖于数据库而存在。(2) 利用查询不能更新数据源,而利用视图可以更新数据源。(3) 查询的去向有 7 种,而视图只是一个虚拟的表。

7.4.1 创建查询

可以通过向导或者查询设计器来建立查询,这里我们只介绍使用查询设计器建立查询。用查询设计器建立查询一般有以下几个步骤:

1) 启动查询设计器

启动查询设计器的方法有以下几种：

(1) 命令窗口中输入"CREATE QUERY"命令。

(2) 在"文件"菜单中选择"新建"，弹出"新建"对话框，在该框中选择"查询"，再单击"新建文件"图标按钮。

(3) 单击常用工具钮中的"新建"按钮，弹出"新建"对话框，在该框中选择"查询"，再单击"新建文件"图标按钮。

按以上任意一种方法操作后，在弹出的窗口中选择一张数据表(学生情况表)，点击确定，弹出如图 7－15 所示的窗口。

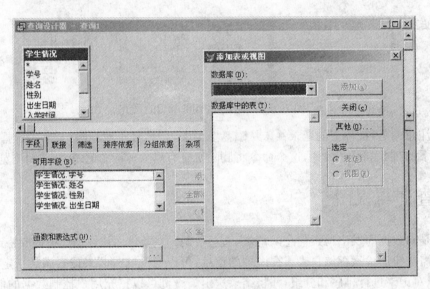

图 7－15　向查询设计器中添加表

在这些窗口中，"添加表或视图"窗口为当前窗口，通过这个窗口中的"其他"按钮，可以打开查询所需的其他的数据库或表。我们点击"其他"按钮添加第二张表(课程成绩表)。

2) 更改联接条件

在弹出的窗口中，用户可以设置表间的联接条件和联接类型，如图 7－16 所示。

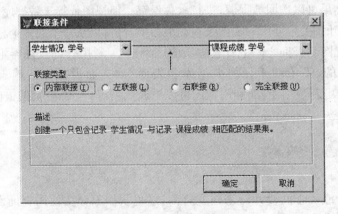

图 7－16　设置联接条件

3）查询字段的设置

在查询设计器中，单击"字段"页标签，如图 7-17 所示，设置查询结果所需的字段。

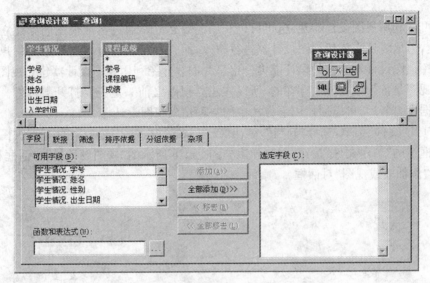

图 7-17　查询设计器

查询字段可以从图 7-17 的"可用字段"列表框中选定，也可以利用"函数和表达式"设置。

4）筛选记录

单击图 7-17 中的"筛选"页标签，设置从数据源中抽取数据的条件，从而达到选取所需记录的目的。具体操作如下：

（1）在"字段名"下拉列表框中选择要建立筛选条件的字段。

（2）在"条件"列表框中选择比较运算符。

（3）在"实例"文本框中键入需要比较的实例值。

（4）在"大小写"设定框中确定是否区分大小写。如果忽略大小写，则单击"大小写"选项按钮；如果不忽略大小写，则不用单击此按钮。

（5）如果有多个条件，则应该确定条件之间的逻辑关系。

5）排序记录

通过"排序依据"页，可对记录进行排序操作，使得经过筛选后的记录按一定的顺序输出。设置方法与利用"向导"排序相同。

6）建立分组查询

在"分组依据"页中可对查询结果进行分组设置。

经过以上几步后一个查询已经生成，但其运行结果只会显示在浏览窗口中，如果要使查询结果输出到其他地方，则需要设置查询结果的输出。

设置查询结果去向的方法有多种，通常是在"查询设计器"打开时，从"查询"菜单中选择"查询去向"命令设置查询去向。

7.4.2　建立视图

建立视图的目的是方便地从表中众多的记录中找到我们所需的记录。视图有 2 种：本地视图和远程视图。本地视图是指以本地表或其他本地视图作为数据源而创建的视图。远程视图是指以远程数据表或远程视图作为数据源而创建的视图。在这里我们只介绍本地视图的建立方法。

视图可以利用视图设计器建立,也可以利用向导建立。通过本地视图向导建立视图虽然方便、快捷,但最终还需依赖视图设计器进行修改,而且利用视图设计器来建立用户数据库视图更能发挥视图设计器潜在的设计能力。这里我们只介绍利用视图设计器建立视图。

因为视图是依赖数据库而存在的,所以在建立视图之前一定先要打开数据库。在待建立视图的数据库打开后,可以通过以下方法中的一种进入视图设计器:

(1)打开"文件"菜单,选择"新建",弹出"新建"对话框,单击该对话框中的"视图"选项,再单击对话框中的"新建文件"按钮,同时弹出如图7-18所示的"视图设计器"对话框和如图7-19所示的"添加表或视图"对话框。

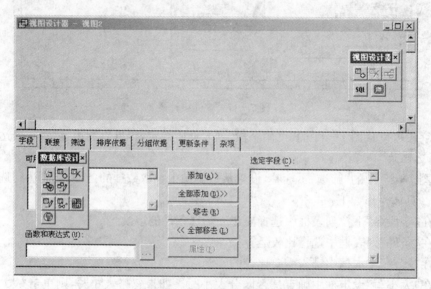

图7-18 视图设计器

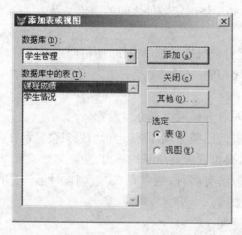

图7-19 "添加表或视图"对话框

在"添加表或视图"对话框的"数据库中的表"的列表框中,单击要添加到视图中的数据表名,再单击"添加"按钮,可将选定的表添加到视图设计器中作为视图的数据源;也可以单击"其他"按钮,打开其他表添加到视图设计器中作为数据源。视图的数据源添加完毕后,单击"关闭"按钮,关闭对话框。窗口中就只有添加了表的"视图设计器"窗口,如图7-20所示。

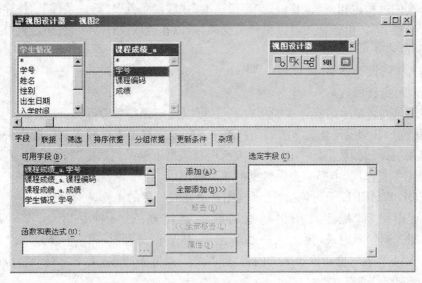

图7-20 数据源的显示

如果这些表之间建立了永久关系,则系统会在相应的表之间用连线表示,用户也可在表间拖动已建立索引的字段来创建关系。双击连线会弹出"联接条件"对话框,如图7-21所示,在该对话框中可以编辑两个表的联接条件。创建视图时,在添加一个以上的表文件时,如果这些表文件之间未指定联接条件,也会弹出该对话框。

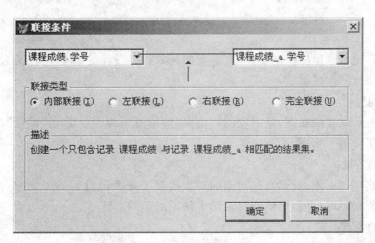

图7-21 "联接"条件对话框

(2)在"数据库设计器"打开时,选择"数据库"菜单中的"新建本地视图"菜单项,弹出"新建本地视图"对话框,单击"新建视图",也可弹出如图7-18和图7-19所示窗口。

3)在"数据库设计器"打开时,鼠标移到"数据库设计器"中,单击鼠标右键,弹出数据库的快捷菜单,选取其中的"新建本地视图",弹出"新建本地视图"对话框,单击"新建视图"。

在视图设计器中选择好所需的数据源后,就可以设置视图的各项了。在视图设计器的下半部分选项卡区中有 7 个选项卡,分别为"字段"、"联接"、"筛选"、"排序依据"、"分组依据"、"更新条件"和"杂项"。

视图设计器结构与查询设计器相似,所以利用视图设计器建立视图的过程与利用查询设计器建立查询的过程也相似,都要设置"字段选取"、"联接条件"、"筛选条件"、"排序条件"、"分组条件"和"杂项"等。由于视图可以更新数据源,所以在视图设计器中,还应设置"更新条件",其设置过程如下:

(1) 单击视图设计器中的"更新条件"页。

(2) 选取可更新的表。

(3) 字段名列表框中列出该表中所有字段,可以设定哪些字段可更新。

(4) "发送 SQL 更新"复选框指的是视图中更新的数据是否返回到数据源中去,该项选中表示更新结果要返回到数据源中去;否则表示更新结果不返回到数据源,也就是说视图中更新的值只在视图中起作用,不影响提供数据的表或视图。

(5) "SQL WHERE 子句包括"指示视图在更新时检测的条件。

(6) "使用更新"确定视图更新返回时的处理方法:一种是"SQL DELETE 然后 INSERT",即先删除旧记录,再插入一条新记录,然后再更新其中的一部分字段;另一种是 "SQL UPDATE",表示更新原表上的内容,即哪个字段值不正确,就更新哪个字段的值,对其他字段的内容没有影响。

7.5 表单设计

7.5.1 表单设计中的基本概念

1) 对象

对象是指客观世界里的任何实体,它是面向对象程序设计的基本单元,对象可以是具体的事物,也可以是某些概念。

(1) 对象的属性

属性用来表示对象的状态,是对象的数据,属性值既可以设计时在"属性"窗口设置,也可以运行时在程序代码中实现。

(2) 对象的方法

对象的方法描述对象的行为,是对当前对象接受了某个消息后所采取的一系列操作的描述。方法的代码是不可见的,可以通过调用来使用对象的方法。

(3) 对象的事件

对象的事件是可以识别和响应的某些操作行为,可以由系统或用户引发。

Visual FoxPro 编程的核心就是为每个要处理的事件编写响应事件的程序代码。

事件集是固定的,用户不能定义新的事件。

(4) 对象的引用

对象通过对象名来引用,对象名由对象的 NAME 属性指定,对象的引用有绝对引用和相对引用两种方式。

① 绝对引用:从包含该对象的最外面的容器名开始,一层一层地进行。

② 相对引用：从当前位置开始。相对引用中的关键字及意义如下：

Parent：当前对象的直接容器对象。

This：当前操作的对象。

ThisForm：当前对象所在的表单。

ThisFormSet：当前对象所在的表单集。

2）类

（1）类的概念

类是对象外观和行为的模板，它是对一类相似对象的性质描述。基于某个类生成的对象称为这个类的实例。

（2）基类

基类是系统提供的现成的类，用户不能修改基类，但可以基于基类生成所需要的对象，也可以扩展基类来创建自己的类。

3）子类与继承

子类是在已有类的基础之上进行修改而形成的类。

继承是指基于现有的类创建的新类，新类称为现有类的子类，而现有类则称为新类的父类。

子类继承了父类的方法和属性，这样新类的成员中包含了从其父类继承的成员如属性和方法，也包括了子类自己定义的成员。

4）容器和控件

Visual FoxPro 中的类有控件类和容器类两种，它们分别生成容器对象和控件对象。

（1）控件

控件是一个可以以图形化方式显示并能与用户进行交互的对象，如文本框、命令按钮、复选框、页框等。

（2）容器是可以包含其他控件或容器的特殊控件，如表单、页框、表格等。

5）常用控件

（1）标签控件（Label）

标签是用来显示文本的图形控件，被显示的文本称为标题文本。标题文本最多包含的字符数为 256 个。

（2）文本框控件（TextBox）

文本框用来向内存变量、数组元素及非备注型字段中输入或编辑数据。文本框可以使用剪贴板操作，在文本框内可以编辑任何类型的数据。

（3）编辑框控件（EditBox）

编辑框用来输入及编辑数据。编辑框是一个完整的字处理器，可以有自己的垂直滚动条。编辑框只能输入及编辑字符型数据，包括字符型内存变量、数组元素、字段及备注字段。

（4）命令按钮控件（CommandButton）

命令按钮控件用来启动某个事件代码，完成特定功能。

（5）命令按钮组控件（CommandGroup）

命令组是包含一组命令按钮的容器控件，可以单个或成组操作其中的按钮。

（6）选项按钮组控件（OptionGroup）

选项组是包含一组选项按钮的容器，一个选项组中包含多个选项按钮，选择其中一个按钮,被选中项前面显示一个圆点。选中某项时,其他选项按钮为未选中状态。

(7) 复选框控件(CheckBox)

有时用户需从几种方案中选择一种或多种,Visual FoxPro 提供一种称为"复选框"的控件,选中时,复选框中出现一个"√"标志;没有选中时或称"关闭"时,"√"标志不显示。

每单击一次,复选框的状态在"打开"与"关闭"之间切换,"√"标志也在有和无之间切换。

(8) 组合框控件(ComboBox)

组合框与列表框相似,用于提供一组条目供用户从中选择。

(9) 页框控件(PageFrame)

页框是包含页面(Page)的容器控件。页面也是容器,其中包含所需的控件,页框、页面和相应的控件构成选项卡。在默认情况下包含两个页面。

(10) 表格控件(Grid)

表格控件类似浏览窗口。它具有网格结构,有垂直滚动条和水平滚动条,可以同时操作和显示多行数据。但表格不等于浏览窗口。作为一个控件,表格用于在电子表格样式的表格中显示数据。

7.5.2 表单设计器的使用

表单的创建同样也有两种方法,一种是利用向导建立,另一种是使用表单设计器创建表单。我们这里通过建立一个"学生情况"的表单来介绍表单的创建和表单设计器的使用。

1) 创建新表单

我们首先建立一个"学生情况"项目,打开该项目,在命令窗口输入命令"CREATE FORM";或者在项目管理器中选择"文档"选项卡,选定表单,单击"新建"命令按钮。这时系统将弹出表单设计器窗口,并自动创建默认名"form1"的表单对象。默认情况下,和表单设计器同时打开的还有"表单控件"工具栏、"表单设计器"工具栏和"属性"窗口。

2) 设置数据环境

表单的数据环境包括与表单交互作用的表和视图,以及表单所需的表与表之间的关系。使用数据环境可以带来很多方便,比如在打开或运行表单时,自动打开表或视图;在关闭或释放表单时,自动关闭表。

在系统菜单的"显示/数据环境"上单击,弹出数据环境窗口,在同时出现的"添加表或视图"对话框中选取"学生情况"表,按"添加"命令按钮将其加入数据环境后关闭此对话框。结果如图 7-22 所示。

3) 向表单中添加字段

在表单中,被添加的表的字段总是和某种类型的控制对象相关联的,这样就能通过控制对象的属性、事件和方法来处理和操作字段了。向表单中添加字段的方法有很多种,下面我们将分别采用不同的方法来添加字段。

(1) 添加"学号"字段

在"表单控制"工具栏单击"文本框"图形按钮,将鼠标指针移动到表单上,这时鼠标指针变成"十"字形,在合适的位置按下鼠标左键,则一个名为"Text1"的文本框对象被创建。注意这时的文本框对象还是独立的对象,并没有和学号字段发生关联。下面设置它和学号字段的关联:在属性窗口的"数据"选项卡中,选取"ControlSource"属性,单击属性设置框右边的下拉箭

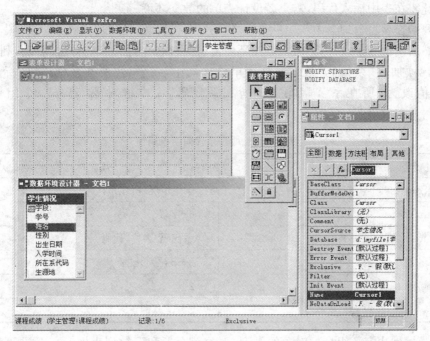

图 7‑22　表单设计器

头按钮,可以看到包含在数据环境中的学生情况表的字段显示在下拉框中,选择"学生情况.学号",则此时的 Text1 已与学号字段相关联。

接下来为 Text1 对象增加说明文字。在"表单控制"工具栏上单击"标签"图形按钮,采用与前面相似的方法在表单的 Text1 对象前建立一个名为"Label1"的标签对象。在属性窗口的"布局"选项卡中,修改它的"Caption"属性为"学号",并在"AutoSize"上双击以设定这个属性为. T.。

（2）添加"姓名"字段

在数据环境窗口中的"姓名"字段上按下鼠标左键不放,将其拖动到表单上 Text1 对象的下方,释放鼠标按钮,则在表单上创建了一个文本框对象"txt 姓名"和一个名为"姓名"的标签。查看"txt 姓名"的"ControlSource"属性,已自动设置为"学生情况.姓名"。这种方式设置的对象将自动与字段相关联。可以把"数据环境"窗口中的"学生情况"表里剩下的字段全部以这种方式拖到表单上去。

（3）修改性别字段

由于性别字段的取值范围是确定的,只能是"男"或"女",因此改用选项按钮组与性别字段相关联。删除"txt 性别"文本框对象,并建立一个选项按钮组对象。可以看到它包含两个选项按钮对象:"Option1"和"Option2"。将这两个对象的"Caption"属性分别设置为"男"和"女","AutoSize"设为". T."。接着改变选项组（Optiongroup1）的"ControlSource"值为"学生情况.性别"。这样在用户需要增加或者修改数据时,只需用鼠标进行选择,不必输入汉字,既方便操作,又能防止输入非法的值。

（5）修改所在系代码字段

"学生情况"表的所在系代码字段存储的是学生所在系的代码,但若要录入人员记住每个系的代码显然不可行。一种理想的方法是:在表单上用组合框显示系的名称,方便录入与修改。而为此需在表中插入代码,需重新设计表单的数据环境。

这里我们在项目管理器中新建一张"系代码"表,设置两个字段"代码"和"名称",并录入相关信息。然后调出表单设计器,激活数据环境窗口,在窗口空白处单击鼠标右键,利用快捷菜单的"添加"项加入"系代码"表。回到表单设计器中,将名为"所在系代码"的标签对象的"Caption"值改为"所在系",删除"txt 所在系代码"文本框对象,建立一个组合框对象"Combo1",并按照表 7 - 14 修改其属性。

表 7 - 14　所在系代码字段属性

属 性 名 称	属 性 值
ControlSource	学生情况. 所在系代码
RowSourceType	6 - 字段
RowSource	系代码. 名称,代码
Style	2 - 下拉列表框
ColumnCount	2
BoundColumn	2

"Style"属性决定了组合框对象的类型:下拉组合框和下拉列表框。在下拉列表框中,用户只能从已有的项中选择一项;而在下拉组合框中,除了选择已有的项外,用户还能直接在组合框中输入一个新项。"RowSourceType"和"RowSource"属性决定了控制数据的来源,前者决定数据源的类型,后者决定具体的数据源。

设置"RowSourceType"为 6 是可以在组合框中使用表的字段;设置"ColumnCount"为 2 是为了在组合框中同时显示两列。这里"RowSource"和"BoundColumn"属性的设置是解决问题的关键,前者为列表指定了两个列的数据源,后者将第二个列的数据源与"ControlSource"属性值关联到了一起。

4) 向表单添加控制

仅有字段的表单还不完善,要使表单能很好地运用,还须添加一些控制,实现诸如关闭表单、移动记录指针等功能。

(1) 添加命令按钮

先添加一个命令按钮来关闭表单。在"表单控制"工具栏上选择"命令按钮",然后在表单上创建一个命令按钮对象,对象名缺省为 Command1,改变其"Caption"属性为"退出"。鼠标双击该按钮,打开如图 7 - 23 所示的代码窗口。该窗口上部分为对象选择框和事件选择框,下部分为代码输入区。在 Click 事件中输入如下关闭表单的代码:

Thisform. Release　　 && 调用表单的 Release 方法来关闭表单

(2) 添加命令按钮组

为了实现移动指针的功能,再向表单添加一个命令按钮组对象,该对象缺省名为 CommandGroup1,包含两个命令按钮 Command1 和 Command2。创建激活代码,为命令按钮组 CommandGroup1 对象的 Click 事件输入如下代码:

DO CASE
　　CASE THIS. Value=1　　　 &&.Vaule 属性指明单击了哪个按钮
　　　　Skip - 1　　　　　　　 && 记录指针向前移动一个记录

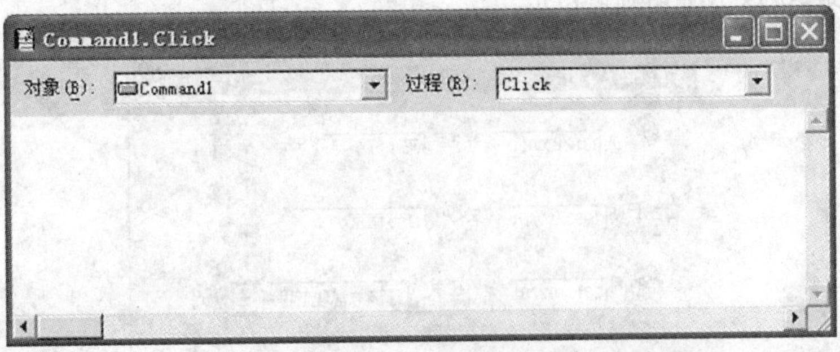

图 7 - 23 对象的代码窗口

```
    If Bof()                        && 记录指针在表头,则 Bof()返回.T.,否则返回.F.
      GO Top                        && 记录指针移动到第一个记录
    Endif
    Thisform. Refresh
  CASE THIS. Value＝2
    Skip 1                          && 记录指针向后移动一个记录
    If Eof()                        && 记录指针在表尾,则 Bof()返回.T.,否则返回.F.
      Go Bottom                     && 记录指针移动到末一个记录
    Endif
    Thisform. Refresh
ENDCASE
```

使用 SKIP 命令移动记录指针,并不会改变表单上字段值的显示,因此最后一行语句的作用是调用表单的 Refresh 方法来更新字段的显示,使它们显示移动指针记录后当前记录的值。如果只单击命令组,而没有单击某一个按钮,Value 属性值仍为上一次选定的命令按钮。

下面按表 7 - 15 修改命令按钮组中两个按钮的属性,并将表单的"ShowTips"属性改为.T.。鼠标右键单击"CommandGroup1"对象,选择快捷菜单中的"编辑",待 CommandGroup1 对象周围出现蓝绿色的环绕框后,选中里面的 Command1 和 Command2 对象调整它们的大小和位置。表 7 - 15 中 wzback. bmp 和 wznext. bmp 两个文件位于 Visual Foxpro 安装目录 wizards 文件夹的 wizabmps 文件夹里。这里还可以按自己的喜好改变命令按钮组的"Back-Style"和"BoarderStyle"属性。这样就形成了两个图形按钮。

表 7 - 15 命令按钮的属性

对象 属性	Command1	Command2
Caption	为空,显示为(无)	为空,显示为(无)
Picture	wzback. bmp	wznext. bmp
ToolTipText	上一条记录	下一条记录

5) 运行表单

至此我们已创建了一个简单的表单,只要运行该表单,就能对"学生情况"表进行查询和修改了。保存表单,单击工具栏上的运行按钮,可以看到如图 7 - 24 所示的表单。我们可以尝试查询和修改记录,按退出按钮则可以退出该表单。

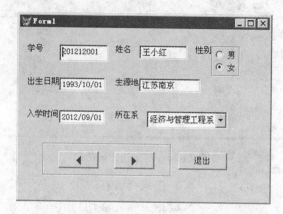

图 7-24　运行的表单

7.5.3　报表设计

除了屏幕输出外,打印报表是用户获取信息的另一条重要途径。Visual FoxPro 向用户提供了设计报表的可视化工具——报表设计器。在报表设计器中,可以直接从项目管理器,或者数据环境中将需要输出的表或字段拖放到报表中,可以添加线条、矩形、圆角矩形、图像等控件,通过鼠标的拖拽就能改变控件的位置和大小。VFP 提供了多种多样的方式显示表的内容,而且不需要进行任何的编程,只要极少量的工作就能使项目取得显著的进展。

1) 报表设计器

在命令窗口输入"CREATE REPORT",按回车键后就打开了报表设计器。同时"报表"菜单条也自动添加到系统菜单上,"报表控件"工具栏、"报表设计器"工具栏也被默认显示在 Visual FoxPro 主窗口下,如图 7-25 所示。

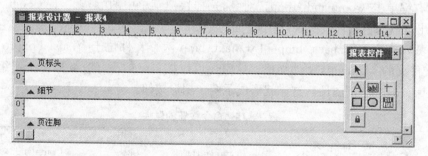

图 7-25　报表设计器

要在报表中输出的内容被放在报表设计器窗口内。根据输出内容的性质不同,系统将其分成了多个带区,在一个报表创建时默认有三个带区,它们分别为:

(1)"页标头":该带区的内容在每页的顶端打印一次,用来说明该列细节区的内容,通常就是该列所打印字段的字段名。

(2)"细节":细节带区紧随着在页标头内容之后打印,是报表的最主要带区,用来输出标中记录的内容,打印次数由实际输出的表中的记录数决定,每条记录打印一次。

(3)"页注脚":与页标头类似,每页只打印一次,但它是打印在每页的尾部,可用于显示打印小计、页号等。

如果需要，还可以增加带区。通过菜单项能够设置增加两个带区：

(1)"标题"每个报表只打印一次，打印在报表的最前面。如果需要，它可以在分开的页上打印。

(2)"总结"：每个报表只打印一次，打印在细节区的尾部，一般用来打印整个报表中数值字段的合计值。

如果对报表进行了分组或是设计成多栏打印，则还会自动增加"组标头"、"组注脚"和"列标头"和"列注脚"，它们的作用与"页标头"、"页注脚"相似，分别在每个组或列的开始与结尾部分打印一次。

通过拖动分隔带区的带区条，可以随时改变每个带区的高度，如果要精确地设置带区的高度，双击带区条打开设置"带区条高度"对话框，在对话框中输入带区的高度值即可。

2) 报表向导

我们可以通过向新报表各个带区添加所需要的控件来完成报表设计，但更直接有效的方法是使用向导来快速生成报表原型，然后在此基础上进行修改完善。

Visual FoxPro 中有三种报表向导：单一表、分组/总计和一对多。每个会生成不同类型的报表，并示范了报表设计器许多功能中的一部分。

下面我们以单一表报表向导为例来进行介绍。

在"学生情况"项目管理器的"文档"选项卡中，选定"报表"，单击"新建"命令按钮，再单击"报表向导"命令，双击"报表向导"列表项后就进入了"报表向导"界面。在"步骤 1—字段选取"中选定学生情况表的全部字段。在"步骤 2—选择报表样式"中选取"经营式"。在"步骤 3—定义报表布局"中进行如下设置：列数：2，字段布局：行，方向：纵向。在"步骤 4—排序记录"中选定索引为"学号"。在"步骤 5—完成"中选择"保存后在报表设计器中修改"，并以"学生情况简表"作为报表标题，单击"完成"按钮；在弹出的"另存为"对话框中选择需要保存的目录，将报表命名为"学生情况简表"，单击"保存"命令后可以看到完成的报表，如图 7-26 所示。

3) 修改报表

在预览时，我们发现"所在系代码"不适合出现在报表内，最好的方式是显示所在系系名，这时我们就需要对报表进行修改。

首先我们用"报表设计器"工具栏中的"数据环境"图标按钮打开数据环境，可以看到"学生情况简表"已经被自动加入其中，如图 7-27 所示。

为了在报表中显示系的名称而不是代码，还须将"系代码"表加入到数据环境中，并建立这两个表之间的关系。

加入"系代码"表后，在"学生情况"表的"所在系代码"字段上按下鼠标左键，拖动到"系代码"表的"代码"字段释放，这时系统弹出一个对话框，询问是否要创建一个索引，因为还没有为"系代码"表建立索引，所以无法直接建立关系。选择"确定"创建索引，关系被建立，如图 7-28 所示。

回到报表设计器，利用"报表控件"工具栏中"标签"图形按钮将"所在系代码"改为"所在系"，并双击其旁边的"所在系代码"域控件，则会弹出"报表表达式"对话框，单击"表达式"框右边的命令按钮，打开表达式生成器，在字段列表中，双击"系代码.名称"字段，待其出现在"报表字段的表达式"编辑框中后，单击"确定"按钮回到报表设计器窗口。

这样我们就完成了修改，如果对报表的布局不满意，还可以利用网格线、"布局"工具栏、系

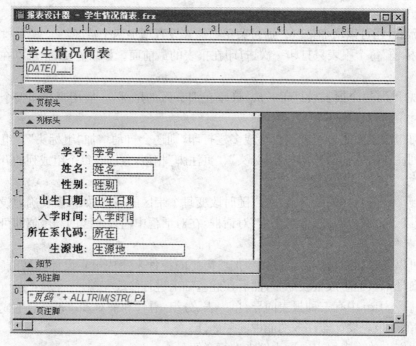

图 7 – 26　报表设计器

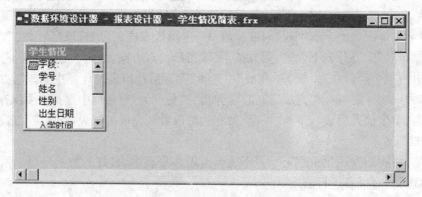

图 7 – 27　报表设计器中的数据环境

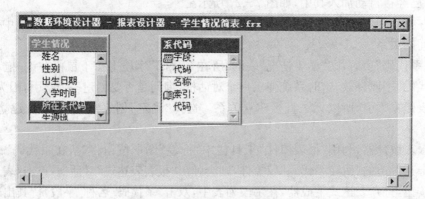

图 7 – 28　表之间的关系

统的"格式"菜单以及"调色板"工具栏来美化报表。

7.6 菜单设计

菜单是应用程序的一个重要组成部分,菜单即是一系列选项,每个菜单项对应一个命令或程序,能够实现某种特定的功能。由一个内部名字和一组菜单选项组成。

Visual FoxPro 支持两种类型的菜单,条形菜单和弹出式菜单,条形菜单的菜单选项由一个名称(标题)和内部名字组成,弹出式菜单的菜单选项由一个名称和选项序号组成。

Visual FoxPro 的菜单系统由四部分组成,分别为菜单栏(Menu Bar)、菜单标题(Menu Title)、菜单(Menu)、菜单项(Menu Item)。

7.6.1 规划和设计菜单

创建一个菜单系统包括以下步骤:
- 菜单系统规划;
- 创建菜单和子菜单;
- 菜单系统指定任务;
- 生成菜单程序;
- 运行及测试菜单系统。

菜单规划和设计过程中,必须根据用户所要执行的任务来组织菜单系统,给每个菜单和菜单项设置一个有意义的标题和简短提示,并且预先估计各菜单项的使用频率,然后进行组织。对同一个菜单中的菜单项进行逻辑分组,使一个菜单中的菜单项尽可能在一个屏幕显示,为菜单和菜单项设置访问键或快捷键等。

7.6.2 创建菜单的方式

在 Visual FoxPro 的命令窗口输入"CREATE MENU"命令并按回车键;或者打开"项目管理器",选择"其他"选项卡,选择"菜单"选项,单击"新建"按钮,系统弹出"新建菜单"对话框,单击"菜单"按钮,系统打开"菜单设计器"窗口,如图 7-29 所示。

在菜单设计器中,首先在"菜单名称"文本框输入要创建的菜单或者菜单项的名称,然后在"结果"组合框中选择适当的选项。"结果"组合框用于确定要创建的菜单或菜单将要完成何种功能,共有以下 4 个选项:

"命令":用于在其后显示的文本框中输入一条命令,该命令与创建的菜单项意义对应。

"填充名称":用于在其后显示的文本框中为菜单项命名,该名称用来供其他程序调用,缺省情况下,系统将自动为每一个菜单项命名。

"子菜单":用于创建一个子菜单。选择子菜单选项后,单击其后的"创建"按钮,可以建立一个子菜单。

"过程":用于为创建的菜单项建立一个对应的过程程序。选择"过程"选项以后,单击其后的"创建"按钮,可以建立一个过程程序。

在菜单设计器中,单击"插入"按钮可在当前菜单或者菜单项之前插入一个新的菜单或菜

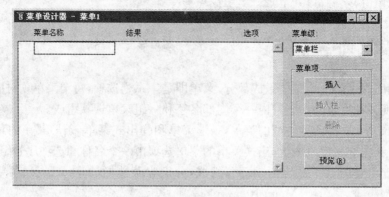

图 7－29　菜单设计器

单项；单击"删除"按钮可以删除当前菜单或菜单项；单击"预览"可在运行菜单前预览菜单的实际效果；"菜单级"组合框用于确定当前设计的主菜单，提供了由较低一级的菜单返回上一级菜单的途径。

在菜单设计完成后，若要使用该菜单或快捷菜单，须生成菜单程序，生成的菜单扩展名为 . MPR。调用菜单程序时，在程序或者命令窗口中执行命令：

DO MenuFileName(菜单程序文件名. MPR)

课后习题

一、单项选择题

1. 下列有关各种表达运算说法错误的是(　　)。

    A. 字符型运算符有"—"、"＋"、"＄"，它们的运算结果均为字符

    B. 关系运算的结果只有两种

    C. 逻辑运算的结果只有两种

    D. 各种运算的优先级别由高到低的次序为：数值型和字符型、字符串型、关系型、逻辑型

2. MOD(9.1,－2)的结果为(　　)。

    A. 1.1　　　　　　　　B. 0.9　　　　　　　　C. －1.1　　　　　　　　D. －0.9

3. 下列命令中，不是对表记录修改的是(　　)。

    A. BROWSE　　　　　B. EDIT　　　　　　　C. CHANGE　　　　　　D. MODIFY

4. 下列有关索引的说法，错误的是(　　)。

    A. 索引能提高更新的速度　　　　　　　　B. 索引能提高查询的速度

    C. 索引可能降低更新的速度　　　　　　　C. 索引与排序具有不同的意义

5. 下列有关查询设计器说法不正确的是(　　)。

    A. 创建的查询文件可以 . QPR 为扩展名保存在外存上

    B. 创建查询所基于的源表可以是数据库表或自由表

    C. 创建的查询文件实际是一条 SQL 语句

    D. 创建的查询文件实际是某一格式的表

6. 下列有关视图，说法错误的是(　　)。

    A. 视图仅是从数据库的一个或多个表或视图中导出的一种定义，本身不保存数据

    B. 基于一个数据库表的视图称为单表视图，否则为多表视图

    C. 使用视图可以查阅需要的数据，也可更新数据并保存到相关表中

    D. 视图的数据基源可以是数据库表或自由表

7. 报表打印命令是(　　)。

　　A. PRINT　　　　　　B. REPORT　　　　　C. COPY　　　　　　D. TYPE

8. 统计表中记录数的命令是(　　)。

　　A. AVERAGE　　　　　B. SUM　　　　　　C. TOTAL　　　　　　D. COUNT

二、简答题

1. Visual FoxPro6.0 的工作方式哪几种?

2. Visual FoxPro 的主要数据类型哪几种?

3. 查询和视图的区别有哪些?

4. 什么是容器? 什么是控件?

5. Visual FoxPro 变量的命名规则有哪些?

8 SQL Server 数据库操作与应用

【本章学习目的和要求】
◇ 掌握 SQL Server 的基本概念。
◇ 掌握 SQL Server 的基本数据库操作命令。
◇ 掌握 Transact-SQL 语言基础概念。
◇ 掌握 SQL Server 的函数和表达式。

8.1 SQL Server 概述

SQL Server 是关系数据库管理系统(Relational Database Management System, RD-BMS)。关系数据库的发展史可以追溯到 1960 年,IBM 公司的 E. F. Codd 第一次引入了关系数据库结构和结构化英文查询语言(Structured English Query Language, SQL)的基本原理。RDBMS 实际上相当简单,就是改进并增强当时其他数据库中相当普遍的数据完整性问题,以减少重复数据,从而降低成本。

RDBMS 是用于存储和检索数据的系统,在该系统中,数据被组织到相互关联的表中。关系数据库在很长时间内没有发生实质性变化,直到 20 世纪 70 年代中后期,世界上才出现了真正的关系数据库产品,如 Oracle 和 Sybase。这些系统不仅提供了一种新的管理数据库结构的方法,而且能在多平台上运行,可以实现在多系统之间共享数据。20 世纪 80 年代,美国国家标准化组织(American National Standards Institute, ANSI)制定了 SQL 语言规范,ANSI-SQL 的诞生,预示着 RDBMS 计算领域的关键时刻的到来。ANSI 规范定义了各种系统之间的兼容性。这意味着不同厂家的产品将具有更好的兼容性,也意味着可以在一个 RDBMS 中嵌入多种专业技术。这对增加 SQL 领域的开发者数量产生了很大的推进作用。

微软公司的 SQL Server 最初起源于 Sybase 的 SQL Server。1989 年,微软与 Sybase 联合开发了一个用于 OS/2 版的 SQL Server。1993 年,它们将 4.2 版的 SQL Server 移植到 Windows NT 上。6.0 版推出后,这种合作关系解除。6.5 及以后版本的 SQL Server 已经成为微软的专有产品,并首次包含了"复制"的内容,微软通常将这一版本称为 SQL Server 变革历程中的第一代产品。在 7.0 版中,微软对该产品进行了彻底重写,并取得了很大成功,从而使该产品成为第一个可以用于 Windows 9x 的产品(目前,SQL Server 中几乎没有保留 Sybase 的原代码),而且重新架构了关系型服务器,实现了广泛的自动资源管理。在 2000 版中,微软修补了 7.0 版存在的漏洞,并增加了许多新的功能,改进了系统性能,提高了系统可伸缩性,支持 XML 语言编程功能等,支持联机分析处理(OLAP)及数据压缩、转换和加载(Extract/Transformation/Load, ETL),这是 SQL Server 变革历程中的第二代产品。弥补了以前几个版本的缺陷与不足。

SQL Server 2005 基于 SQL Server 2000,在可用性、易用性、可靠性、编程能力和性能等方面都有所扩展,另外,SQL Server 2005 的许多新特性使其在大型联机事务处理(Online Transactional Processing,OLTP)、数据仓库和电子商务等应用方面成为一种最优秀的数据库平台。

　　SQL Server 2005 的组成比较复杂,主要包括企业数据管理、开发产品、管理工具三大类,其中企业数据管理包括管理工具、复制服务、通知服务和关系数据库的一部分,开发产品有 Visual Studio,综合业务包括综合服务、分析服务及报表服务等。

　　SQL Server 2005 使用 Microsoft Visual Studio 实现,可以部署使用 Microsoft SQL Server 2005 Mobile Edition(SQL Server Mobile)的应用程序。Microsoft Visual C++ for Devices 是 Visual Studio 2005 套件的一部分。在该开发环境下,用户可以开发自己的产品,包括基于.NET 的开发。SQL Server 2005 提供了设计、开发、部署和管理关系数据库、Analysis Services 多维数据集、数据转换包、复制拓扑、报表服务器和通知服务器所需的工具。

8.2　SQL Server 数据库的基本概念

8.2.1　数据库对象

　　数据库是数据、表及其他数据对象的集合。在 SQL Server 中,主要有如下一些对象:
- 表:存放各种数据的载体。
- 约束:强制实现数据完整性的方法。
- 默认值:用户没有给出明确的列值时,由系统自动给出的数据值。
- 规则:当向表的某一列插入或更新数据时的限定取值范围。
- 索引:实现数据快速检索并强制实现数据完整性的一种存储方法。
- 视图:查看数据库中一个或多个表或视图中数据的一种方法。
- 存储过程:一组预先编译好的能实现特定数据操作功能的 SQL 代码集。
- 触发器:一种特殊的存储过程,在用户向表中插入、更新或者删除数据时自动执行。

8.2.2　SQL Server 数据库对象的引用

　　SQL Server 对象的完整名称包括 4 个标识符:服务器名称、数据库名称、所有者名称和对象名称。引用 SQL Server 数据库对象命令格式如下:
Server. Database. Owner. Object

8.2.3　系统表

　　系统表是指用于存储系统和数据库中对象信息的表。系统表以 sys 为前缀,表 8-1 列出了几个常用的系统表及功能。

表 8-1　常用的系统表及功能

系 统 表	所在数据库	功　　能
syslogins	master	含有每一个连接到 SQL Server 的登录账户信息
sysmessages	master	由 SQL Server 返回的系统错误或警告信息
sysdatabases	master	每个数据库的相关信息
sysusers	所有库	每个数据库中的每个 Windows 用户、用户组、SQL Server 用户、SQL Server 角色的相关信息
sysobjects	所有库	数据库中每个数据库对象的相关信息

8.2.4　系统存储过程

为了使用户更容易地查看服务器及数据库对象的状态信息,SQL Server 提供了一组预先编译好的查询,称为系统存储过程。系统存储过程一般以 sp_开始,表 8-2 列出了常用的系统存储过程及功能。

表 8-2　常用的系统存储过程及功能

系统存储过程名	功　　能
sp_help[object_name]	查看指定数据库对象的信息
sp_help[database_name]	查看指定数据库的信息
sp_who['login']	查看指定登录用户的信息

8.2.5　系统函数

系统函数提供了从系统表查询相关信息的方法。如系统函数 DB_ID(database_name)返回数据库 ID,USER_NAME(ID)则返回用户的名字。

8.3　SQL Server 数据库操作

SQL 是结构化查询语言(Structure Query Languages)的英文缩写,是关系模型的数据库应用语言。Transact-SQL 语言是 Microsoft 公司在关系型数据库管理系统 SQL Server 中实现的一种计算机高级语言,是微软对 SQL 的扩展。Transact-SQL 语言具有 SQL 的主要特点,同时增加了变量、运算符、函数、流程控制和注释等语言元素,使得其功能更加强大。Transact-SQL 语言对 SQL Server 十分重要,SQL Server 中使用图形界面能够完成的所有功能,都可以利用 Transact-SQL 语言来实现。使用 Transact-SQL 语言操作时,与 SQL Server 通信的所有应用程序都通过向服务器发送 Transact-SQL 语句来进行,与应用程序的界面无关。

在 Transact-SQL 语言中,标准的 SQL 语句畅通无阻。Transact-SQL 也有类似于 SQL 语言的分类,不过做了许多扩充。

8.3.1 常量与变量

常量,也称为文字值或标量值,是表示一个特定数据值的符号。常量的格式取决于它所表示的值的数据类型。表8-3列出了Transact-SQL语言的几种常用常量。

表8-3 Transact-SQL 语言常用常量

常 量	说 明	示 例
字符串常量	字符串常量括在单引号内	'Hamsun'
Unicode 字符串	Unicode 字符串的格式与普通字符串相似,但它前面有一个 N 标识符	N'Hamsun'
二进制常量	二进制常量具有前辍 0x,并且是十六进制数字字符串	0x12Ef
bit 常量	bit 常量使用数字 0 或 1 表示,并且不括在引号中	0、1
datetime 常量	datetime 常量使用特定格式的字符日期值来表示,并被单引号括起来	'December 5,2012'
Integer(int)常量	integer 常量以没有用引号括起来并且不包含小数点的数字字符串来表示	1868、20125621
decimal 常量	decimal 常量由没有用引号括起来并且包含小数点的数字字符串来表示	1868.1056
float 和 real 常量	float 和 real 常量使用科学记数法来表示	101.5E5、0.5E-2
money 常量	money 常量以前缀为可选的小数点和可选的货币符号的数字字符串,不使用引号括起	$5428423.12、￥70
uniqueidentifier 常量	uniqueidentifier 常量是表示 GUID 的字符串,可以使用字符或二进制字符串格式指定	'3F9FFB42D-00C044FF'、0xff20126f8964ff

变量对于一种语言来说是必不可少的组成部分。Transact-SQL 语言允许使用两种变量,一种是用户自己定义的局部变量(Local Variable),另一种是系统提供的全局变量(Global Variable)。

局部变量是用户自己定义的变量,它的作用范围仅在程序内部。通常只能在一个批处理程序或存储过程中使用,用来存储从表中查询到的数据,或当作程序执行过程中的暂存变量使用。局部变量使用 DECLARE 语句定义,并且要指定变量的数据类型,使用 SET 或 SELECT 语句为变量初始化;局部变量必须以"@"开头,而且必须先声明后使用。

其声明格式如下:

DECLARE @变量名 变量类型[,@变量名 变量类型…]

其中变量类型可以是 SQL Server 支持的所有数据类型,也可以是用户自定义的数据类型。

全局变量是 SQL Server 2000 系统内部使用的变量,其作用范围不局限于某一程序,而是任何程序均可随时调用。全局变量通常存储一些 SQL Server 2000 的配置设置值和效能统计数据。用户可在程序中用全局变量来测试系统的设定值或者 Transact_SQL 命令执行后的状态值。引用全局变量时,全局变量的名字前面要有两个标记符"@@"。不能定义与全局变量同名的局部变量。从 SQL Server 7.0 开始,全局变量就以系统函数的形式使用。全局变量及其功能如表 8-4 所示。

表 8-4   全局变量及其功能

全 局 变 量	功　　能
@@CONNECTIONS	自 SQL Server 最近一次启动以来登录或试图登录的次数
@@CPU_BUSY	自 SQL Server 最近一次启动以来 CPU Server 的工作时间
@@CURRSOR_ROWS	返回本次连接最新打开的游标中的行数
@@DATEFIRST	返回 SET DATEFIRST 参数的当前值
@@DBTS	数据库的唯一时间标记值
@@ERROR	系统生成的最后一个错误,若为 0 则成功
@@FETCH_STATUS	最近一条 FETCH 语句的标志
@@IDENTITY	保存最近一次的插入身份值
@@IDLE	自 CPU 服务器最近一次启动以来的累计空闲时间
@@IO_BUSY	服务器输入/输出操作的累计时间
@@LANGID	当前使用的语言的 ID
@@LANGUAGE	当前使用的语言的名称
@@LOCK_TIMEOUT	返回当前锁的超时设置
@@MAX_CONNECTIONS	同时与 SQL Server 相连的最大连接数量
@@MAX_PRECISION	十进制与数据类型的精度级别
@@NESTLEVEL	当前调用的存储过程的嵌套级,范围为 0~16
@@OPTIONS	返回当前 SET 选项的信息
@@PACK_RECEIVED	所读的输入包数量
@@PACKET_SENT	所写的输出包数量
@@PACKET_ERRORS	读与写数据包的错误数
@@RPOCID	当前存储过程的 ID
@@REMSERVER	返回远程数据库的名称
@@ROWCOUNT	最近一次查询涉及的行数
@@SERVERNAME	本地服务器名称
@@SERVICENAME	当前运行的服务器名称
@@SPID	当前进程的 ID
@@TEXTSIZE	当前最大的文本或图像数据大小

全 局 变 量	功 能
@@TIMETICKS	每一个独立的计算机报时信号的间隔(ms)数,报时信号为 31.25 ms 或 1/32 s
@@TOTAL_ERRORS	读与写过程中的错误数量
@@TOTAL_READ	读磁盘(不是高速缓存)次数
@@TOTAL_WRITE	写磁盘次数
@@TRANCOUNT	当前用户的活动事务处理的总数
@@VERSION	当前 SQL Server 的版本号

8.3.2 运算符

运算符是一种符号,用来指定要在一个或多个表达式中执行的操作。表 8 - 5 给出了 Transact-SQL 常用的运算符。

表 8 - 5 Transact-SQL 常用的运算符

运 算 符	说 明
算术运算符	+(加)、-(减)、*(乘)、/(除)、%(求余)
赋值运算符	等号（=）是唯一的 Transact-SQL 赋值运算符
位运算符	&(位与)、|(位或)、^(位异或)
比较运算符	=(等于)、>（大于)、<（小于)、>=(大于等于)、<=(小于等于)、<>（不等于)
逻辑运算符	逻辑运算符对某些条件进行测试,以获得其真实情况。逻辑运算符和比较运算符一样,返回带有 TRUE、FALSE 或 UNKNOWN 值的 Boolean 类型数据
字符串串联运算符	加号（+）是字符串串联运算符,可以用它将字符串串联起来。其他所有字符串操作都使用字符串函数(如 SUBSTRING)进行处理

8.3.3 SQL Server 基本命令

1) 使用 CREATE TABLE 语句创建数据表

CREATE TABLE 语句用于创建数据库中的表。其语句格式如下:

CREATE TABLE table_name
　　(column_name data_type
　　　{[NULL | NOT NULL]
　　　[PRIMARYKEY | UNIQUE]
　　　}
　　[,…n]
　　)

其中：

- table_name：所创建的表名。
- column_name：字段名。
- data_type：字段的数据类型。
- NULL | NOT NULL：允许空或者不允许空，默认为允许空。
- PRIMARY KEY | UNIQUE：字段设置为主码或者设置字段值是唯一的。UNIQUE 约束允许为 NULL 值。

2）使用 ALTER TABLE 语句修改表结构

ALTER TABLE 语句用于在已有的表中添加、修改或删除列。通过更改、添加、删除列来修改表的定义。其语法结构如下：

ALTER TABLE table_name

  ALTER COLUMN column_name new_data_type [NULL | NOT NULL]

  | ADD column_name data_type_definition [NULL | NOT NULL] [,…n]

  | DROP COLUMNcolumn_name [,…n]

其中：

- table_name：要修改的表的名字。
- column_name：在操作中修改或增加的列的名字。
- new_data_type：如果要修改表中存在的列，必须指定与该列相兼容的新数据类型。
- data_type_definition：新增列的数据类型。

3）使用 DROP TABLE 语句删除数据表

DROP TABLE 语句的作用是将指定的表从数据库中删除。其语法结构如下：

DROP TABLE table_name

其中：

- table_name：所删除的表名。

4）使用 INSERT 语句添加记录

INSERT 语句的功能是将新记录添加到表或视图中。其语法结构如下：

INSERT [INTO] <表名> [(<字段1> [,<字段2> …])]

VALUES (<常量1> [,<常量2> …])

5）使用 UPDATE 语句修改记录

UPDATE 语句用于修改指定表中满足某些条件的记录。其语法结构如下：

UPDATE <表名>

  SET <字段1>=<表达式1> [,<字段1>=<表达式2> […]]

  [WHERE <修改的条件>]

6）使用 DELETE 语句删除记录

DELETE 语句用于删除指定表中满足某些条件的记录。其语法结构如下

DELETE

  FROM <表名>

  [WHERE <删除的条件>]

7）SELECT 查询语句

SELECT 在任何一种 SQL 语言中，都是使用频率最高的语句。SELECT 语句的作用是

让数据库服务器根据客户端的要求搜寻出用户所需要的信息资料，并按用户规定的格式进行整理后返回给客户端。用户使用 SELECT 语句除可以查看普通数据库中的表格和视图的信息外，还可以查看 SQL Server 的系统信息。SELECT 语句的格式如下：

SELECT< 字段名列表 | * >
　　FROM <表名 1> [,<表名 2> [,…]]
　　　　[WHERE <筛选条件表达式>]
　　　　[GROUP BY <分组表达式> [HAVING <分组条件表达式>]]
　　　　[ORDEY BY <字段> [ASC | DESC]]

其中：
- 用 DISTINCT 列出某些字段的值，去掉重复的记录。
- SELECT 语句 SELECT 子句、FROM 子句和 WHERE 子句组成的查询块。
- 整条 SELECT 语句的含义：根据 WHERE 子句的<筛选条件表达式>，从 FROM 子句指定的表中找出满足条件的记录，再按 SELECT 子句中指定的字段次序，选出记录中的字段值，构造一个显示结果表。
- 如果有 GROUP BY 子句，则将结果按<分组条件表达式>的值进行分组，该值相等的记录为一个组。
- 如果 GROUP BY 子句带 HAVING 短语，则只有满足<分组条件表达式>的组才会输出。
- 如果有 ORDER BY 子句，则显示结果按<字段>值的升序或降序进行排序。

8.4　SQL Server 的表达式和函数

8.4.1　表达式

表达式是标识符、值和运算符的组合，SQL Server 可以对其求值以获取结果。访问或更改数据时，可在多个不同的位置使用。例如，可以将表达式用作要在查询中检索的数据的一部分，也可以用作查找满足条件的数据时的搜索条件。

在【例 8 - 1】中，查询使用了多个表达式，例如，Name、SUBSTRING、ProductNumber、ListPrice 和 1.5。

【例 8 - 1】

```
USE AdventureWorks；
GO
SELECT Name,
    SUBSTRING('This is a long string',1,5) AS SampleText,
    ProductNumber,
    ListPrice * 1.5 AS NewPrice
FROM Production. Product；
```

8.4.2　函数

在数据库的日常维护和管理中,函数的使用非常频繁。正确地使用函数可以帮助用户获得系统的有关信息、进行数学计算、统计、简化数据的查询。值得注意的是,使用函数时,无论是查询数据,还是查看系统信息,都一定要在函数前加上 SELECT。直接使用函数,系统会报错。

SQL Server 2005 给用户提供了功能全面、种类丰富的函数,常用的函数可以分为以下几类:

- 数学函数
- 字符串函数
- 转换函数
- 日期时间函数
- 系统函数
- 集合函数

1) 数学函数

使用数学函数可以实现各种数学运算。SQL Server 2005 中提供了多种数学函数,如表 8-6 所示。

表 8-6　数学函数

函　　数	功　　能
ABS(numeric_expression)	返回表达式的绝对值
SIN(float_expression)	返回表达式的正弦值
COS(float_expression)	返回表达式的余弦值
TAN(float_expression)	返回表达式的正切值
ASIN(float_expression)	返回表达式的反正弦值
ACOS(float_expression)	返回表达式的反余弦值
ATAN(float_expression)	返回表达式的反正切值
EXP(float_expression)	返回表达式的指数值
SQRT(float_expression)	返回表达式的平方根
RAND(int_expression)	返回 0～1 之间的随机 float 值
ROUND(numeric_expression,length)	Length 为正,对 numeric_expression 的小数按 length 位四舍五入;Length 为负对 numeric_expression 从小数点左边 length 位四舍五入
SIGN(numeric_expression)	返回表达式的符 BC 正(+1)、零(0)、负(-1)
POWER(numeric_expression,y)	返回表达式乘指定次方的值
EXP(float_expression)	返回 float 表达式的指数值
LOG(float_expression)	返回 float 表达式的自然对数
LOG10(float_expression)	返回 float 表达式的以 10 为底的对数
PI()	返回 π 的常量值 3.14159265358979

【例 8 - 2】 执行如下函数,观察执行结果。

SELECT abs(-2),abs(1.2),sqrt(16),power(4,2)

执行结果分别为:

2　1.2　4　16

【例 8 - 3】 执行如下函数,观察分析执行结果。

SELECT rand(2)

SELECT round(-121.88888,2),round(-121.88888,-2)

执行结果分别为:

0.7136106261841817

-121.89000　-100.00000

本例第一行是产生一个 0~1 的随机数;第二行是对-121.88888 四舍五入,由于第一个 ROUND() 函数和第二个 ROUND() 函数的参数分别为 2 和-2,故得出的结果不一样。

2) 字符串函数

在数据库中使用最多的数据类型除了数值型以外就是字符串类型,所以 SQL Server 2005 提供了许多处理字符串的字符串函数。使用字符串函数可以实现对字符串的分析查找、转换等功能。在实际的编程工作中,字符串函数使用得特别多,大家必须给予足够的重视。

SQL Server 2005 中提供了多种字符串函数,表 8 - 7 列出了常用字符串函数的函数名、函数的参数及函数的功能。字符串函数分为以下 4 大类:

基本字符串函数:UPPER、LOWER、SPACE、REPLICATE、STUFF、REVERSE、LTRIM、RTRIM。

字符串查找函数:CHARINDEX、PATINDEX。

长度和分析函数:DATALENGTH、SUBSTRING、RIGHT。

转换函数:ASCII、CHAR、STR、SOUNDEX、DIFFERENCE。

表 8 - 7　字符串函数

函 数 名	功 能
ASCII 和 CHAR	ASCII 函数接受字符表达式最左边的字符并返回 ASCII 码。CHAR 函数把 ASCII 码的整数值转化为字符值
CHARINDEX 和 PA-TINDEX	CHARINDEX 函数用于返回一个字符串在另外一个字符串中的起始位置。PATINDEX 函数和 CHARINDEX 相似,只是 PATINDEX 允许在指定要搜索的字符串的时候使用通配符
DIFFERENCE 和 SOUN-DEX	DIFFERENCE 和 SOUNDEX 都用于计算发音相似的字符串。SOUNDEX 为字符串分配一个 4 位数字码,DIFFERENCE 计算两个独立字符串的 SOUND-EX 输出的相似级别
LEFT 和 RIGHT	LEFT 函数返回字符串从左起指定字符数的一部分字符串。RIGHT 函数和 LEFT 函数相似,只是返回字符串从右起指定字符数的一部分字符串
LEN 和 DATALENGTH	LEN 函数返回字符串表达式的字符个数,不包括最后一个字符后面的空格(尾部空格)。DATALENGTH 返回表达式使用的字节数
LOWER 和 UPPER	LOWER 函数返回字符串表达式的小写形式,UPPER 函数返回字符串表达式的大写形式

函　数　名	功　　能
LTRIM 和 RTRIM	LTRIM 函数移除前导空格,RTRIM 函数移除尾部空格
NCHAR 和 UNICODE	UNICODE 函数返回字符串表达式或输入表达式的第一个字符的 Unicode 整数值。NCHAR 函数接受一个表示 Unicode 字符的整数值并把它转化为等价的字符
QUOTENAME	QUOTENAME 函数为 Unicode 输入字符串增加分隔符,使之成为一个有效的分隔标识符
REPLACE	REPLACE 函数将一个字符串中指定的字符串替换为另一个字符串
REPLICATE	REPLICATE 函数将某个字符串表达式重复指定次
REVERSE	REVERSE 函数接受一个字符串表达式并且逆序输出
SPACE	SPACE 函数根据输入参数指定的整数值返回重复空格的字符串
STR	STR 函数把数字数据转化为字符数据
STUFF	STUFF 函数删除指定长度的字符,并在指定的起始位置插入指定字符串
SUBSTRING	SUBSTRING 函数返回某个表达式中定义的一块

【例 8-4】　使用 UPPER 函数和 LOWER 函数对字符串进行大小写的变换。

SELECT upper('NANjing'),lower('NANjing')

这段代码执行的结果为:

NANJING nanjing

【例 8-5】　使用 RTRIM 和 LTRIM 函数分别去掉字符串"　2014　"右边、左边及左右两边的空格,再与"南京"及"青奥会"连接起来。

SELECT'南京'+rtrim('　2014　')+'青奥会'

SELECT'南京'+ltrim('　2014　')+'青奥会'

SELECT'南京'+rtrim(ltrim('　2014　'))+'青奥会'

这段代码执行的结果为:

南京　2014 青奥会

南京 2014　青奥会

南京 2014 青奥会

【例 8-6】　使用 SUBSTRING 函数从字符串"MIRCOSOFT SQL SERVER 2005"中返回字符串"SQL SERVER",并使用 REVERSE 函数将字符串"MICROSOFT"逆序返回。

SELECT substring('MIRCOSOFT SQL SERVER 2005',11,10)

SELECT reverse('MICROSOFT')

这段代码执行的结果为:

SQL SERVER

TFOSORCIM

【例 8-7】　执行如下函数,观察执行结果。

SELECT abs(-2),abs(1.2)

SELECT ascii('a'),ascii('A')

执行结果为:

2 1.2

97 65

第一行求的是－2和1.2的绝对值;第二行分别求a和A的ASCII码值。

8.4.3 转换函数

转换函数是一种用来将某种数据类型的表达式显式转换为另一种数据类型的函数。转换函数有两个 CAST() 和 CONVERT(),由于这两个函数功能相似,这里只介绍 CONVERT() 函数,其语法形式如下:

CONVERT(data_type[(length)],expressiom[,style])

其中:expression 为任何有效的 SQL Server 表达式;data_type 为表达式 expression 转换后的目标数据类型,它只能是 SQL Server 系统的数据类型,不能使用用户定义的数据类型;length 是 nchar、nvarchar、char、varchar、binary 或 varbinary 数据类型的可选参数,表示转换后的数据长度,最大值是 255,默认长度为 30。Style 为将日期型数据转换为字符型数据的日期格式样式或是将近似小数数据转换为字符数据的字符串格式样式。

表 8-8 给出了转换为字符型数据的 style 值,给 style 值加 100,可获得四位数字年份值(yyyy)。

表 8-8 将日期型数据转换为字符型数据的 style 参数值

不带世纪位数(yy)	带世纪位数(yyyy)	格　　　式
—	0 或 100	mon dd yyyy hh:miAM(或 PM)
1	101	mm/dd/yyyy
2	102	yy. mm. dd
3	103	dd/mm/yy
4	104	dd. mm. yy
5	105	dd-mm-yy
6	106	dd mm yy
7	107	mon dd yy
8	108	hh:mm:ss
—	9 或 109	mon dd yyyy hh:mi:ss:msAM(或 PM)
10	110	mm-dd-yy
11	111	yy/mm/dd
12	112	yymmdd
—	13 或 113	dd mon yyyy hh:mi:ss:ms(24h)
14	114	hh:mi:ss:ms(24h)

表 8-9 给出了将近似小数数据转换为字符型数据的 style 参数值及输出结果的位数。

表 8 - 9　将近似小数数据转换为字符型数据的 style 参数值

值	输　出
0(默认值)	最大为 6 位数,根据需要使用科学计数法
1	最大为 8 位值,始终使用科学计数法
2	最大为 16 位值,始终使用科学计数法

【例 8 - 8】　将系统日期转化为字符型数据。

SELECT convert(char,getdate())

SELECT convert(char,getdate(),109)

这段代码执行结果为:

12 08 2012 22:55PM

12 08 2012 22:55:25:500PM

8.4.4　时间和日期函数

使用时间和日期函数可以实现对时间数据的操作。在 SQL Server 2005 中,日期时间函数有 9 个,表 8 - 10 列出了日期时间函数名称、参数及功能。

表 8 - 10　日期和时间函数

函数名称	参　数	说　明
DATEADD()	(日期部分,数字,日期)	返回给指定日期加上一个时间间隔后的新的日期值。 数字:用于与指定的日期部分相加的值。如果指定了非整数值,则将舍弃该值的小数部分,舍弃时不遵循四舍五入 日期:指定的原日期 在此函数中 dw、dy、dd 效果一样,都表示天
DATEDIFF()	(日期部分,开始日期,结束日期)	返回两个指定日期的指定日期部分的差的整数值 在计算时由结束日期减去开始日期 在此函数中 dw、dy、dd 效果一样,都表示天
DATENAME()	(日期部分,日期)	返回表示指定日期的指定日期部分的字符串 dw 表示一星期中星期几,wk 表示一年中的第几个星期,dy 表示一年中的第几天
DATEPART()	(日期部分,日期)	返回表示指定日期的指定日期部分的整数 wk 表示一年中的第几个星期,dy 表示一年中的第几天,dw 表示一个星期中的星期几,返回的整数默认 1 为星期天
GETDATE()	无参数	返回当前系统日期和时间
DAY()	(日期)	返回一个整数,表示指定日期的天的部分。等价于 datepart(dd,日期)

函数名称	参 数	说 明
MONTH()	（日期）	返回一个整数，表示指定日期的月的部分。等价于 datepart(mm,日期)
YEAR()	（日期）	返回一个整数，表示指定日期的年的部分。等价于 datepart(yy,日期)
GETUTCDATE()	无参数	返回表示当前的 UTC 时间(世界标准时间)，即格林尼治时间(GMT)

表 8-11 列出了 SQL Server 可以识别的日期元素以及它们的含义和缩写。

表 8-11 日期元素含义及缩写

日 期 部 分	含 义	缩 写
year	年	yy,yyyy
quarter	季	qq,q
month	月	mm,m
dayofyear	天	dy,y
day	天	dd,d
week	星期	wk,ww
weekday	天	dw,w
hour	小时	hh
minute	分钟	mi,n
second	秒	ss,s
millisecond	毫秒	ms

【例 8-9】 调用 DATENAME()函数，以字符串形式显示系统当前的年、月和星期。

SELECT year_now=datename(year,getdate()),

month_now=datename(month,getdate()),

weekday_now=datename(weekday,getdate()),date_now=getdate()

这段代码执行结果如下：

year_now	month_now	weekday_now	date_now
2012	12	星期六	2012-12-08 23:21:780

【例 8-10】 使用 DATEPART()函数，以整数形式显示系统当前时间的年、月和星期。

SELECT year_now=datepart(year,getdate()),

month_now =datepart(month,getdate()),

weekday_now=datepart(weekday,getdate)

这段代码执行结果如下：

year_now	month_now	weekday_now
2012	12	6

8.4.5 系统函数

SQL Server 所提供的系统函数如表 8-12 所示。当系统函数的参数为任选项,并且省略该参数时,则该函数操作的对象是当前数据库、当前主机、当前服务器用户或当前数据库用户。

表 8-12 系统函数

函 数	功 能
DB_ID(['database_name'])	返回数据库标识(ID)号
DB_NAME(database_id)	返回数据库名
DATALENGTH(expression)	返回任何表达式所占用的字节数
HOST_ID()	返回工作站标识号
HOST_NAME()	返回工作站名称
USER_NAME([id])	返回给定标识号的用户数据库用户名
USER_ID(['user'])	返回用户的数据库标识号
CURRENT_USER	返回当前用户
IS_SRVROLEMEMBER('role'[,'login'])	指明当前的用户登录是否指定的服务器角色的成员
IS_MEMBER({'group'|'role'})	指明用户是否指定的 NT 组或 SQL Server 角色的成员
OBJECT_NAME(object_id)	返回数据库对象名
OBJECT_ID('object')	返回数据库对象标识号
ISNUMERIC(expression)	确定表达式是否为有效的数字类型
ISDATE(expression)	确定输入表达式是否为有效的日期
ISNULL(check_expression,replacement_value)	检查 check_expression 是否为 NULL,若为 NULL,则使用 replacement_value 替换

8.4.6 集合函数

集合函数对一组值执行计算,并返回单个值。除了 COUNT 以外,聚合函数都会忽略空值。集合函数经常与 SELECT 语句的 GROUP BY 子句一起使用。

集合函数的常用使用格式:

函数名([all|distinct] 表达式)

常用的集合函数及其功能如表 8-13 所示。

表 8-13 集合函数

函 数 名 称	功 能
AVG(ALL|DISTINCT|[expression])	返回组中各值的平均值。空值将被忽略。表达式为数值表达式

函 数 名 称	功 能
COUNT(＊) COUNT(ALL│DISTINCT│[expression])	返回组中的项数。COUNT(＊)返回组中的项数,包括 NULL 值和重复项。如果指定表达式则忽略空值。表达式为任意表达式
MIN(expression)	返回组中的最小值。空值将被忽略。表达式为数值表达式、字符串表达式、日期
MAX(expression)	返回组中的最大值。空值将被忽略。表达式为数值表达式、字符串表达式、日期
SUM(ALL│DISTINCT│[expression])	返回组中所有值的和。空值将被忽略。表达式为数值表达式

【例 8 - 11】 求出 PUBS 库 TITLES 表中所有书的平均价格、最高价和最低价。

```
USE pubs
GO
SELECT avg(price) FROM titles
SELECT max(price) FROM titles
SELECT min(price) FROM titles
```

这段代码执行的结果如下:

59.0650

91.8000

11.9600

8.4.7 批处理和流程控制语句

通常,服务端的程序使用 SQL 语句来编写。一般而言,一个服务器端的程序由批、注释、程序中使用的变量、改变批中语句执行顺序的流程控制语句、错误和消息的处理等成分组成。

1) 批和脚本

批(batch)是一个 SQL 语句集,这些语句一起提交并作为一个组来执行。批结束的符号是"GO"。由于批中的多个语句是一起提交给 SQL Server 的,所以可以节省系统开销。脚本则是一系列顺序提交的批。

2) 注释语句

注释是程序代码中不执行的文本字符串(也称为备注)。注释可用于对代码进行说明或暂时禁用正在进行诊断的部分 Transact-SQL 语句和批。使用注释对代码进行说明,便于将来对程序代码进行维护。注释通常用于记录程序名、作者姓名和主要代码更改的日期,可用于描述复杂的计算或解释编程方法。

SQL Server 支持两种类型的注释字符:

——(双连字符)。这些注释字符可与要执行的代码处在同一行,也可另起一行。从双连字符开始到行尾的内容均为注释。对于多行注释,必须在每个注释行的前面使用双连字符。

/＊ ... ＊/(正斜杠—星号字符对)。这些注释字符可与要执行的代码处在同一行,也可另起一行,甚至可以在可执行代码内部。开始注释对(/＊)与结束注释对(＊/)之间的所有内容均视为注释。对于多行注释，必须使用开始注释字符对（/＊）来开始注释，并使用结束注释字符对（＊/）来结束注释。

3）流程控制语句

流程控制语句是 Transact-SQL 对 ANSI－92 SQL 标准的扩充。它可以控制 SQL 语句执行的顺序，在存储过程、触发器和批中应用较多。具体包括：

- IF…ELSE：条件执行命令。
- CASE 语句：多条件分支选址语句。
- BEGIN…END：将一组 SQL 语句作为一个语句块。
- WHILE：循环执行相同的语句。
- RETURN：无条件返回。
- PRINT：在屏幕上显示信息。
- RAISERROR：将错误信息显示在屏幕上，同时也可以记录在 NT 日志中。
- WAITFOR：等待语句。

① RETURN 语句：RETURN 语句的作用是无条件退出所在的批、存储过程和触发器。退出时，可以返回状态信息。在 RETURN 语句后面的任何语句不被执行。RETURN 语句的语法形式如下：

RETURN [integer_expression]

其中，integer_expression 是一个表示过程返回的状态值。系统保留 0 为成功，小于 0 为有错误。

② PRINT 语句：PRINT 语句的作用是在屏幕上显示用户信息。PRINT 语句的语法形式如下：

PRINT{'string' |@local_variable|@@local_variable}

其中，string 代表一个不超过 255 的字符串；@local_variable 代表一个局部变量，该变量必须为 char 或 varchar 类型；@@local_variable 代表能被转化为 char 或 varchar 类型的全局变量。

【例 8－12】 将 GETDATE() 函数的结果转换为 varchar 数据类型，并将其用 PRINT 语句返回文本"本信息打印的时间是："

PRINT'本信息打印的时间是:' + RTRIM(CONVERT(varchar(30), GETDATE()))
+'.'

程序执行结果如下：

本信息打印的时间是：10 12 2012 21:10PM.

③ RAISERROR 语句：RAISERROR 语句的作用是将错误信息显示在屏幕上，同时也可以记录在 NT 日志中。RAISERROR 语句的语法结构如下

RAISERROR error_number{msg_id|msg_str}, SEVERITY, STATE[, argument1[, …
n]]

其中：error_number 是错误号；msg_id|msg_str 是错误信息；SEVERITY 是错误的严重级别；STATE 是发生错误时的状态信息。

④ CASE 语句：CASE 语句可以进行多条件分支选择，功能与 IF…ELSE 语句相同，但是，使用 CASE 语句会使程序更为紧凑、清晰。在 SQL Server 2005 中，CASE 语句有简单型 CASE 语句、搜索型 CASE 语句和 CASE 关系函数 3 种形式：这里我们只简单介绍简单型

CASE 语句和搜索型 CASE 语句。

简单型 CASE 语句语法结构如下：

CASE expression

〔WHEN expression THEN result〕〔,…n〕

〔ELSE result〕

END

其中：expression 可以是常量、列名、函数、算术运算符等。

简单型 CASE 语句是根据表达式 expression 的值与 WHEN 后面的表达式逐一比较，如果两者相等，返回 THEN 后面的表达式 result 的值，否则返回 ELSE 后面表达式 result 的值。

【例 8-13】 将 PUBS 库表 titles 中 pub_id 号为"0536"和"1558"记录显示出来，其余的用 OTHER 显示。

```
use pubs
go
select title,'pub_id'=
  case pub_id
  when 0536 then'0536'
  when 1558 then'1558'
else'OTHER'
    end
from titles
```

搜索型 CASE 语句的语法结构如下：

CASE

〔WHEN Boolean_expression THEN result〕〔,…n〕

  〔ELSE result〕

END

其中，Boolean_expression 是 CASE 语句要判断的逻辑表达式。

搜索型 CASE 语句中，逻辑表达式 Boolean_expression 为真，则返回 THEN 后面表达式 result 的值，然后判断下一个逻辑表达式；如果所有的逻辑表达式都为假，则返回 ELSE 后面表达式 result 的值。

【例 8-14】 PUBS 库表 titles 中 price 大于 10 的记录对应的 price_level 显示"HIGH"，price 小于 10 的记录对应的 price_level 显示"LOW"，其余的显示"EQ10"。

```
use pubs
go
select title,'price level'=
  case
  when price>10 then 'HIGH'
  when price<10 then 'LOW'
  else 'EQ10'
end
from titles
```

⑤ BEGIN…END

当需要将一个以上的 SQL 语句作为一组对待时,可以使用 BEGIN 和 END 将它们括起来形成一个 SQL 语句块,以达到一起执行的目的。

BEGIN…END 的语法形式如下:

BEGIN

    Sql_statement

END

其中 Sql_statement 是要执行的任何合法的 SQL 语句或语句组,需要注意的是,它必须包含在一个单独的批中。

⑥ IF…ELSE 语句

IF…ELSE 语句使得 SQL 命令的执行是有条件的。当 IF 条件成立时,就执行其后的 SQL 语句。否则,就执行 ELSE 后面的语句;若无 ELSE 语句,则执行 IF 语句后的其他语句。

IF…ELSE 语句的语法形式如下:

IF Boolean_expression

    Sql_statement

〔ELSE〔IF Boolean_expression〕

    Sql_statement〕

其中,Boolean_expression 是布尔表达式,其值是 TRUE 或者 FALSE;Sql_statement 是要执行的 SQL 语句。如果在 IF 或者 ELSE 语句后有多条 SQL 语句,则必须把它们放在 BE-GIN…END 块中。

【例 8-15】 定义一个整型变量,如赋值为 1,则显示"I am a student",否则显示"I am a teacher"。

```
declare @a int
Select @a=2
If @a=1
begin
    print 'I am'
    print 'a student'
  end
else
    print 'I am a teacher'
go
```

⑦ WHILE 语句

WHILE 语句的作用是为重复执行某一语句或语句块设置条件。当指定条件为 TRUE 时,执行这些语句,直到为 FALSE。

WHILE 语句的语法形式如下:

WHILE boolean-expression

    Sql_statement

〔BREAK〕

    {Sql_statement}

[CONTINUE]

　　{Sql_statement}

其中,boolean-expression是布尔表达式,其值为 TRUE 或 FALSE;Sql_statement 是要执行的 SQL 语句或语句块。如果在 WHILE 语句后有多条 SQL 语句,则必须把它们放在 BE-GIN…END 块中;BREAK 是退出所在的循环;CONTINUE 是使循环跳过 CONTINUE 之后的语句重新开始。

【例 8-16】 输出字符串"School"中的每一个字符的 ASCII 码值和字符。

```
declare @position int,@string char(6)
set @position =1
set @string ='School'
while @ position<=datalength(@string)
  begin
  select ascii(substing(@string,@ position,1)) as asccode
    char(ascii(substring(@string,@ position,1))) as aschar
  set @position= @ position+1
end
```

⑧ GOTO 语句:使用 GOTO 语句可以使 SQL 语句的执行流程无条件地转移到指定的标号位置。GOTO 语句和标号可以用在语句块、批处理和存储过程中,标号的命名要符合标识符命名规则。GOTO 语句经常在 WHILE 和 IF 语句中做跳出循环或分支处理。GOTO 语句的语法形式如下:

```
Label:
……
GOTO label
```

【例 8-17】 使用 IF 语句求 1~10 之间自然数的累加和,并输出结果。

```
declare @sum int,@count int
select @sum=0,@count=1
label:
select @sum=@sum+@count
select @count=@count+1
if @count<=10
goto label
select @sum,@count
```

执行结果为:

```
55    11
```

⑨ WAITFOR 语句:使用 WAITFOR 语句可以在某一时刻或某一个时间间隔后执行 SQL 语句或语句组。WAITFOR 语句的语法结构如下:

```
WAITFOR {DELAY 'time' |TIME 'time'}
```

其中,DELAY 指定时间间隔;TIME 指定在某一时刻。TIME 参数的数据类型为 date-time,格式为'hh:mi:ss'

【例 8-18】 设置在 19 点进行一次查询操作。

```
use pubs
go
begin
waitfor time '19:00'
select * from titles
end
```

【例 8 - 19】 设置在 15 分钟之后进行一次查询操作。

```
use pubs
go
begin
waitfor delay '00:15'
select * from titles
end
```

课后习题

一、选择题

1. SQL Server 2000 是一个（　　）的数据库系统。

    A. 网状型　　　　　　　B. 层次型　　　　　　　C. 关系型　　　　　　　D. 以上都不是

2. SQL Server 2005 采用的身份验证模式有（　　）。

    A. 仅 Windows 身份验证模式

    B. 仅 SQL Server 身份验证模式

    C. 仅混合模式

    D. Windows 身份验证模式和混合模式

3. 要查询 book 表中所有书名中包含"计算机"的书籍情况，可用（　　）语句。

    A. SELECT * FROM book WHERE book_name LIKE '计算机 *'

    B. SELECT * FROM book WHERE book_name LIKE '计算机%'

    C. SELECT * FROM book WHERE book_name='计算机 *'

    D. SELECT * FROM book WHERE book_name='计算机%'

4. 以下运算符中，优先级最低的是（　　）。

    A. ＋(加)　　　　　　　B. ＝(等于)　　　　　　C. like　　　　　　　D. ＝(赋值)

5. SQL Server 的字符型数据类型主要包括（　　）。

    A. int. money. char　　　　　　　　　　B. char. varchar. text

    C. datetime. binary. int　　　　　　　　D. char. varchar. int

6. SQL Server 提供的单行注释语句是使用（　　）开始的一行内容。

    A. "/ *"　　　　　　　B. "——"　　　　　　　C. "{"　　　　　　　D. "/"

7. 在 Transact-SQL 语法中，用来插入数据的命令是（　　）

    A. INSERT, UPDATE　　　　　　　　B. UPDATE, INSERT

    C. DELETE, UPDATE　　　　　　　　D. CREATE, INSERT INTO

8. 在 Transact-SQL 语法中，用于更新的命令是（　　）

    A. INSERT, UPDATE　　　　　　　　B. UPDATE, INSERT

    C. DELETE, UPDATE　　　　　　　　D. CREATE, INSERT INTO

9. 以下能作为变量的数据类型（　　）。

A. text   B. ntext   C. table   D. image

10. 下面不属于数据定义功能的 SQL 语句是( )。

     A. CREATE TABLE   B. CREATE CURSOR   C. UPDATE   D. ALTER TABLE

二、问答题

1. 什么是局部变量和全局变量?

2. 什么是批和脚本?

3. SQL Server 的字符串函数有哪些?

4. SQL Server 2005 给用户提供的常用函数有哪些?

5. 请比较 CASE 语句与 IF…ELSE 语句,并加以阐述。

9 数据库系统管理技术

【本章学习目的和要求】

◇ 了解数据库系统的功能和组成。

◇ 了解查询优化处理技术。

◇ 了解数据库安全性和完整性的含义及保护机制。

◇ 了解事务处理相关方法。

数据库管理系统是用户和操作系统之间的一层数据管理的系统软件，它是数据库系统的核心组成部分。用户在数据库系统中的一切操作，包括定义、查询、更新及各种控制，都是通过数据库管理系统进行的。它是在操作系统的支持下工作的，而应用程序则必须在数据库管理系统支持下才能使用数据库。

9.1 数据库管理系统的功能和组成

9.1.1 数据库管理系统的功能

数据库管理系统的功能有以下 6 种：

1）数据定义功能

数据库管理系统提供数据定义语言（DDL）定义数据的三级结构、两级映射，定义数据的完整性约束、保密限制等。通过使用 DDL，用户可以方便地对数据库中的相关对象进行定义。

2）数据操纵功能

数据库管理系统提供数据操纵语言（DML）。通过使用 DML，可以实现对数据的操作，基本的数据操作有两类：检索（查询）和更新（包括插入、删除、更新）。DML 有两类：一类是宿主型，嵌入在高级语言中，不能单独使用；另一类是自主型或自含型，可独立地交互使用。

3）数据通信功能

数据通信功能是分布式数据处理系统中最重要的功能之一，它支持与操作系统的联机处理、分时处理和远程作业传输。

4）数据库的建立和维护的功能

数据库的建立和维护主要包括数据库数据的输入、删除、更新功能；数据库数据的转储、恢复功能，数据库的重组和分析功能等。这些功能是数据库管理系统的基本功能。

5）数据库的运行和管理功能

数据库的运行和管理主要包括安全性检查、完整性约束条件、并发控制及数据库的维护等。为了保证数据的安全性、完整性、一致性以及多个用户对数据的并发操作，所有的数据库操作都要在控制程序的统一管理下进行。其中主要名词解释如下：

● 数据库的恢复：在数据库被破坏或数据不正确时，系统有能力把数据库恢复到正确的状态；

● 数据库的并发控制：在多个用户同时对同一个数据进行操作时，系统应能加以控制，防止破坏数据库中的数据；

● 数据完整性控制：保证数据库中数据及语义的正确性和有效性，防止任何对数据造成错误的操作；

● 数据安全性控制：防止未经授权的用户存取数据库中的数据，以避免数据的泄漏、更改或破坏。

6）数据字典

数据库系统中存放三级结构定义的数据库称为数据字典，用户对数据库的操作都要通过数据字典才能实现。数据字典中还存放运行时的统计信息，例如，记录个数、访问次数等。

9.1.2 数据库管理系统的组成

数据库管理系统是许多程序所组成的一个大型软件系统，一个完整的数据库管理系统通常由以下三部分组成。

1）语言编译处理程序

它主要包括以下两个程序：

（1）数据定义语言（DDL）编译程序：它是用 DDL 编写，由各级源模式编译成各级目标模式。这些目标模式是对数据库结构信息的描述，它们被保存在数据字典中，供以后数据操纵或数据控制时使用。

（2）数据操纵语言（DML）编译程序：它将应用程序中的 DML 语句转换成可执行程序，实现对数据库的检索、插入和修改等基本操作。

2）系统运行控制程序

系统运行控制程序主要包括以下几部分：

（1）系统总控程序：用于控制和协调各程序的活动，它是数据库管理系统运行程序的核心。

（2）安全性控制程序：防止未被授权的用户存取数据库中的数据。

（3）完整性控制程序：检查完整性约束条件，确保进入数据库中数据的正确性、有效性和相容性。

（4）并发控制程序：协调多用户、多任务环境下各应用程序对数据库的并发操作，保证数据的一致性。

（5）数据存取和更新程序：实施对数据库数据的检索、插入、修改和删除等操作。

（6）通信控制程序：实现用户程序与数据库管理系统之间的通信。

此外，还有事物管理程序、运行日志管理程序等。所有这些程序在数据库系统运行过程中协调操作，监视着对数据库的所有操作，控制、管理数据库资源等。

3）系统建立、维护程序

系统建立、维护程序主要包括以下几个部分：

（1）装配程序：完成初始数据库的数据装入。

（2）重组程序：当数据库系统性能降低时（如查询速度变慢），需要重新组织数据库，重新装入数据。

（3）系统恢复程序：当数据库系统受到破坏时，将数据库系统恢复到以前的正确状态。

9.2　查询优化

查询优化处理是关系数据库系统的基本优势所在。关系数据库的查询使用 SQL 语句实现，对于同一个用 SQL 表达的查询要求，通常可以有多个不同形式但相互"等价"的关系代数表达式。对于描述同一个查询要求但形式不同的关系代数表达式来说，由于存取路径不同，相应的查询效率就会产生差异，有时这种差异可以相当巨大。在关系数据库中，为了提高查询效率需要对一个查询要求寻求"好的"查询路径（查询计划），或者说"好的"、等效的关系代数表达式。这种"查询优化"是关系数据库的关键技术，也是其巨大的优势。

9.2.1　查询处理与查询优化

在关系数据库中，用户使用的查询语句主要表达查询条件和查询结果，而查询的具体实施过程及其查询策略选择都由数据库管理系统负责完成，因此查询具有非过程性的突出特征。

数据查询是数据库中最基本、最常用和最复杂的数据操作，从实际应用角度来看，必须考察系统用于数据查询处理的开销代价。查询处理的代价通常取决于查询过程对磁盘的访问。磁盘访问速度相对于内存速度要慢得多。在数据库系统中，用户查询通过相应的查询语句提交给数据库管理系统执行。一般而言，相同的查询要求和结果存在着不同的实现策略，系统在执行这些查询策略时所付出的开销通常有很大差别，甚至可能相差好几个数量级。实际上，对于任何一个数据库系统来说，这种"择优"的过程就是"查询处理过程中的优化"，简称为查询优化。

9.2.2　查询优化技术

1）手动优化与自动优化

查询优化的基本方式可分为用户手动优化和系统自动优化两类。手动优化还是自动优化，在技术实现上取决于相应表达式语义层面的高低。

在基于格式化数据模型的层次和网络数据库系统中，由于用户通常使用较低层面上的语义表述查询要求，系统难以自动完成查询策略的选择，只能由用户自己完成，由此可能导致的问题有二：其一，当用户做出了明显的错误查询决策时，系统对此无能为力；其二，用户必须相当熟悉有关编程问题，这样就加重了用户的负担，妨碍了数据库的广泛使用。关系数据库的查询语言是高级语言，具有更高层面上的语义特征，有可能完成查询计划的自动选择。

与手动优化比较，系统自动优化有如下的明显优势：

（1）能够从数据字典中获取统计信息，根据这些信息选择有效的执行计划。用户手工优化时的程序则难以得到这些信息。

（2）当数据库物理统计信息改变时，系统可以自动进行重新优化以选择相适应的执行计划，而手工优化必须重新编写程序。

（3）可以从多种（如数百种）不同的执行计划中进行选择；而手工优化时，程序员一般只能考虑数种可能性。

（4）优化过程可能包含相当复杂的各种优化技术，这需要受过良好训练的专业人员才能掌握，而系统的自动优化使每个数据库使用人员（包括不具有专业训练的普通用户）都能拥有相应的优化技术。

一个"好"的数据库系统，其中的查询优化应当是自动的，即由系统的数据库管理系统自动完成查询优化过程。

9.2.3　查询优化器

1）查询优化器和三类优化技术

自动进行查询优化是数据库管理系统的关键技术。由数据库管理系统自动生成若干候选查询计划并且从中选取较"优"的查询计划的程序称为查询优化器。

查询优化器所使用的技术可以分为三类。

（1）规则优化技术

如果查询仅仅涉及查询语句本身，根据某些启发式规则，例如"先选择、投影和后连接"等就可以完成优化，称之为规则优化。这类优化的特点是对查询的关系代数表达式进行等价变换，以减少执行开销，所以也称为代数优化。

（2）物理优化技术

如果优化与数据的物理组织和访问路径有关，例如，在已经组织了基于查询的专门索引或者排序文件的情况下，就需要对如何选择实现策略进行必要的考虑，诸如此类的问题就是物理优化。

（3）代价估算优化技术

对于多个候选策略逐个进行执行代价估算，从中选择代价最小的作为执行策略，就称为代价估算优化。

物理优化涉及数据文件的组织方法，代价估算优化开销较大，因此它们都只适用于一定的场合。

2）关系查询优化的可行性

我们已经知道，查询表达式具语义层面的高低决定查询优化是否自动。关系数据模型本质上基于集合论，从而使得关系数据的自动查询优化具有了必要的理论基础。相应的关系查询语言是一种高级语言，具有很高层面上的语义表现，从而又使由机器处理查询优化具有可实现的技术基础。因此，在关系数据库系统中进行自动查询优化是可行的。

当关系查询语言表示的查询操作基于集合运算时，可称其为关系代数语言；而基于关系演算时，可称其为关系演算语言。这两种语言本身是有过程性的，但由于所依据理论本身不同又各有差异。

关系代数具有5种基本运算，这些运算自身和相互间满足一定的运算定律，例如，结合律、交换律、分配率和串接率等，这就意味着不同的关系代数表达式可以得到同一结果，因此用关系代数语言进行的查询就有进行优化的可能。

关系演算中需要使用"存在"和"任意"两个量词，这两个量词也有自身的演算规则，例如，两个量词之间的先后顺序，只不过这里的涉及面较窄，运算规则较为整齐，在"等价"的关系演算表达式中进行选择的回旋余地相对较小。

由此来看,关系查询处理中的"优化选择"主要集中于关系代数表达式方面。从这方面考虑,关系查询优化技术中最重要、最有用的研究成果集中于以下 3 点:

- 关系代数中的等价表达式。
- 代价的不同表达形式与相应查询效率间的必然联系。
- 获取较高查询效率表达式的有效算法。

当然上述分析仅是从表现形式上考虑。由于关系代数和关系演算的等价性,从逻辑上讲,它们的"过程性"应当相同。但不管怎样,关系查询语言与其他程序设计语言相比,由于其特有的坚实理论支撑,人们能够找到有效的算法使查询优化的过程内含于数据库管理系统,由数据库管理系统自动完成,从而将实际上的"过程性"向用户"屏蔽",用户在编程时只需给出所要结果,不必给出获得结果的操作步骤。

关系模型的基础特征决定了关系数据库中查询优化技术的两个基本要点:

(1) 设置一个查询优化器,而该优化器输入关系语言,例如,SQL 查询语句,经优化器处理后产生优化的查询表达式。

(2) 使用优化的查询代数表达式进行查询操作,从而提高查询的效率。

需要说明的是,人们已经证明不存在所谓的最优查询表达式。因此,人们通常说"好的"查询优化,而不说"最优的"查询优化。

3) 关系查询优化过程

查询优化是数据查询中的关键性课题。在关系数据库当中,对于用户而言,关系数据查询具有非过程性的显著特征。这种具有非过程性特点的关系数据查询在关系数据库中的实现过程通常分为四个阶段。

(1) 由 DML 处理器将查询转换为内部格式

当系统接到用户用某种高级语言(如 SQL)给出的查询要求后,数据库管理系统就会运行系统的 DML 处理器对该查询进行词法分析和语法分析,并同时确认语义正确与否,由此产生查询的内部表示,这种内部表示通常被称为查询图或者语法树。

(2) 由查询优化器将内部格式转换为规范格式

对于查询图或者语法树,数据库管理系统会调用系统优化处理器制定一个执行策略,由此产生一个查询计划,其中包括如何访问数据库文件和如何存储中间结果等。

(3) 由代码生成器生成查询代码

按照查询计划,系统的代码生成器会产生执行代码。

(4) 由运行处理器执行查询代码

输出最终的查询结果

9.3　数据库的安全性

数据库在各种信息系统中得到广泛的应用,数据在信息系统中的价值越来越重要,数据库系统的安全与保护也成为一个越来越值得重视的方面。

数据库系统中的数据由数据库管理系统统一管理与控制,为了保证数据库中数据的安全、完整和正确有效,要求对数据库实施保护,使其免受某些因素对其中数据造成的破坏。

一般来说,对数据库的破坏来自以下四个方面:

1）非法用户

非法用户是指那些未经授权而恶意访问、修改甚至破坏数据库的用户,包括那些超越权限访问数据库的用户。一般来说,非法用户对数据库的危害是相当严重的。

2）非法数据

非法数据是指那些不符合规定或语义要求的数据,一般由用户的误操作引起。

3）各种故障

各种故障指的是各种硬件故障(如磁盘介质)、系统软件与应用软件的错误、用户的失误等。

4）多用户的并发访问

数据库是共享资源,允许多个用户并发访问,由此会出现多个用户同时存取同一个数据的情况。如果对这种并发访问不加控制,各个用户就可能存取到不正确的数据,从而破坏数据库的一致性。

针对以上四种对数据库破坏的可能情况,数据库管理系统核心已采取相应措施对数据库实施保护,具体如下:

● 利用权限机制,只允许有合法权限的用户存取所允许的数据。

● 利用完整性约束,防止非法数据进入数据库。

● 提供故障恢复能力,以保证各种故障发生后,能将数据库中的数据从错误状态恢复到正常状态。

● 提供并发控制机制,控制多个用户对同一数据的并发操作,以保证多个用户并发访问的顺利进行。

9.3.1 数据库的安全性

1）数据库安全问题的产生

数据库的安全性是指在信息系统的不同层次保护数据库,防止未授权的数据访问,避免数据的泄漏、不合法的修改或破坏。安全性问题来自各个方面,其中既有数据库本身的安全机制,如用户认证、存取权限、视图隔离、跟踪与审查、数据加密、数据完整性控制、数据访问的并发控制、数据库的备份和恢复等方面,也涉及计算机硬件系统、计算机网络系统、操作系统、组件、Web 服务、客户端应用程序、网络浏览器等。只是在数据库系统中大量数据集中存放,而且为许多最终用户直接共享,从而使安全性问题更为突出,任一个方面产生的安全问题都可能导致数据库数据的泄露、意外修改、丢失等后果。

在安全问题上,数据库管理系统应与操作系统达到某种意向,理清关系,分工协作,以加强其安全性。数据库系统安全保护措施是否有效是数据库系统的主要指标之一。

为了保护数据库,防止恶意的滥用,可以从低到高在五个级别上设置各种安全措施。

(1) 环境级:计算机系统的机房和设备应加以保护,防止有人进行物理破坏。

(2) 职员级:工作人员应清正廉洁,正确授予用户访问数据库的权限。

(3) OS 级:应防止未经授权的用户从 OS 处着手访问数据库。

(4) 网络级:由于大多数数据库系统都允许用户通过网络进行远程访问,因此网络软件内部的安全性至关重要。

(5) 数据库系统级:数据库系统的职责是检查用户的身份是否合法及使用数据库的权限

是否正确。

2）数据库安全标准

目前，国际上及我国均颁布了有关数据库安全的等级标准。最早的标准是美国国防部 1985 年颁布的《可信计算机系统评估标准》（Computer System Evaluation Criteria，TCSEC）。1991 年美国国家计算机安全中心（NCSC）颁布了《可信计算机系统评估标准关于可信数据库系统的解释》（Trusted Database Interpretation，TDI），将 TCSEC 扩展到数据库管理系统。1996 年国际标准化组织 ISO 颁布了《信息技术安全技术——信息技术安全性评估准则》（Information Technology Security Techniques—Evaluation Criteria For IT Security）。我国政府于 1999 年颁布了《计算机信息系统评估准则》。目前国际上广泛采用的是美国标准 TCSEC（TDI），在此标准中将数据库安全划分为 4 大类，由低到高依次为 D、C、B、A。其中 C 级由低到高分为 C1 和 C2，B 级由低到高分为 B1、B2 和 B3。每级都包括其下级的所有特性，各级指标如下：

（1）D 级标准：无安全保护的系统

（2）C1 级标准：只提供非常初级的自主安全保护。能实现用户和数据的分离，进行自主存取控制（DAC），保护或限制用户权限的传播。

（3）C2 级标准：提供受控的存取保护，即将 C1 级的 DAC 进一步细化，以个人身份注册负责，并实施审计和资源隔离。很多商业产品已得到该级别的认证。

（4）B1 级标准：标记安全保护。对系统的数据加以标记，并对标记的主体和客体实施强制存取控制（MAC）以及审计等安全机制。

凡符合 B1 级标准者称为安全数据库系统或可信数据库系统。

（5）B2 级标准：结构化保护。建立形式化的安全策略模型，并对系统内的所有主体和客体实施 DAC 和 MAC。

（6）B3 级标准：安全域。满足访问监控器的要求，审计跟踪能力更强，并提供系统恢复过程。

（7）A 级标准：验证设计，即提供 B3 级保护的同时给出系统的形式化设计说明和验证，以确信各安全保护真正实现。

我国的国家标准的基本结构与 TCSEC 相似，分为 5 级，从第 1 级到第 5 级依次与 TCSEC 标准的 C 级（C1、C2）到 B 级（B1、B2、B3）一致。

9.3.2 数据库安全性机制

1）用户认证

数据库系统不允许一个未经授权的用户对数据库进行操作。用户标识与鉴别，即用户认证，是系统提供的最外层安全保护措施。其方法是由系统提供一定的方式让用户标识自己的名字或身份，每次用户要求进入系统时，由系统进行核对，通过鉴定后才提供机器使用权。获得上机权的用户若要使用数据库时，数据库管理系统还要进行用户标识和鉴定。

用户标识和鉴定的方法有很多种，而且在一个系统中往往多种方法并用，以得到更强的安全性。常用的方法是用户名和口令。

2）存取控制

数据库安全性最重要的一点就是确保只授权给有资格的用户访问数据库的权限，同时令所有未被授权的人员无法接近数据，这主要通过数据库系统的存取控制机制实现。存取控制是数据库系统内部对已经进入系统的用户的访问控制，是安全数据保护的前沿屏障，是数据库安全系统中的核心技术，也是最有效的安全手段。

3）视图隔离

视图是数据库系统提供给用户以多种角度观察数据库中数据的重要机制，是从一个或几个基表（或视图）导出的表，它与基表不同，是一个虚表。数据库中只存放视图的定义，而不存放视图对应的数据，这些数据仍存放在原来的基本表中。

从某种意义上讲，视图就像一个窗口，透过它可以看到数据库中自己感兴趣的数据及其变化。进行存取权限控制时，可以为不同的用户定义不同的视图，把访问数据的对象限制在一定的范围内，也就是说，通过视图机制要把保密的数据对无权存取的用户隐藏起来，从而对数据提供一定程度的安全保护。

4）数据加密

前面介绍的几种数据库安全措施，都是防止从数据库系统中窃取保密数据。但数据会存储在存盘、磁带等介质上，还常常通过通信线路进行传输，为了防止数据在这些过程中被窃取，较好的方法是对数据进行加密。对于高度敏感性数据，例如财务数据、军事数据、国家机密，除了上述安全措施外，还要采用数据加密技术。

加密的基本思想是根据一定的算法将原始数据（术语为明文）变换为不可直接识别的格式（术语为密文），从而使得不知道解密算法的人无法获知数据的内容。数据解密是加密的逆过程，即将密文数据转变成明文数据。

5）审计

审计功能是数据库管理系统达到 C2 级以上安全级别必不可少的指标。这是数据库系统的最后一道安全防线。

审计功能把用户对数据库的所有操作自动记录下来，存放在日志文件中。DBA 可以利用审计跟踪的信息，重现导致数据库现有状况的一系列事件，找出非法访问数据库的人、时间、地点以及所有访问数据库的对象和所执行的动作。

有两种审计方式，即用户审计和系统审计。

（1）用户审计

数据库管理系统的审计系统会记下所有对表或视图进行访问的企图（包括成功的和不成功的）及每次操作的用户名、时间、操作代码等信息。这些信息一般都被记录在数据字典（系统表）之中，利用这些信息，用户可以进行审计分析。

（2）系统审计

系统审计由系统管理员进行，其审计内容主要是系统一级命令以及数据库客体的使用情况。

审计通常很费时间和空间，所以数据库管理系统往往将其作为可选特征，一般主要用于安全性要求较高的部门。

9.4 数据库的完整性

数据库的安全性和完整性是数据库安全保护的两个不同的方面。数据库的安全性保护数据库以防止不合法用户故意造成的破坏，数据库的完整性保护数据库以防止合法用户无意中造成的破坏。从数据库的安全保护角度来讲，完整性和安全性是密切相关的。

9.4.1 数据库完整性的基本含义

数据库完整性的基本含义是指数据库中数据的正确性、有效性和相容性，其主要目的是防止错误的数据进入数据库。正确性是指数据的合法性，例如数值型数据只能含有数字而不能含有字母。有效性是指数据属于所定义域的有效范围。相容性是指表示同一事实的两个数据一致，不一致即是不相容。

数据库系统是对现实系统的模拟，现实系统中存在各种各样的规章制度，以保证系统正常、有序地运行。许多规章制度可转化为对数据的约束，例如，单位人事制度中对职工的退休年龄会有规定，一个部门的主管不能在其他部门任职、职工工资只能涨不能降等。对数据库中的数据设置某些约束机制，这些添加在数据上的语义约束条件被称为数据库完整性约束条件，简称"数据库的完整性"，系统将其作为模式的一部分"定义"于数据库管理系统中。数据库管理系统必须提供一种机制来检查数据库中数据的完整性，看其是否满足语义规定的条件，这种机制称为"完整性检查"。为此，数据库管理系统的完整性控制机制应具有三个方面的功能，来防止合法用户在使用数据库时，向数据库注入不合法或不合语义的数据：

- 定义功能：提供定义完整性约束条件的机制。
- 验证功能：检查用户发出的操作请求是否违背了完整性约束条件。
- 处理功能：如果发现用户的操作请求使数据违背了完整性约束条件，则采取一定的动作来保证数据的完整性。

9.4.2 数据库完整性的分类

数据完整性检查是围绕完整性约束条件进行的，因此完整性约束条件是完整性控制机制的核心。

数据库完整性约束分为两种：静态完整性约束和动态完整性约束。完整性约束条件涉及3类作用对象，即属性级、元组级和关系级。这三类对象的状态可以是静态的，也可以是动态的。结合这两种状态，一般将这些约束条件分为静态属性级约束、静态元组级约束、静态关系级约束、动态属性级约束、动态元组级约束、动态关系级约束等6种。

1）静态完整性约束（状态约束）

静态完整性约束，简称静态约束，是指数据库每一确定状态时的数据对象所应满足的约束条件，它是反映数据库状态合理性的约束，是最重要的一类完整性约束，也称"状态约束"。

在某一时刻，数据库中的所有数据实例构成了数据库的一个状态，数据库的任何一个状态都必须满足静态约束。每当数据库被修改时，数据库管理系统都要进行静态约束的检查，以保证静态约束始终被满足。

静态约束又分为3种类型：隐式约束、固有约束和显式约束。

（1）隐式约束

隐式约束是指隐含于数据模型中的完整性约束，由数据模型上的完整性约束完成约束的定义和验证。隐式约束一般由数据库的数据定义语言（DDL）语句说明，并存于数据目录中，例如实体完整性约束、参照完整性约束和用户自定义完整性约束，其具体内容已在第3.6节作了详细介绍。

（2）固有约束

固有约束是指数据模型固有的约束。例如，关系的属性是原子的，满足第一范式的约束。固有约束在数据库管理系统实现时已经考虑，不必特别说明。

（3）显示约束

隐式约束和固有约束是最基本的约束，但概括不了所有的约束。数据完整性约束是多种多样的，有些依赖于数据的语义和应用，需要根据应用需求显式地定义或说明，这种约束称为数据库完整性的"显示约束"。

隐式约束、固有约束和显示约束这三种静态约束作用于关系数据模型中的属性、元组、关系，相应有静态属性级约束、静态元组级约束和静态关系级约束。

静态属性级约束是对属性值域的说明，是最常用也是最容易实现的一类完整性约束，包括以下几个方面：

对数据类型的约束（包括数据的类型、长度、单位、精度等）。例如，学号必须为字符型，长度为 8。

对数据格式的约束。例如，规定学号的前两位表示入学年份，中间两位表示系的编号，后四位表示顺序编号；出生日期的格式为 YY. MM. DD。

对取值范围或取值集合的约束。例如，规定学生的成绩取值范围为 0～100；性别的取值集合为［男，女］；大学本科学生年龄的取值范围为 14～29。

对空值的约束。空值表示未定义或未知的值，它与零值和空格不同；有的属性允许空值，有的不允许取空值。例如，学生学号不能取空值，成绩可以为空值。

其他约束。例如，关于列的排序说明，组合列等。

一个元组是由若干个列值组成的，静态元组级约束是对元组中各个属性值之间关系的约束。如订货关系中包含订货数量与发货数量这两个属性，其中发货量不得超出订货量；又如教师关系中包含职称、工资等属性，规定教授的工资不得低于 4000 元。

静态关系级约束是一个关系中各个元组之间或者若干个关系之间常常存在的各种联系的约束。

2）动态完整性约束（变迁约束）

动态完整性约束，简称动态约束，不是对数据库状态的约束，而是数据库从一个正确状态向另一个正确状态转化过程中新、旧值之间所应满足的约束条件，反映数据库状态变迁的约束，故也称"变迁约束"。例如在更新职工表时，工资、工龄这些属性值一般只会增加，不会减少，任何修改工资、工龄的操作只有新值大于旧值时才被接受。该约束既不作用于修改前的状态，也不作用于修改后的状态，而是规定了状态变迁时必须遵循的约束。动态约束一般也是显式说明的。

动态约束作用于关系数据模型的属性、元组、关系，相应有动态属性级约束、动态元组级约束和动态关系级约束。

（1）动态属性级约束

动态属性级约束是修改定义或属性值时应该满足的约束条件。其中包括：

修改定义时的约束。例如，将原来允许空值的属性修改为不允许空值时，如果该属性当前已经存在空值，则规定拒绝修改。

修改属性值时的约束。修改属性值有时需要参考该属性的原有值，并且新值和原有值之间需要满足某种约束条件。例如,职工工资调整不得低于其原有工资,学生年龄只能增长等。

（2）动态元组级约束

动态元组约束是指修改某个元组的值时要参照该元组的原有值,并且新值和原有值间应当满足某种约束条件。例如,职工工资调整不得低于其原有工资＋工龄×1.5 等。

（3）动态关系级约束

动态关系级约束就是加在关系变化前后状态上的限制条件。例如,事务的一致性,原子性等约束。动态关系级约束实现起来开销较大。

9.5 事务管理技术

9.5.1 事务概述

多用户并发存取同一数据可能会产生数据的不一致性问题。正确地使用事务可以有效地控制这类问题发生的频率甚至能避免这类问题的发生。所谓事务（Transaction）,是指一些操作序列,这些操作序列要么都被执行,要么都不被执行,是一个不可分割的工作单元。事物中任何一个语句执行时出错,则必须取消或回滚该事务,即撤销该事务已做的所有动作,系统返回到事务开始前的状态。事务是并发控制的基本单元,是数据库维护数据一致性的单位。在每个事务结束时,都能保持数据一致性。例如,银行转账工作:从一个账号扣款并向另一个账号增款,这两个操作要么都被执行,要么都不被执行。所以,应该把它们看成一个事务。

事务的开始与结束可以由用户显式控制。如果用户没有显式地定义事务,则由数据库管理系统按缺省规定自动划分事务。在 SQL 语言中,事务通常是以 Begin Transaction 开始,以 Commit 或 Rollback 结束。Commit 表示提交事务期间所有操作,即将事务中所有对数据库的更新写回到磁盘上的物理数据库中去,事务正常结束。Rollback 表示回滚,即在事务运行的过程中发生了某种故障,事务不能继续执行,系统将事务中对数据库的所有已完成的操作全部撤销,回滚到该事务开始时的状态。这里的操作主要指对数据库的更新操作。

在多用户数据库管理系统中,"事务"是个十分重要的概念。它是保持数据一致性及可恢复性的基本工作单位。

9.5.2 事务的特性及事务的管理

1）事务的特性

事务具有 4 个属性:原子性、一致性、隔离性和永久性。这 4 个属性简称为 ACID 特性。

原子性是指事务内的操作要么都被执行,要么都不被执行。数据库管理系统中实现事务原子性的子系统是安全性管理子系统。

一致性是指在事务开始前和结束后,所有的数据都必须处于一致性的状态。因此,当数据库只包含事务提交的结果时,就说数据库处于一致性的状态。如果数据库系统运行过程中发生故障,有些事务尚未完成就被迫中断,系统将事务中对数据库的所有已完成的操作全部撤销,回滚到事务开始时的一致性状态。数据库管理系统中保证事务一致性的子系统是完整性管理子系统。

隔离性是指一个事务所作的修改必须能够与其他事务所作的修改隔离开来。例如,在并发处理过程中,一个事务看到的数据库状态必须为另一个事务处理前或处理后的数据,不能为另一事务处理过程中的中间数据状态。事务的隔离性由事务并发控制系统实现。

永久性指如果事务正常结束,则它对数据库的修改是永久地保存。接下来的其他操作或故障不应该对执行结果有任何影响。否则,在逻辑上等价于任何操作都没做。数据库管理系统中实现事务持久的子系统是恢复管理系统。

2) 事务的管理

在 SQL Server 中,对事务的管理包含 3 个方面:

- 事务控制语句:控制事务执行的语句。包括将一系列操作定义为一个工作单元来处理。
- 锁机制:封锁正被一个事务修改的数据,防止其他用户访问到"不一致"的数据。
- 事务日志:使事务具有可恢复性。

为了尽可能避免死锁的出现,应注意:

- 在所有的事务中都应按同一个顺序来访问各个表。尽可能利用存储过程来完成一个事务,以保证对各表的访问次序是一致的。
- 事务应尽量小且应尽快提交。
- 避免人工输入操作出现在事务中。
- 避免并发地执行许多像 INSERT、UPDATE、DELETE 的数据修改语句。

9.5.3　事务控制语句

在 SQL Server 中,事务的管理是通过将事务控制语句和几个全局变量结合起来实现的。

1) 事务控制语句

BEGIN TRAN[tran-name]:标识一个用户定义的事务的开始。tran-name 为事务的名字。

COMMIT TRAN[tran-name]:表示提交事务中的一切操作,结束一个用户定义的事务,使得对数据库的改变生效。

ROLLBACK TRAN[tran-name]:表示撤销该事务已做的操作,回滚到事务开始前或保存点前的状态;

SAVE TRAN[save-name]:在事务中设置一个保存点。它可以使一个事务内的部分操作回退。

2) 用于事务管理的全局变量

用于事务管理的全局变量是@@error 及@@rowcount。

@@error:给出最近一次执行的出错语句引发的错误号,@@error 为 0 表示出错。

@@rowcount:给出受事务中已执行语句影响的数据行数。

3) 事务控制语句的使用

事务控制语句的使用方法如下:

BEGIN TRAN

/ * A 组语句序列 * /

SAVE TRAN save-point

/ * B 组语句序列 * /

```
If  @error< >0
ROLLBANK TRAN save-point
/*仅回退 B 组语句序列*/
COMMIT TRAN
/*提交 A 组语句,且若未回退 B 组语句,则提交 B 组语句*/
```

4）在事务中不能包含的语句

注意,事务中不能包含如下语句:

- CREATE DATABASE
- ALTER DATABASE
- BACKUP LOG
- DROP DATABASE
- RECONFIGURE
- RESTORE DATABASE
- RESTORE LOG
- UPDATE STAISTICS

课后习题

一、选择题

1. 如果一个系统定义为关系系统,则它必须（　　）。

　　A. 支持关系数据库　　　　　　　　　　　B. 支持选择、投影和连接运算

　　C. A 和 B 均成立　　　　　　　　　　　　D. A 和 B 都不需要

2. 如果一个系统为表格式系统,则它支持（　　）。

　　A. 关系数据结构　　　　　　　　　　　　B. A 与选择、投影和连接运算

　　C. A 与所有的关系代数操作　　　　　　　D. C 与实体完整性、参照完整性

3. 如果一个系统为关系完备系统,那么它支持（　　）。

　　A. 关系数据结构　　　　　　　　　　　　B. A 与选择、投影和连接运算

　　C. A 与所有的关系代数操作　　　　　　　D. C 与实体完整性、参照完整性

4. 如果一个系统为全关系系统,那么它支持（　　）。

　　A. 关系数据结构　　　　　　　　　　　　B. A 与选择、投影和连接运算

　　C. A 与所有的关系代数操作　　　　　　　D. C 与实体完整性、参照完整性

5. 根据系统所提供的存取路径,选择合理的存取策略,这种优化方式称为（　　）。

　　A. 物理优化　　　　　B. 代数优化　　　　　C. 规则优化　　　　　D. 代价估算优化

6. （　　）不属于实现数据库系统安全性的主要技术和方法。

　　A. 存取控制技术　　　B. 视图技术　　　　　C. 审计技术　　　　　D. 出入机房登记和加锁

7. SQL 中的视图提高了数据库系统的（　　）。

　　A. 完整性　　　　　　B. 并发控制　　　　　C. 隔离性　　　　　　D. 安全性

8. SQL 语言的 GRANT 和 REMOVE 语句主要是用来维护数据库的（　　）。

　　A. 完整性　　　　　　B. 可靠性　　　　　　C. 安全性　　　　　　D. 一致性

9. 在数据库的安全性控制中,授权的数据对象的（　　）,授权的子系统就越灵活。

　　A. 范围越小　　　　　B. 约束越细致　　　　C. 范围越大　　　　　D. 约束范围大

10. SQL 中的视图机制提高了数据库系统的（　　）。

　　A. 完整性　　　　　　B. 并发控制　　　　　C. 隔离性　　　　　　D. 安全性

11. 安全性控制的防范对象是( )，防止他们对数据库数据的存取。

    A. 不合语义的数据   B. 非法用户   C. 不正确的数据   D. 不符合约束数据

二、简答题

1. 试述实现数据库安全性控制的常用方法和技术。

2. 什么是数据库的自主存取控制方法和强制存取控制方法？

3. 什么是数据字典？

4. 事务的特性有哪些？请分别简单介绍。

5. 数据库安全性和完整性的区别有哪些方面？

10　工资管理系统设计与开发

【本章学习目的和要求】

◇ 掌握在系统开发实践中的资料收集、系统规划、系统分析及系统设计工作。

◇ 掌握使用 Visual FoxPro 工具进行系统的开发。

◇ 掌握系统开发的基本方法和原理。

本章以南京彩天粉末涂料实业有限公司工资管理系统的设计与开发为例,详细说明系统开发各主要阶段的内容。

10.1　资料收集

10.1.1　公司介绍

南京彩天粉末涂料实业有限公司是南京天河科学研究院为实现科技成果产业化而创办的股份制企业。南京天河科学研究院于 1958 年在国内最早研究开发出粉末涂料这一环保产品,并一直致力于技术推广与新产品开发。1992 年南京天河科学研究院在浦口建立粉末涂料生产基地,1998 年进行股份改制创建南京彩天粉末涂料实业有限公司。公司有一批专业水平高的科技队伍。在公司市场化运作的十多年间,产业规模迅速扩张。公司现有纯环氧、环氧(聚酯)、纯聚酯(TGIC)、纯聚酯(PRIMID)、纯聚酯透明、丙烯酸、聚氨酯七大类型的热固性粉末涂料,针对不同的应用领域和不同的表观效果形成多种系列产品,多次获省、部级多项科技进步奖,在国内外享有盛誉。

10.1.2　组织结构

南京彩天粉末涂料实业有限公司现有职员 245 名,分 8 个部门:总经理办公室、财务部、人事部、经营部、综合部、后勤部、一车间和二车间。其组织机构如图 10-1 所示。

10.1.3　业务流程

南京彩天粉末涂料实业有限公司工资管理系统业务流程如图 10-2 所示。

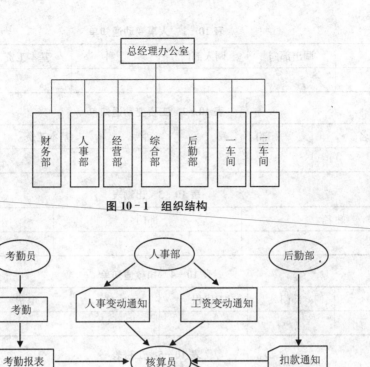

图 10-1 组织结构

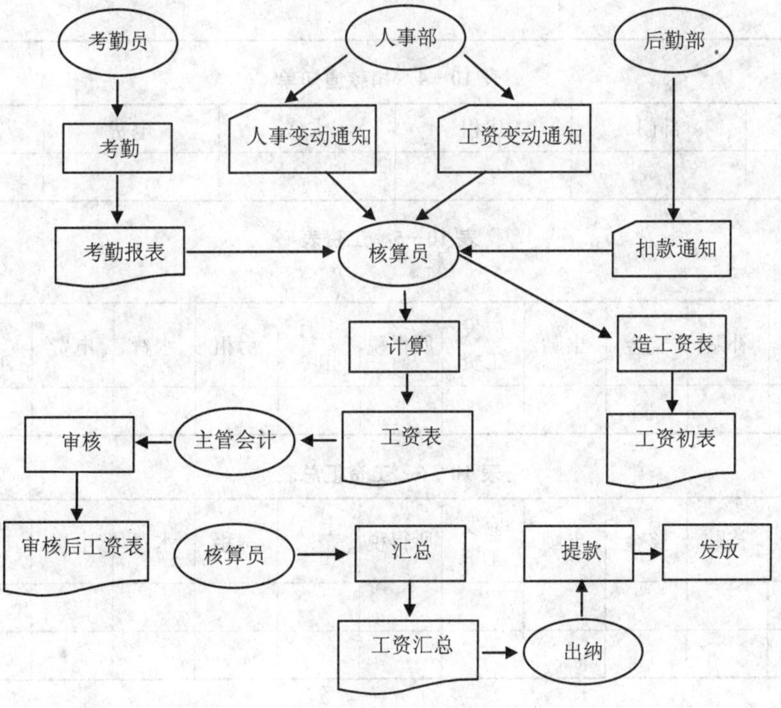

图 10-2 公司业务流程图

10.1.4 相关数据资料

南京彩天粉末涂料实业有限公司的工资发放流程如下：

月末，核算员根据人事部的"人事变动通知单"（表10-1）、"工资变动通知单"（表10-2）及"上月工资表"编制"工资表"初表；再根据各部、车间考勤员上报的"出勤表"（表10-3）及后勤部的"扣款通知单"（表10-4）计算工资，然后将制好的"工资表"（表10-5）送主管会计审核；最后根据已审核工资表汇总工资并编制工资汇总表（表10-6），出纳到银行提款、发放工资。

表 10‑1　人事变动通知单

姓名	调出部门	调入部门	工种	基本工资	补贴

表 10‑2　工资变动通知单　　　　　　　　　　　年　月　日

姓名	部门	工种	基本工资	补贴

表 10‑3　出勤表　　　　　　　　　　　年　月

姓名	部门	出勤天数

表 10‑4　扣款通知单　　　　　　　　　　　年　月　日

姓名	部门	房租	水费	电费	

表 10‑5　工资表

部门：　　　　　　　　　　　　　　　　　　　　　　　　　年　月　日

姓名	基本工资	补贴	奖金	出勤	应发工资	所得税	上月扣零	房租	水费	电费	实发工资	扣零

表 10‑6　工资汇总表　　　　　　　　　　　年　月　日

部门	基本工资	补贴	奖金	出勤	应发工资	所得税	上月扣零	房租	水费	电费	实发工资	扣零
合计												

10.1.5　数据处理

1）个人所得税的计算

标准如表 10‑7 所示。

表 10‑7　个人所得税计税表

级数	全月应纳税所得额	税率(%)	速算扣除数
1	<=1500 的部分	3	0
2	>1500 ～ <= 4500 的部分	10	105
3	>4500 ～ <= 9000 的部分	20	555
4	>9000 ～ <= 35000 的部分	25	1005

级数	全月应纳税所得额	税率(%)	速算扣除数
5	>35000 ～ <= 55000 的部分	30	2755
6	>55000 ～ <= 80000 的部分	35	5505
7	>80000 的部分	45	13505

应纳税 ＝(应纳税所得额－3500)× 适用税率－速算扣除数

2）工资计算公式

应发工资＝基本工资＋补贴＋奖金

实发工资＝应发工资＋上月扣零－所得税－房租－水费－电费(取整)

扣零＝应发工资＋上月扣零－所得税－房租－水费－电费－实发工资

10.1.6　用户对系统的需求

（1）可以对部门编码进行维护(部门库追加、修改、删除)。

（2）可以对人员编码进行维护(人员库追加、修改、删除)。

（3）可以对工资数据进行维护。

（4）系统自动计算奖金、税金、应发工资、实发工资。

（5）系统工资自动扣零处理至元。

（6）系统对实发工资进行面值分解,以便从银行提款发放工资。

（7）可以按人员查询工资数据。

（8）可以按部门查询部门工资。

（9）可以按部门汇总工资数据。

（10）可以计算工资分配的比例(管理费用、销售费用、生产成本)

10.2　系统分析

10.2.1　数据处理分析

此工资系统的数据处理过程如图 10－3 所示。

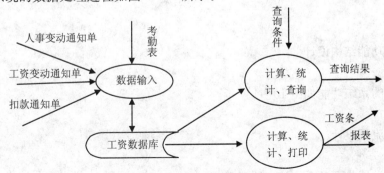

图 10－3　工资系统数据处理进程图

10.2.2 数据字典

根据对调查所得资料的分析,设计的数据字典如表10-8所示。

表 10-8 数据字典

项 目	类型	最大值	小数位	来源	说 明
部门编码	C	4		输入	
部门名称	C	20		输入	
职员编码	C	6		输入	
职员姓名	C	10		输入	
工种	C	10		输入	
基本工资	N	4000	0	输入	
补贴	N	600	2	输入	
电费	N	500	2	输入	
房租	N	300	2	输入	
水费	N	200	2	输入	
出勤天数	N	31	0	输入	
上月扣零	N	0.99	2	计算	
奖金	N	10000	2	输入	
所得税	N		2	计算	(应发工资-3500)×适用税率-速算扣除数
应发工资	N		2	计算	基本工资+补贴+奖金
实发工资	N		0	计算	应发工资+上月扣零-所得税-房租-水费-电费(取整)
本月扣零	N	0.99	2	计算	应发工资+上月扣零-所得税-房租-水费-电费-实发工资

10.3 系统设计

10.3.1 系统功能结构设计

工资系统的系统功能如图10-4所示。

10.3.2 系统流程设计

处理流程设计是通过系统处理流程图的形式,将系统对数据处理过程和数据在系统存储介质间的转换情况详细地描述出来。此工资系统的处理流程如图 10-5 所示。

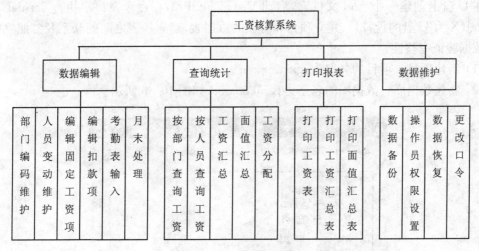

图 10-4 系统功能结构

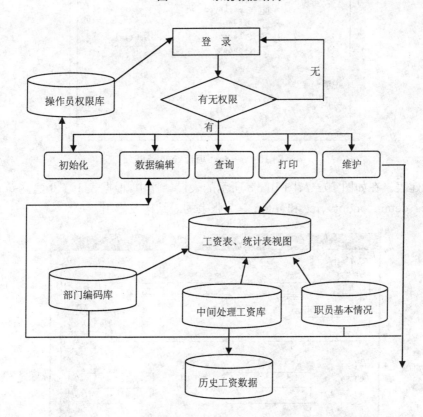

图 10-5 工资系统处理流程

10.3.3 数据库设计

数据库设计阶段的任务:根据以上工资系统资料,设计该工资系统数据库。

1) 建立表

在 U 盘上创建一个 gzgl 文件夹，启动 Visual FoxPro，在命令窗口中执行 set default to X:\gzgl(X 为 U 盘的盘符)。建立项目和有关的数据表，建立各表之间的联系及参照完整性，输入数据验证完整性。

(1) 新建项目。项目的名字为：gzxt. pjx

(2) 新建数据库。数据库的名字为：gzdata. dbc，如图 10 - 6 所示。

图 10 - 6　gzxt 项目管理器

(3) 新建表。在如图 10 - 7、图 10 - 8 所示的表设计器中，根据表 10 - 9 建立 department、employer、cs、detain、onduty、fee 和 login 等 7 张表的表结构及索引。

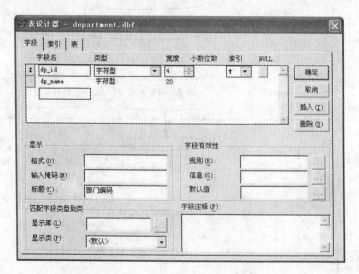

图 10 - 7　department 表设计器

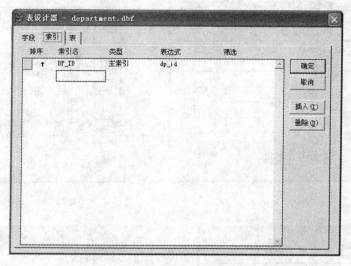

图 10 - 8　department 表索引的设计

表 10 - 9　数据库表的结构设置

表名	字段	标题	类型	长度	小数位	主索引	普通索引
department	dp_id	部门编码	C	4		√	
	dp_name	部门名称	C	20			
employer	e_id	职员编码	C	6		√	
	e_name	职员姓名	C	10			
	dp_id	部门编码	C	4			√
	e_ty	工种	C	10			
cs	e_id	职员编码	C	6		√	
	bs	基本工资	N	7	2		
	ba	补贴	N	7	2		
detain	e_id	职员编码	C	6		√	
	ef	电费	N	6	2		
	hf	房租	N	6	2		
	wf	水费	N	6	2		
onduty	e_id	职员编码	C	6		√	
	outduty	出勤天数	N	2	0		
fee	e_id	职员编码	C	6		√	
	fee	上月扣零	N	4	2		
login	user_id	姓名	C	6		√	
	password	口令	C	20			

（4）输入数据。如图 10 - 9 所示。

部门编码	部门名称
rs	人事部
jy	经营部
ch	综合部
hq	后勤部
c1	一车间
c2	二车间
cw	财务部
ms	总经理办公室

（a）department 表

职员编码	职员姓名	部门编码	工种
ms0001	卫宏波	ms	管理
ms0002	邓志翔	ms	秘书
rs0001	陈伟燕	rs	管理
rs0002	李卓	rs	行政
rs0003	于剑峰	rs	秘书
jy0001	夏菲	jy	管理
jy0002	刘帆	jy	销售
jy0003	李海淼	jy	销售
c10001	李金波	c1	管理
c20001	张艳	c2	管理
c20002	董小敏	c2	工人
cw0001	唐超芬	cw	管理
cw0002	杨桂芬	cw	行政

（b）employer 表

职员编码	电费	房租	水费
ms0001	56.00	250.00	22.00
ms0002	46.00	200.00	18.00
rs0001	59.00	250.00	33.00
rs0002	72.00	200.00	28.00
rs0003	45.00	200.00	24.00
jy0001	62.00	250.00	30.00
jy0002	67.00	200.00	27.00
jy0003	31.00	200.00	26.00
c10001	68.00	250.00	31.00
c20001	34.00	250.00	28.00
c20002	58.00	150.00	21.00
cw0001	66.00	250.00	19.00
cw0002	48.00	200.00	22.00

（c）detain 表

职员编码	基本工资	补贴
ms0001	2500.00	250.00
ms0002	1800.00	150.00
rs0001	1500.00	250.00
rs0002	1600.00	150.00
rs0003	800.00	250.00
jy0001	1200.00	150.00
jy0002	1200.00	150.00
jy0003	900.00	150.00
c10001	1200.00	180.00
c10002	800.00	150.00
c20001	1200.00	250.00
c20002	800.00	250.00
cw0001	1500.00	100.00
cw0002	1500.00	100.00
ch0001	1200.00	150.00
ch0002	1200.00	150.00
hq0001	800.00	100.00

（d）cs 表

图 10 - 9

（5）建立各表间的关系及设置参照完整性。如图 10 - 10 所示。

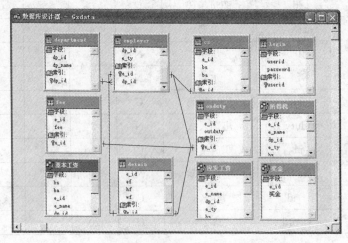

（a）各表间的关系

图 10 - 10

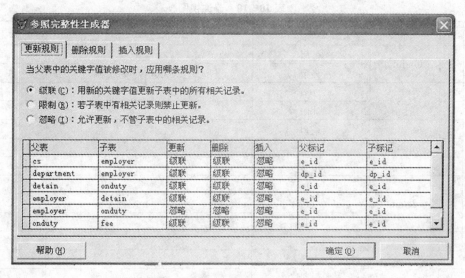

(b) 参照完整性的设置

图 10-10

（6）进行相关操作，验证数据完整性。

分别打开 cs 表、employer 表。在 cs 表中，将职员编码"ms0001"更新为"ms0000"，关闭 cs 表。观察 employer 表中职员编码"ms0001"是否也自动更新为"ms0000"。对插入和删除，也可进行类似相关操作，验证数据完整性。

2）视图设计

建立奖金、基本工资、应发工资、所得税的 SQL 查询视图，如表 10-10，表 10-11 所示。

（1）建立奖金 SQL 查询视图，如图 10-11 所示。

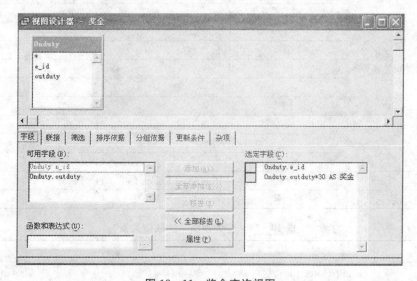

图 10-11 奖金查询视图

表 10 - 10　查询视图

视图名	数据源	选用列	列的表达式	排序	分　组
奖金	Onduty	e_id			
		奖金	Onduty. outduty * 30		
基本工资	CS	bs			
		ba			
	employer	e_id			
		e_name			
		dp_id			
	detain	e_ty			
		ef			
		hf			
应发工资	基本工资	e_id			
		e_name			
		dp_id			
		e_ty			
		bs			
		ba			
		ef			
		hf			
		wf			
	奖金	奖金			
	表达式	应发工资	基本工资. bs+基本工资. ba+奖金. 奖金		
所得税	应发工资	e_id			
		e_name			
		dp_id			
		e_ty			
		bs			
		ba			
		ef			
		hf			
		wf			
		奖金			
		应发工资			
	FEE	FEE	IIF(ISNULL(Fee. fee), 0, Fee. Fee)		
	表达式	所得税	见后面		

表 10 - 11　查询视图中的联接关系

视图名	类型	字段	条件	值
基本工资	Right Outer Join	Cs. e_id	=	Employer. e_id
	Left Outer Join	Employer. e_id	=	Detain. e_id
应发工资	Right Outer Join	基本工资. e_id	=	奖金. e_id
所得税	Left Outer Joi	n 应发工资. e_id	=	Fee. e_id

（2）建立基本工资 SQL 查询视图，如图 10-12 所示。

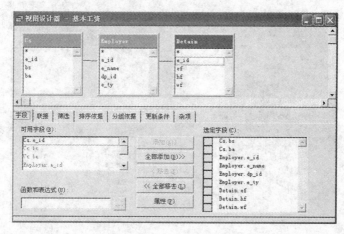

(a) 基本工资查询视图——选定字段

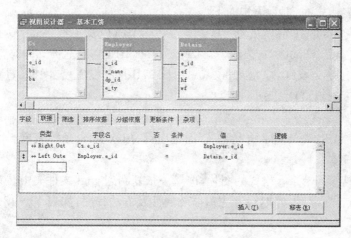

(b) 基本工资查询视图——联接设置

图 10-12

（3）建立应发工资 SQL 查询视图，如图 10-13 所示。

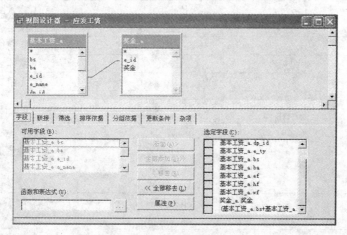

图 10-13　应发工资查询视图

（4）建立所得税 SQL 查询视图，如图 10-14 所示。

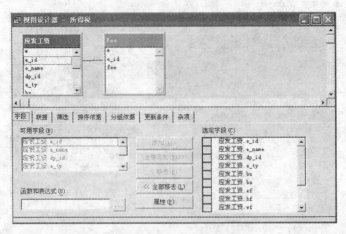

图 10-14　所得税查询视图

其中所得税表达式的 SQL 语句如下：

IIF(应发工资＞80000,应发工资＊0.45－13505,IIF(应发工资＞55000,应发工资＊0.35－5505,IIF(应发工资＞35000,应发工资＊0.3－2755,IIF(应发工资＞9000,应发工资＊0.25－1005,IIF(应发工资＞4500,应发工资＊0.2－555,IIF(应发工资＞1500,应发工资＊0.1－105,应发工资＊0.03)))))) AS 所得税

3）窗体设计

建立主窗体、部门、人员基本情况、工资固定项目、扣款项、考勤等表单。

（1）建立主窗体

在计算机中搜索所有 jpg 格式的图片，选择一张复制到 gzgl 文件夹中。在 gzxt 项目管理器中选择表单，点击"新建"按钮，设置主窗体的属性及方法程序，如表 10-12 所示。主窗体表单名保存为 main。

表 10-12　主窗体的属性

属性/方法程序	值/程序	说　明
Caption	工资管理系统	标题
Picture	Pic. jpg	背景图案
Show Window	2	顶层表单
Window State	2	使窗体最大化
Name	main	窗体名称
Window Type	0	无模式
Activate Event	read event	

Query Unload Event	if 1＝messagebox("确认退出系统?",1,"提示")
	thisform. release
	else
	nodefaul
	endif
		确认退出系统

Release	clea even clos data	
Cuser	. f.	新建属性,存放用户名

在主窗体中添加控件,如表 10 - 13 所示。Label1 控件用于在主窗体显示系统标题,timer1 用于以字幕方式显示 Label1 的内容。主窗体效果如图 10 - 15 所示。

表 10 - 13　主窗体控件

子控件		属性/ 方法程序	值/程序	说　明
名称	类			
Label1	标签	Name	Label1	
		Caption	工资管理系统	标题
		Back Style	0	背景模式
		Fore Color	128,64,0	前景色
		Font Name	华文新魏	字体
		Font Size	56	字号
		Init Event	this. top=150 this. width=0	确定初始位置
timer1	计时器	Interval	1	设置时间间隔
		Timer Event	thisform. Label1. width=thisform. Label1. width+2 if thisform. Label1. width>=580 this. interval=0 endif	控制 Label1 的运动

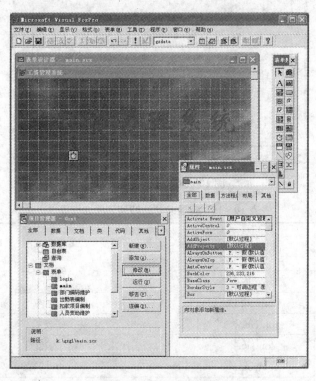

图 10 - 15　主窗体效果

· 193 ·

（2）设计登录表单

在 gzxt 项目管理器中选择表单，点击"新建"按钮，调整好表单的大小，设置表单的属性如表 10-14 所示。登录表单名保存为 login。

表 10-14　登录表单的属性

属性/方法程序	值/程序	说　明
Caption	输入口令	窗体标题
Border Style	2	窗体边线类型
Max Button	. f.	设置最大化按钮不可以用
Min Button	. f.	设置最小化按钮不可以用
Name	login	表单名
Window Type	1	窗体类型
Cuser		添加属性,存放用户名
Load Event	This. autocenter=. t.	自动居中
Unload Event	Return this. cuser	返回操作者姓名

参考图 10-16 效果,在登录表单中添加如表 10-15 所示的控件,并设置相关的属性。

图 10-16　登录表单效果

表 10-15　登录表单的控件及属性设置

子控件		属性/方法程序	值/程序
名称	类		
Label1	标签	name	Label1
		caption	请你登录
		fontname	华文行楷
		fontsize	20
		fontcolor	0,120,0
		backstyle	0

子控件		属性/	值/程序
名称	类	方法程序	
Label2	标签	name	Label2
		caption	姓名
		fontname	宋体
		fontsize	10
		fontcolor	0,0,0
Label3	标签	name	Label3
		caption	口令
		fontname	宋体
		fontsize	10
		fontcolor	0,0,0
txtusername	文本框	name	txtusername
txtpassword	文本框	name	txtpassword
		passwordchar	*
		Keypress event	lparameters nkeycode, nshiftaltctrl if nkeycode＝13&&enter nodefault thisform. comdok. click endif
cmdok	按钮	name	cmdok
		caption	确认

		Click event	use login
			locate for upper(login. userid)＝;
			upper(alltrim(thisform. txtusername. value))
			if found( )and allt(password)＝＝;
			allt(thisform. txtpassword. value)
			thisform. cuser＝alltrim(login. userid)
			thisform. release
			else
			♯define mismatch_loc"没有;
			该职员或口令错误!!! 请重新输入……"
			wait window mismatch_loc timeout 1. 5
			thisform. txtusername. value＝""
			thisform. txtpassword. value＝""
			thisform. txtusername. setfocus
			endif

cmdcancel	按钮	name	cmdcancel
		caption	退出
		Click event	thisform. cuserid＝"" thisform. release

打开数据库表 login,在 login 表中输入姓名和口令,如图 10 - 17 所示。

图 10-17 登录姓名和口令的设置

选择主窗口表单 main，设置属性参数，如表 10-16 所示，保存表单 main。

表 10-16 主窗口的属性

属性/方法程序	值/程序	说　　明
Load Event	public musername,muserid musername="" muserid="" set talk off set delete on open data gzdata do form login to thisform. cuser if empty(alltrim(thisform. cuser)) retu . f. endif	运行登录表单

选择主窗口 main，点击"运行"按钮，启动 login 登录窗口，输入姓名和口令，确定后应自动启动工资管理系统的主窗口。

（3）设计主控菜单

① 菜单栏的设计：根据系统功能结构图（图 10-4）设计系统的主控菜单。在项目管理器中，展开"其他"，选择"菜单"，点击"新建"按钮，选择新建菜单，进入菜单设计器。输入菜单栏名称，五项的结果全选择"子菜单"，如图 10-18 所示。

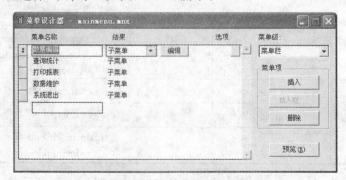

图 10-18 菜单栏的设计

② 子菜单项的设计:选择要设计的菜单栏,点击"创建"按钮,输入该菜单栏的子菜单项,在各个子菜单项的结果中,选择"命令",点击"编辑"按钮,输入命令的内容。用同样的方法完成其余菜单栏的子菜单项,如图 10-19 所示。

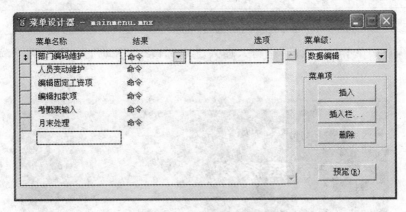

图 10-19 子菜单项的设计

③ 设置菜单的属性:在 VFP 主窗口的"显示"菜单中,选择"常规选项",将菜单设置为顶层表单。如图 10-20 所示。

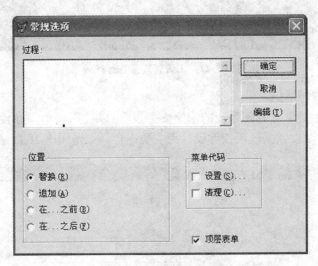

图 10-20 常规选项设置

④ 生成菜单:将菜单保存,取名为 mainmenu,然后选择 VFP 主窗口"菜单"菜单中的"生成"选项生成,如图 10-21 所示。

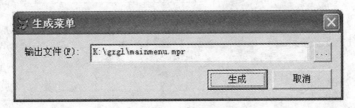

图 10-21 菜单的生成

⑤ 选择主窗口表单 main，设置属性参数，如表 10-17 所示。保存表单 main。

表 10-17　主窗体的属性

属性/方法程序	值/程序	说　明
init event	Do mainmenu. mpr WITH THIS	运行主控菜单

选择主窗口表单 main，点击"运行"，输入姓名和口令，启动工资管理系统，如图 10-22 所示。

图 10-22　工资管理系统运行效果

（4）建立部门编码维护表单

部门编码维护表是工资管理系统的辅助数据表，可以使用表单向导设置该表单。这里使用自定义的方式设计，以数据记录控件设计为主要内容。如图 10-23 所示。

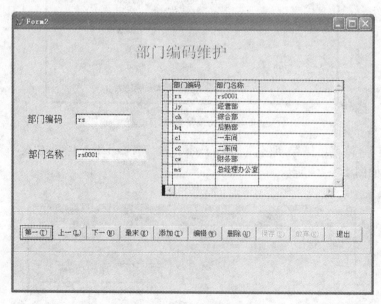

图 10-23　部门编码维护表单

① 设置自定义数据表单类:在项目管理器中选择"类库",点击"新建"按钮,出现"新建类"对话框,如图 10-24 所示。在"类名"框中输入 myform,在"派生于"的下拉框中选择 form,以 myclass 为文件名,将其存储至 U 盘中的 gzgl 文件夹。

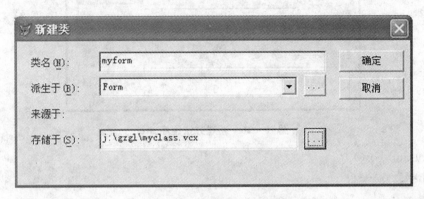

图 10-24　新建类对话框

在项目管理器中展开类库下的 myclass,选择 myform,点击"修改"按钮,打开类设计器,如图 10-25 所示。

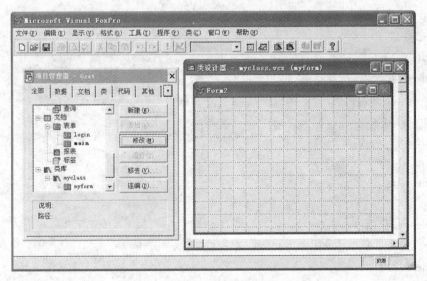

图 10-25　类设计器

选择"类"菜单,点击"新建属性",添加新的属性。各属性值如表 10-18 所示。

表 10-18　myform 类的属性设置

属　性	默认值	说　明	属　性	默认值	说　明
ad	. f.	添加记录状态	dt	. f.	顶部记录状态
ed	. f.	编辑记录状态	de	. f.	底部记录状态

选择"类"菜单,点击"新建方法程序",添加方法程序 dref,如图 10-26 所示。

dref 用来控制表单中的数据记录控件的可用性,在 myclass. vcx 属性对话框中添加如下代码。完成后,将类设计器中的 myform 进行保存。

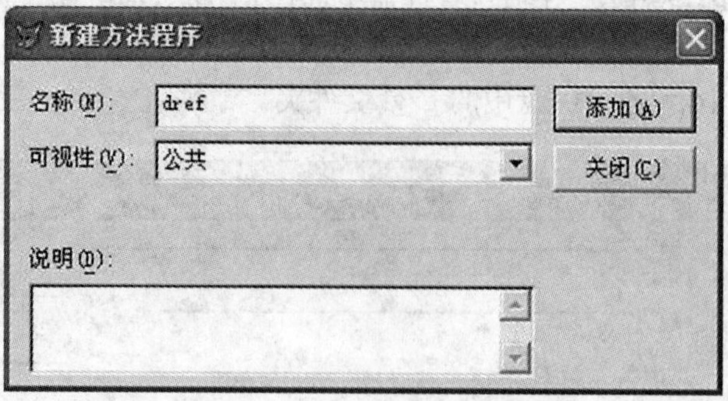

图 10－26　新建方法程序 dref

```
if eof() and bof()
this. dt=. t.
this. de=. t.
else
local ernb
ernb=recn()
go top
if eof()
this. dt=. t.
this. de=. t.
else
go ernb
do case
case bof()
this. dt=. t.
go top
this. de=eof()
case eof()
this. de=. t.
go bott
this. dt=bof()
other
skip －1
if bof()
go top
this. dt=. t.
skip
if eof()
go bott
this. de=. t.
```

```
else
skip −1
this. de=. f.
endi
else
skip
this. dt=. f.
endi
skip 1
if eof()
go bott
this. de=. t.
skip −1
if bof()
go top
this. dt=. t.
else
skip
this. dt=. f.
endi
else
skip −1
this. de=. f.
endi
endc
endi
endi
thisform. refresh()
```

在项目管理器中展开"类库"选择 myclass,点击"新建"按钮,在新建类对话框的"类名"框中输入 commg,在"派生于"的下拉框中选择 commandgroup,以 myclass 为文件名,将其存储至 U 盘中的 gzgl 文件夹。

在项目管理器中展开类库下的 myclass,选择 commg,点击"修改"按钮,打开类设计器。设置 commg 的 buttoncount 属性为 10,用鼠标调整 10 个按钮的排版位置,如图 10 - 27 所示。设置 commg 命令按钮中的 click 和 refresh 方法属性,如表10 -19 所示。

图 10 - 27 按钮类设计

表 10 - 19 command button 的 click 和 refresh 方法

名称	属性	内 容	说 明
Command1	caption	第一(\\<T)	移动指针到第一条记录
	click	go top thisform. dref()	
	refresh	this. enabled=!（thisform. dt or thisform. ed. or. thisform. ad)	
Command2	caption	上一(\\<L)	向上移动指针
	click	skip -1 if bof() go top endi thisform. dref()	
	refresh	this. enabled=!（thisform. dt or thisform. ed. or. thisform. ad)	
Command3	caption	下一(\\<N)	向下移动指针
	click	skip if bof() go bott endi thisform. dref()	
	refresh	this. enabled=!（thisform. dt or thisform. ed. or. thisform. ad)	
Command4	caption	最末(\\<E)	移动指针到最末记录
	click	go bott thisform. dref()	
	refresh	this. enabled=!（thisform. dt or thisform. ed. or. thisform. ad)	
Command5	caption	添加(\\<I)	
	click	begin tran thisform. ad=. t. go bott appe blan thisform. refresh()	
	refresh	this. enabled=(! thisform. ed). and. (! thisform. ad)	
Command6	caption	编辑(\\<W)	编辑记录
	click	begin tran thisform. ed=. t. thisform. refresh()	
	refresh	this. enabled=!（(thisform. de. and. thisform. dt). or. thisform. ed. or. thisform. ad)	

名称	属性	内 容	说 明
Command7	caption	删除(\\<U)	删除记录
	click	dele if cursorg("buffering")>1 =tableu(. t.) endi	
	refresh	this. enabled=！((thisform. de. and. thisform. dt). or. thisform. ed. or. thisform. ad)	
Command8	caption	保存(\\<S)	确认修改
	click	thisform. ad=. f. thisform. ed=. f. if cursorg("buffering")>1 =tableu(. t.) endi end tran thisform. refresh()	
	refresh	this. enabled=(thisform. ed)or(thisform. ad)	
Command9	caption	放弃(\\<K)	取消修改
	click	local deler deler=thisform. ad thisform. ad=. f. thisform. ed=. f. rollb if deler=. t. go bott endi thisform. dref thisform. refresh()	
	refresh	this. enabled=(thisform. ed)or(thisform. ad)	
Command10	caption	退出	退出
	click	thisform. release()	
	refresh	this. enabled=！(thisform. ed. and. thisform. ad)	

　　选择 myform,点击"修改"按钮进入 myclass. vcx 的类设计器,点击表单控件工具中的"查看类",选择"添加",将 myclass 添加到表单控件工具中,如图 10‐28 所示。

　　添加后,在表单控件工具栏的"查看类"中选择 myclass。点击 commg 工具,在类设计器中的表单的底部绘制按钮组,如图 10‐29 所示。

　　② 创建部门编码维护表单:选择 VFP 主窗口中"工具"菜单,点击"选项"。在出现的"选项"对话框中,选择"表单"选项卡。设置表单的模板类为 myclass. vcx 中的 myform。如图10‐30 所示。

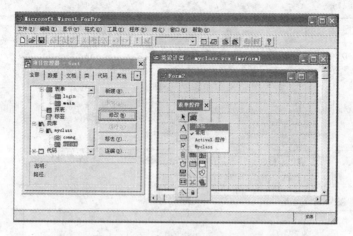

图 10-28　表单控件工具的添加

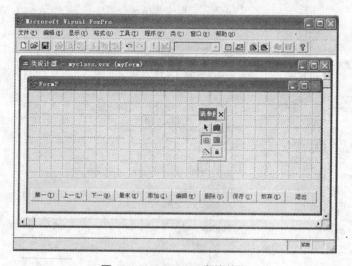

图 10-29　myform 类的效果

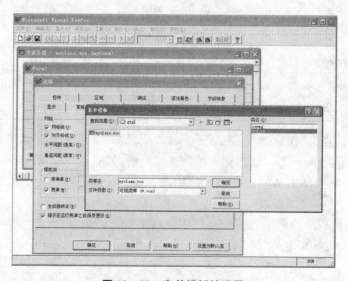

图 10-30　表单模板的设置

在项目管理器中,选择"表单",点击"新建"按钮新建表单。在表单设计器中,选择"数据环境",设置表单数据环境为 department。将数据环境设计器中的 department 表拖至表单中,再分别把数据环境中 department 表的 dp_id 和 dp_name 两个字段拖至表单中。在表单中添加标签"部门编码维护",设置字体字号和颜色以及布局,如图 10-31 所示。

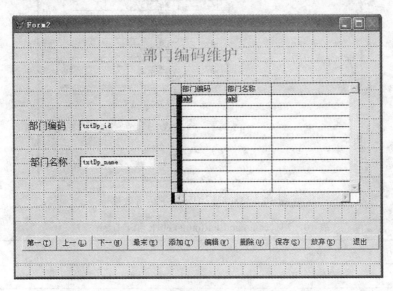

图 10-31 部门编码维护表单的设计

将部门编码维护表单保存为"部门编码维护. scx"。在项目管理器中选择菜单 mainmen,点击"修改",向"数据编辑"子菜单下的"部门编码维护"加入命令"do form 部门编码维护",如图 10-32 所示。保存后进行表单生成。

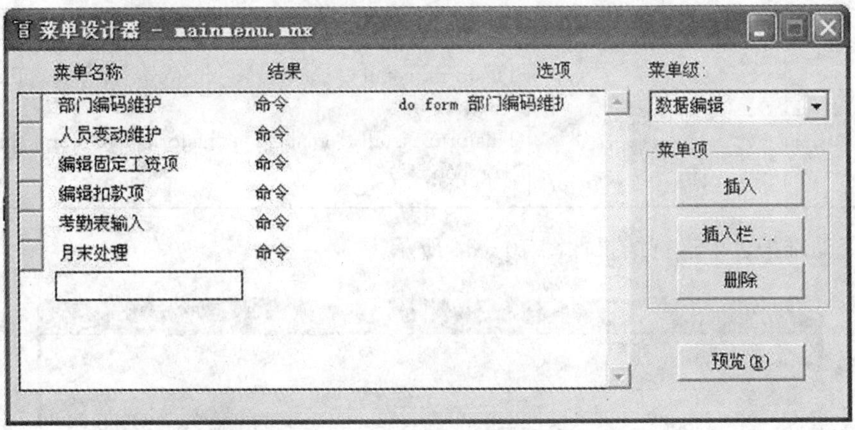

图 10-32 添加菜单项命令

在项目管理器中选择表单 main,点击"运行"。输入姓名和口令,运行部门编码维护功能,如图 10-33 所示。

(5) 建立人员变动维护表单

在项目管理器的表单栏中点击"新建",选择"新建表单"。设置数据环境为"employer",并将 employer 表中的字段拖至表单合适位置。其余控件属性值如表 10-20 所示。

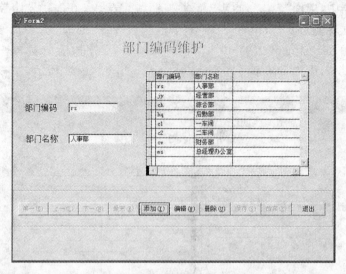

图 10 - 33　部门编码维护运行效果

表 10 - 20　command button 的 click 和 refresh 方法

| 子 控 件 | | 属性 | 值/程序 |
名称	类	方法程序	
Label1	标签	Caption	所在部门
Combo1	组合框	Controlsource	employer. dp_id
		Bound To	. T.
		Rowsource	select dp_name,dp_id fromgzdata！ department into cursor tmp
		Rowsoucre Type	3
		Refresh	Thisform. setall ('enabled', thisform. ed . or. thisform. ad, 'textbox') Thisform. setall ('enabled', thisform. ed . or. thisform. ad, 'combobox')

人员变动维护表单运行结果如图 10 - 34 所示。

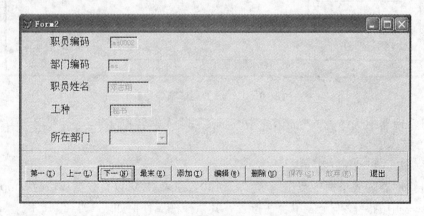

图 10 - 34　人员变动维护运行效果

（6）建立出勤表编制表单

出勤表编制表单用于输入、编辑出勤表。在项目管理器的表单栏中点击"新建"，选择"新建表单"。设置数据环境为"onduty"，并将 onduty 表拖至表单中。表格属性值如表 10 - 21 所示。

表 10 - 21　grdOnduty 表格的属性设置

子 控 件		属性方法程序	值/程序
名称	类		
grdOnduty	表格	Name	grdOnduty
		Recordsource	onduty
		Columncount	4
		DeleteMark	. f.

在表格中，给 column2 和 column3 添加子控件组合框，名称为 Combo1，并且对 column1、column2 和 column3 做设置如表 10 - 22 所示。

表 10 - 22　grdOnduty 表格的子控件属性设置

名称	子控件	属性	内　　容
column1		Controlsource	onduty. e_id
column2	Combo1	Controlsource	onduty. e_id
		CurrentControl	Combo1
		Readonly	. t.
		Sparse	. f.
		BoundColumn	2
		DisplayCount	1
		RowSource	select e_name, e_id from gzdata！ employer into curs ict
		RowSourceType	3
		BorderStyle	0
		SpecialEffect	1
		Style	0
column3	Combo1	ControlSource	onduty. e_id
		CurrentControl	Combo1
		Readonly	. t.
		Sparse	. f.
		BoundColumn	2
		DisplayCount	1
		RowSource	select department. dp_name, employer. e_id from gzdata！ department left outer join gzdata！ employer on department . dp_id＝employer. dp_id into curs tmp
		RowSourceType	3
		BorderStyle	0
		SpecialEffect	1
		Style	2
column4		ControlSource	onduty. outduty

出勤表编制表单运行结果如图 10 - 35 所示。

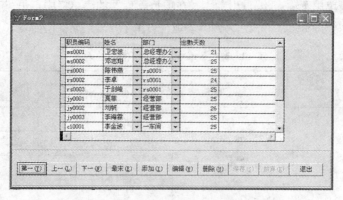

图 10 - 35 出勤表编制表单运行效果

(7) 建立扣款项目编制表单

扣款项目编制表单用于输入、编辑扣款项目。在项目管理器的表单栏中点击"新建",选新建表单。设置数据环境为"detain",并将 detain 表拖至表单中。表格属性值如表 10 - 23 所示。

表 10 - 23 grdDetain 表格的属性设置

子 控 件		属性 方法程序	值/程序
名称	类		
grdOnduty	表格	Name	grdDetain
		Recordsource	Detain
		Columncount	6
		DeleteMark	. f.

在表格中,给 column2 和 column3 添加子控件组合框,名称为 Combo1,并且对 column1、column2 和 column3 设置。如表 10 - 24 所示。

表 10 - 24 grd Detain 表格的子控件属性设置

名称	子控件	属 性	内 容
column1		ControlSource	Detain. e_id
column2	Combo1	ControlSource	Detain. e_id
		CurrentControl	Combo1
		Readonly	. t.
		Sparse	. f.
		BoundColumn	2
		DisplayCount	1
		RowSource	select e_name, e_id from gzdata! employer into curs ict
		RowSourceType	3
		BorderStyle	0
		SpecialEffect	1
		Style	0

名称	子控件	属　性	内　　容
column3	Combo1	ControlSource	Detain. e_id
		CurrentControl	Combo1
		Readonly	. t.
		Sparse	. f.
		Boundcolumn	2
		DisplayCount	1
		RowSource	select department. dp_name，employer. e_id from gzdata! department left outer join gzdata! employer on department . dp_id＝employer. dp_id into curs tmp
		RowSourceType	3
		BorderStyle	0
		SpecialEffect	1
		Style	0
column4		Controlsource	Detain. wf
column5		Controlsource	Detain. ef
column6		Controlsource	Detain. hf

扣款项目编制表单运行结果如图 10 - 36 所示。

图 10 - 36　扣款项目编制表单运行效果

因篇幅所限,工资固定项目维护表单、按部门查询工资表单、显示工资汇总情况表单、显示工资面值汇总情况表单、打印对话表单、工资汇总表单、打印面值汇总表单、权限设置表单、密码更改表单、数据备份表单、数据恢复表单和月初月末处理表单等请读者参照上述表单设计方式实现。

(8) 建立按部门汇总应发工资报表

在项目管理器中新建报表，在打开的"新建报表"对话框中选择"报表向导"。

在"步骤1-字段选取"中，选定"GZDATA"数据库"应发工资"视图的"Dp_id"、"E-name"和"应发工资"字段，如图10-37所示。

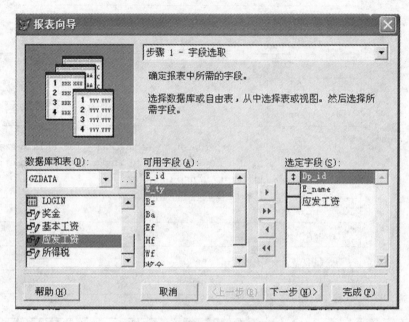

图 10-37　步骤 1-字段选取

"步骤2-分组记录"，以"Dp_id"进行分组，如图10-38所示。

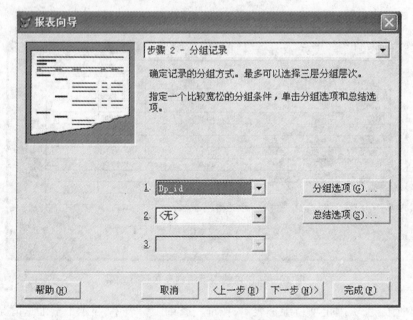

图 10-38　步骤 2-分组记录

"步骤3-选择报表样式"，选择"经营式"，如图10-39所示。

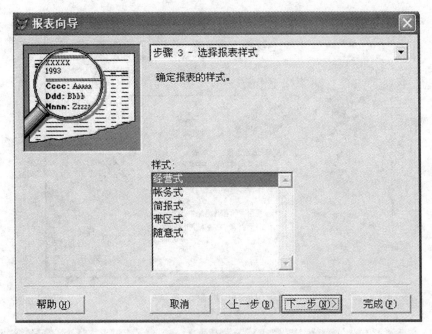

图 10-39 步骤 3-选择报表样式

"步骤 4-排序记录",以"E-name"字段升序排序,如图 10-40 所示。

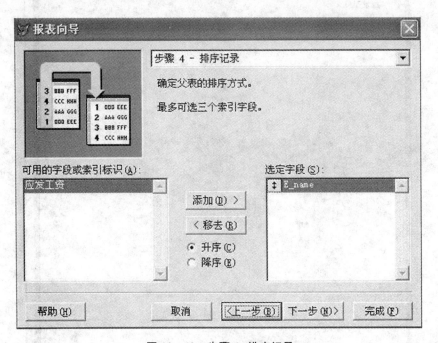

图 10-40 步骤 4-排序记录

"步骤 5-完成",选择"保存报表以备将来使用",如图 10-41 所示。

按部门汇总应发工资报表预览结果如图 10-42 所示。

图 10 - 41 步骤 5 - 完成

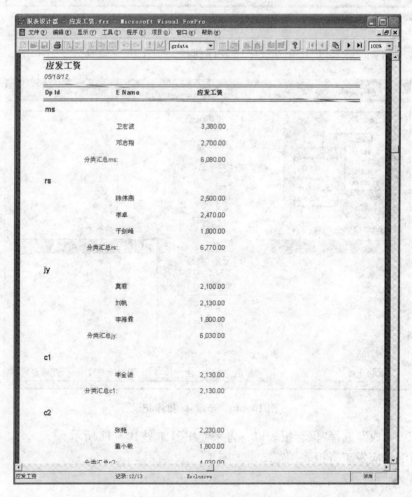

图 10 - 42 按部门汇总应发工资报表预览效果

10.3.4 项目信息设置

选择 VFP 主窗口"项目"菜单下的"项目信息",填写该项目的有关信息。如图 10 - 43 所示。

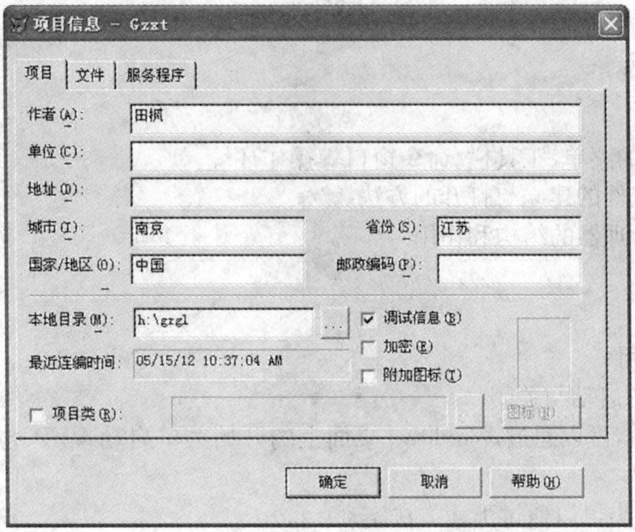

图 10 - 43 项目信息

10.3.5 项目连编

选择 VFP 主窗口"项目"菜单下的"连编",选择"连编可执行文件",另存为"gtxt. exe"后,退出 VFP。打开 U 盘 gzgl 文件夹下的 gtxt. exe,如图 10 - 44 所示。

图 10 - 44 运行 gtxt. exe

输入姓名和口令后,进入主界面。

实训一 Visual FoxPro 6.0 环境和项目的建立

【实训目的】

1. 熟悉 VFP 的菜单、工具栏、命令窗口等操作环境。
2. 掌握项目文件的建立与打开的方法。
3. 掌握项目管理器的结构和作用。

【实训内容和步骤】

一、环境的使用

1. VFP 程序的启动与关闭

在安装 VFP 后，可以通过 Windows 桌面上的开始菜单启动 VFP，也可以双击桌面上的快捷方式启动 VFP。

VFP 程序的退出可以通过下面方法实现：

● 单击 VFP 主窗口右上角的"关闭"按钮。

● 执行"文件"菜单中的"退出"命令。

● 单击 VFP 主窗口左上角的控制图标，执行菜单"关闭"命令。

● 在键盘上按快捷键【ALT】+【F4】。

● 在命令窗口中输入并执行命令 QUIT。

2. 工具栏

在 VFP 启动后，系统默认打开的仅有"常用"工具栏，用户在操作过程中可以根据需要采用下面两种方法及时打开相应的工具栏。

（1）通过"显示"菜单中的"工具栏"命令，打开工具栏对话框，在其中进行设置。如图 S1-1 所示。

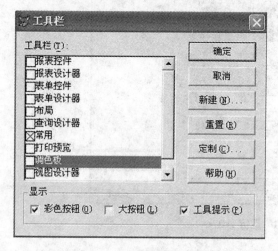

图 S1-1 工具栏显示设置 1

图 S1-2 工具栏显示设置 2

（2）在工具栏打开的情况下，在工具栏的无按钮处单击鼠标右键，在快捷菜单中选择所需打开的工具栏名称即可。如图Ｓ1－2所示。

3. 命令窗口

命令窗口是 VFP 的一种系统窗口，任务操作时可以直接在命令窗口中输入并执行 VFP 命令。可以利用常用工具栏中的命令窗口按钮或快捷键【CTRL】+【F2】，打开和关闭命令窗口。在命令窗口中输入命令后按回车键，则系统将直接解释执行命令。

在命令窗口中依次输入下列命令并执行，观察结果：

SET DEFAULT TO e:\
? 1+2+3+4+5
?? 9/3
CLEAR
? DATE()
DIR
DIR e:*.*
RUN calc

4. 选项对话框

对 VFP 的操作环境，可以通过打开"工具"菜单"选项"命令对话框设置，也可以利用命令进行设置。"选项"对话框如图Ｓ1－3所示，仔细浏览各选项卡的内容，并设置如下选项：

● 显示选项卡：显示状态栏、时钟。
● 常规选项卡：替换文件时加以确认，浏览表时启动 IME 控件。
● 文件位置选项卡：默认目录设置为 E 盘。
● 区域选项卡：日期格式设置为"汉语"。
● 语法着色选项卡：前景色设置为红色。

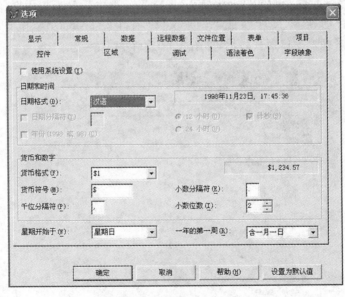

图Ｓ1－3　选项对话框

二、项目文件的使用

1. 创建项目文件

项目是文件、数据、文档和 Visual FoxPro 对象的集合，保存后的文件扩展名为 PJX 或 PJT（备注文件）。在默认路径下创建一个教学管理项目，操作步骤如下：

（1）执行"文件"菜单"新建"命令，或单击常用工具栏上的新建按钮，出现如图 S1-4 所示的新建对话框。

（2）新建对话框中，选择项目选项后，单击新建文件命令按钮，出现如图 S1-5 所示的创建对话框。

图 S1-4 新建项目

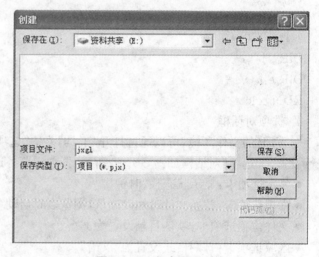

图 S1-5 保存项目文件

（3）选择保存在 E 盘实验文件夹中，输入项目文件名 jxgl，然后单击保存按钮。

创建项目文件后，在 E 盘上生成了两个文件（项目文件 jxgl. pjx 和项目备份文件 jxgl. pjt），项目以项目管理器窗口形式显示，如图 S1-6 所示。

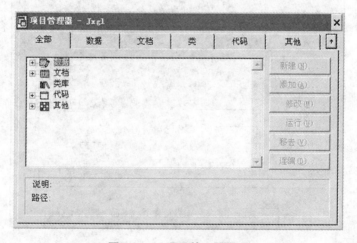

图 S1-6 项目管理器界面

项目文件要关闭，可单击项目管理器窗口中的关闭按钮，或在该窗口处于活动状态时执行

"文件"菜单中的"关闭"命令即可。需要打开已存在的项目文件 jxgl. pjx 时,可以直接双击此文件或使用"文件"菜单中的"打开"命令。

2. 项目管理器管理文件

(1) 添加文件

在项目管理器中单击新建按钮创建的一切文件都会由该项目管理器管理,并在窗口中显示。对于已存在的文件,也可以添加到项目中,如将 E 盘实验文件夹中的表文件 user. dbf 添加到项目中,操作步骤如下:

● 依次单击数据和自由表前的"+"号展开,选择自由表,点击添加按钮,如图 S1-7 所示。

● 在出现的添加对话框中选择 user. dbf 文件,单击确定按钮。

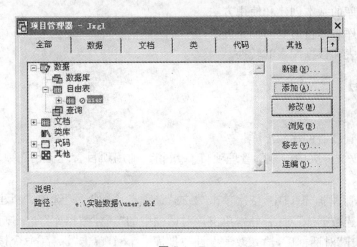

图 S1-7

(2) 移去文件

项目中包含的项(文件)也可以移去。如若要将自由表 user. dbf 从项目中移去,操作步骤如下:

● 依次单击数据和自由表前的"+"号展开,选择 user,点击移去按钮;

● 出现如图 S1-8 所示提示框,单击移去按钮,表文件 user. dbf 将从此项目中移去但仍然保存在对应的路径中;单击删除按钮,表文件从项目中移去后,将从磁盘中彻底删除。

图 S1-8　从项目管理器中删除

实训二 数据库、表的创建和使用

【实训目的】

1. 掌握数据库的基本创建和使用方法。
2. 掌握数据库表和自由表的创建方法。
3. 掌握自由表和数据库表的转换。

【实训内容和步骤】

一、数据库的创建

1. 利用项目管理器创建数据库

打开实验数据文件夹中的教学管理项目 jxgl. pjx,利用项目管理器创建数据库,具体操作步骤如下:

(1) 在"项目管理器"窗口中,依次单击"数据"选项卡、"数据库"选项、"新建"按钮。

(2) 出现"新建数据库"对话框后,单击该对话框中的"新建数据库"命令按钮。

(3) 出现"创建"对话框后,输入教学设计数据库名 jxsj,单击"保存"命令按钮,弹出"数据库设计器"窗口。

(4) 关闭"数据库设计器"窗口。

在"项目管理器"窗口中单击"数据库"项前的"+"可以看到,已创建好一个数据库名为 jxsj,如图 S 2-1 所示。同时在当前的目录下生成 3 个文件,即 jxsj. dbc、jxsj. dct 和 jxsj. dcx。

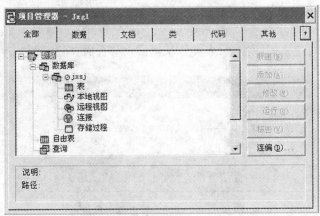

图 S 2-1 创建数据库

2. 利用命令创建数据库

在"命令"窗口中输入并执行下列命令可以创建一个名为教学实习 jxsx 的数据库:

CREATE DATABASE jxsx

同时在默认的目录下生成3个文件,即 jxsx. dbc、jxsx. dct 和 jxsx. dcx。但创建的数据库不会自动地包含在项目文件夹中,同时数据库设计器窗口也不会自动打开,必须通过项目的添加操作添加到项目中。

二、表的创建

表有自由表和数据库表两种,可以通过项目管理器界面操作创建,具体方法相同,操作步骤如下:

(1) 打开 TEST 项目,在"项目管理器"窗口中依次单击"数据"选项卡、"自由表"选项、"新建"命令按钮。

(2) 在出现"创建"对话框后,输入课程表表名 kc,单击"保存"命令按钮。

(3) 在出现的"表设计器"窗口中,按照表 S 2-1 为表进行结构定义,如图 S 2-2 所示。

表 S 2-1　KC 表结构

字段名	类型	宽度	小数位数	字段含义
kcdh	C	4		课程代号
kcm	C	18		课 程 名
kss	N	2	0	课 时 数
bxk	L	1		必 修 课
xf	N	1	0	学　　分

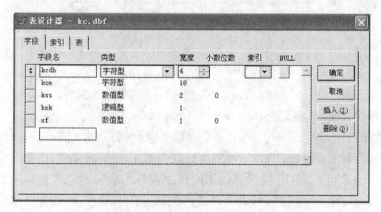

图 S 2-2　表结构定义

(4) 确认表结构定义信息已正确输入后,单击"确定"命令按钮。

(5) 在出现的"现在输入数据记录吗?"提示框中单击"否"命令按钮,如图 S2-3 所示。

图 S 2-3　输入数据提示框

此时在"项目管理器"窗口中的"自由表"项下出现了 kc 表,如图 S 2-4 所示。单击 kc 表前的加号可以查看该表所包含的字段。

同时可以将 kc 表添加到 TEST 项目的数据库 sjk 中,转为数据库表。步骤如下:

(1) 在"项目管理器"窗口中展开数据库中的 sjk 项,单击 sjk 项下的表项,单击"添加"命令按钮。

(2) 在出现的"打开"对话框中选择 kc 表,然后单击"确定"命令按钮。

在"项目管理器"窗口中单击数据库下表选项前的加号可以看到已将 KC 表添加到数据库 sjk 中,成了由数据库管理的数据库表。

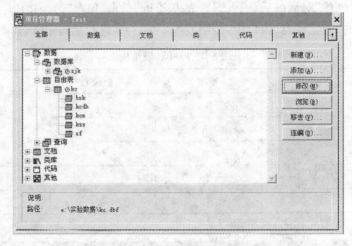

图 S 2-4 项目管理器中的 kc 表

另外也可以用 CREATE TABLE 命令创建一个表。在"命令"窗口中,输入并执行如下命令:

CREATE TABLE cj(xh C(8),kcdh C(4),cj N(5,1),bz M)

命令窗口界面如图 S 2-5 所示。

该命令创建的表的名字为 cj,表中有 4 个字段,字段名分别为 xh、kcdh、cj 和 bz,类型分别为字符型、字符型、数值型和备注型,字段宽度分别为 8、4、5(整数 4 位、小数 1 位)和 4。

注意:利用 CREATE TABLE 命令创建的自由表并不会自动地包含到项目文件中,当表含有备注型字段或通用型字段时,则表文件会产生相应的表备注文件(fpt),即创建一张表时产生了两个文件。

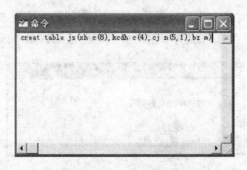

图 S 2-5 命令窗口

实训三 表的结构和数据录入

1. 掌握表的结构和结构修改的方法。
2. 掌握表数据的录入方法。
3. 掌握表的浏览及定制的方法。

【实训内容和步骤】

一、表的结构修改

打开 TEST 项目,在"项目管理器"窗口中有一张工资表 gzb,使用表设计器修改表 gzb 的结构,操作步骤如下:

(1)在"项目管理器"窗口中,选中 gzb 表项,单击"修改"命令按钮。

(2)在"表设计器"窗口中修改表结构:要求添加一个字段名为 zp、类型为"通用型"的字段,将"gh"字段的宽度改为 6,将 gl 字段删除,如图 S3-1 所示。

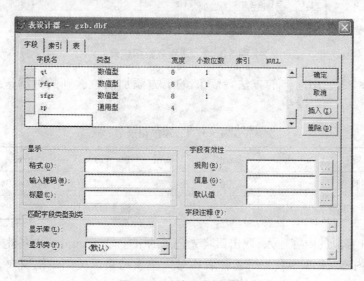

图 S3-1 表结构的修改

(3)确认表结构已经修改完后,单击"确定"命令按钮。

(4)出现"是否永久性地更改表结构"提示框,单击"是"命令按钮。

二、记录的输入

当表的结构创建结束后,系统会提示是否立即输入数据。数据可以在表的"浏览"窗口中输入,也可以在"命令"窗口中使用命令输入。

(1) 打开项目 test,在"项目管理器"窗口中选中表 kc,单击"浏览"命令按钮,显示 kc 表的浏览窗口。

(2) 执行"显示"菜单中的"追加方式"命令。

(3) 在 kc 表的浏览窗口中输入课程表的数据记录,如图 S 3-2 所示。

图 S 3-2　课程表数据记录

(4) 选中 js 表,使用同样的方法在表 js 的下方添加两位教师的数据记录,如表 S 3-1 所示。

表 S 3-1　添加记录

gh	xm	xb	xdh	zcdh	csrq	gzrq	jl
F0001	田晓光	男	06	03	09/22/72	08/04/94	memo
I0001	刘　凯	男	09	02	10/20/70	08/04/92	memo

(5) 简历 jl 字段的内容输入:双击田晓光记录的 jl 字段 memo,弹出备注字段的编辑窗口 js.jl,输入备注内容"2003 年获先进工作者称号",输入结束后关闭编辑窗口。同样在刘凯的备注字段中输入"2005 年获优秀教师称号"。

(6) 打开 js 表设计器,添加一个字段 zp,类型为通用型。

(7) 设置 zp 字段的内容:双击田晓光记录的 zp 字段 gen,弹出通用字段的编辑窗口 js.zp,执行"编辑"菜单中的"插入对象"命令,弹出"插入对象"对话框,选择"由文件创建",点击"浏览"按钮,选择默认目录下的图片 B0001.gif。单击"确定"按钮,关闭 js.zp 编辑窗口。

三、表的浏览和字段、记录的筛选

(1) 单击"常用"工具栏上的"数据工作期窗口"按钮,打开"数据工作期"窗口,查看当前处于打开状态的表。

(2) 在"命令"窗口中依次输入和执行下列命令,每条命令执行后注意观察"数据工作期"窗口中的变化。

CLOSE TABLES ALL

USE js

USE xim

USE xim ALIAS ximing

USE js IN 0

USE js AGAIN IN 0

USE js ALIAS jiaoshi AGAIN IN 0

USE

USE IN 4

SELECT c

USE

CLOSE TABLES ALL

(3) 利用项目管理器分别浏览 js 表和 xim 表,查看使用的工作区是否相同。

(4) 要关闭表可以在"数据工作期"中选择对应的表,如 js 表,点击"关闭"命令按钮。用同样的方法将所有打开的表都关闭。

(5) 在"项目管理器中"窗口中选择 js 表,单击"浏览"命令按钮。

(6) 执行表菜单中的属性命令,打开"工作区属性"对话框,如图 S 3-3 所示。

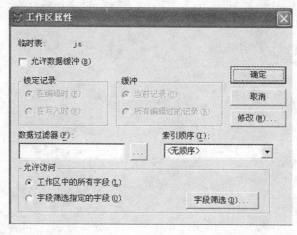

图 S 3-3 工作区属性设置

(7) 在"工作区属性"对话框数据过滤器中输入"xb=″女″",然后单击"确定"命令按钮,此时浏览窗口中仅显示性别为"女"的记录。

(8) 再次打开"工作区属性"对话框,在对话框中选中"字段筛选指定的字段"单选按钮,然后单击"字段筛选"命令按钮,如图 S 3-4 所示。

(9) 出现"字段选择器"对话框,在"所有字段"列表框中,分别单击"gh"、"xm"、"xb"字段和"添加"命令按钮,然后单击"确定"按钮,回到"工作区属性"对话框,再单击"确定"命令按钮。

(10) 关闭浏览窗口,然后再次单击"项目管理器"窗口中的"浏览"命令按钮,此时浏览窗

图 S 3 - 4 字段选择器

口中仅显示性别为"女"的记录,且只显示工号、姓名和性别这 3 个字段。

同时也可以用命令来操作,在"命令"窗口中依次输入和执行下列命令,每次执行 BROWSE 命令后观察浏览窗口的显示结果。

CLOSE TABLES ALL
USE js
BROWSE TITLE "教师表"
BROWSE FOR xb="女"
BROWSE FIELD gh,xm,xb
BROWSE FIELD gh,xm,xb FOR xb="女"
BROWSE FIELD gh,xm,xb FOR xb="女" TITLE "教师表"
BROWSE
SET FILTER TO xb="女"
BROWSE
SET FIELD TO gh,xm,xb
BROWSE
USE js
BROWSE
USE

实训四　记录的维护和表的扩展属性

【实训目的】

1. 掌握表记录定位的基本方法。
2. 掌握表数据的修改、记录的删除等维护方法。
3. 掌握数据库表的数据扩展属性的设置方法。

【实训内容和步骤】

一、表记录的定位

1. 菜单操作

利用菜单界面操作进行表记录的定位,操作步骤如下:

(1) 在"项目管理器"窗口中选中 js 表后单击"浏览"命令按钮,这时屏幕上出现 js 表的浏览窗口,从状态栏可以看到该表共有 35 条记录,当前记录指针指向第 1 条记录。

(2) 执行"表"菜单"转到记录"中"下一个"命令后,观察记录指针的变化。

(3) 执行"表"菜单"转到记录"中"上一个"命令后,观察记录指针的变化。

(4) 执行"表"菜单"转到记录"中"最后一个"命令后,观察记录指针的变化。

(5) 执行"表"菜单"转到记录"中"第一个"命令后,观察记录指针的变化。

(6) 执行"表"菜单"转到记录"中"记录号"命令,在出现的"转到记录"对话框中分别输入记录号 20 和 40,单击"确定"命令按钮后,观察记录指针的变化。

(7) 执行"表"菜单"转到记录"中"定位"命令,在对话框中输入定位条件 xb＝"女",单击"定位"命令按钮后,观察记录指针的变化,如图 S 4-1 所示。

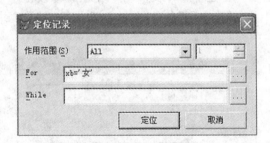

图 S 4-1　定位记录

在表的浏览状态下,也可以利用浏览窗口的滚动条、键盘的光标移动键等进行记录指针的移动。

2. 命令操作

在命令窗口中依次输入和执行下列命令,在每条？命令执行后观察显示的内容。

CLOSE TABLES ALL

```
CLEAR
USE JS
? RECNO()
SKIP 12
? RECNO()
SKIP
? RECNO()
SKIP −1
? RECNO()
GOTO 44
GOTO TOP
? RECNO()
? BOF()
SKIP −1
? RECNO()
? BOF()
SKIP −1
GOTO BOTTOM
? RECNO()
? EOF()
SKIP
USE
```

二、数据的修改

当表处于浏览状态时,可以在浏览窗口中直接修改记录中的数据,如果某字段的值。

当需要按某一规则进行修改时,如将 gzb 表中所有 zc(职称)为教授或副教授的记录的 zf-bt 字段内容修改为 jbgz 的 50%,则可以利用界面操作进行字段内容替换,具体步骤如下:

(1) 在"项目管理器"窗口中选中 gzb 表,单击"浏览"命令按钮。

(2) 执行"表"菜单中的"替换字段"命令,在对话框中输入替换要求后,单击"替换"命令按钮,如图 S 4-2 所示。

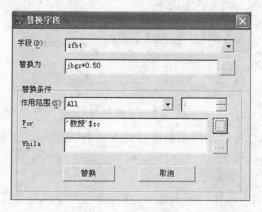

图 S 4-2 替换字段

三、记录的删除

1. 设置删除标记

(1) 当表处于浏览状态时,可以在浏览窗口中直接设置删除标记。具体操作如下:

① 在"项目管理器"窗口中选中 xs 表,单击"浏览"命令按钮。

② 要删除第 2、4 条记录,则分别单击第 2、4 条记录的删除标记列即可,如图 S 4-3 所示。

Xh	Xm	Xb	Bjbh	Jg	Csrq	Zp	Xdh	
990501	李 林	男	990404051	江苏南京	02/09/81	Gen	05	
990506	高 辛	男	990404051	江苏南京	08/06/82	Gen	05	
990505	陆海涛	男	990404051	江苏扬州	10/09/82	gen	05	
990504	柳 宝	女	990404051	江苏苏州	09/06/81	gen	05	
990502	李 枫	女	990404051	上海	10/12/82	Gen	05	
990503	任 民	男	990404051	山东青岛	11/08/81		05	
990307	林一凤	男	990403022	上海	05/04/82		03	
990304	高 平	男	990403022	江苏苏州	08/05/80		03	
990302	朱 元	男	990403022	福建福州	09/01/81	gen	03	
995302	吴 欣	女	990401022	广东广州	07/02/82	gen	03	
990306	李 玲	女	990401022	上海	01/06/83		03	
995301	刘 刚	男	990401022	江苏镇江	11/19/82		03	
995303	武 林	男	990401022	江苏南京	03/08/83		03	
990201	吴 勇	男	990404071	浙江杭州	12/08/81	gen	02	
990202	顾永林	男	990404071	福建厦门	12/29/81	gen	02	
990301	王鸿进	男	990403022	江苏苏州	07/26/82		03	

图 S 4-3 删除记录

(2) 也可以执行"表"菜单中的"删除记录"命令,在删除对话框中,将"作用范围"设置为 ALL,将"For"条件设置为 xdh="02",单击"删除"命令按钮,如图 S 4-4 所示。

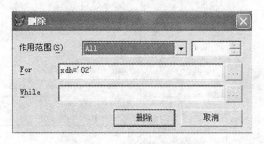

图 S 4-4 菜单方式删除记录

在浏览窗口中查看删除标记的设置情况,结束时关闭浏览窗口。

另外还可以使用 DELETE 命令来设置删除标记。

CLOSE TABLES ALL

DELETE FROM JS WHERE XDH="01"

BROWSE

2. 恢复记录

恢复记录实质上是指取消记录的删除标记。恢复记录有如下两种操作方式:

(1) 在"项目管理"窗口中选中 xs 表,单击"浏览"命令按钮,分别单击第 2、4 条记录的删除标记取消删除标记即可。

(2) 执行"表"菜单中的"恢复记录"命令,在对话框中的"作用范围"、"For"输入框中设置相关条件后单击"恢复"命令按钮。

3. 彻底删除记录

彻底删除记录是将记录彻底从表中删除，具体操作有以下几种方法：

(1) 在"项目管理器"窗口中选中 cj 表，单击"浏览"命令按钮，为部分记录设置删除标记，执行"表"菜单中的"彻底删除"命令。可再浏览 cj 表查看效果。

(2) 在命令窗口中输入并执行下列命令：

```
CLOSE   TABLES   ALL
DELETE   FROM   XS   WHERE     ! 江苏 $ jg
BROWSE
PACK
BROWSE
```

四、表的扩展属性

使用表设计器可以对数据库表的字段属性进行设置，如对 js 表的字段有效性进行设置，具体操作步骤如下：

(1) 在"项目管理器"窗口中选择 js 表，单击"修改"命令按钮。

(2) 在"表设计器"窗口中选择字段标签，逐个选择字段设置有关属性：gh 字段：输入掩码为"X9999"，字段注释为"主关键字"；xb 字段：默认值为"男"，字段验证规则为男或女，字段验证信息为"您输入的只能是男或女!"；gzrq 字段：标题为"工作日期"，如图 S 4-5 所示。

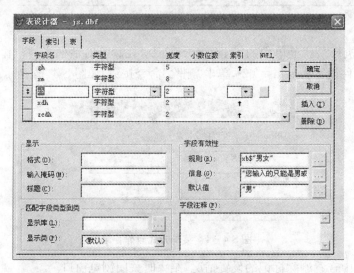

图 S 4-5　字段有效性规则

(3) 设置结束后，关闭表设计器窗口。

(4) 在项目管理器窗口中选择 js 表，单击"浏览"命令按钮，观察 js 表的显示。

(5) 修改第 1 条记录的性别字段的值，将"男"改为"无"，光标移动到其他字段或记录后，则因违反字段验证规则而显示字段验证信息，如图 S 4-6 所示。

还可以对表的属性进行设置，具体操作步骤如下：

(1) 在"项目管理器"窗口选择 js 表，单击"修改"命令按钮。

(2) 在 js 表的表设计器窗口中选择表标签，将表名改为"教师基本档案表"，记录有效性规则设置为"YEAR(gzrq)−YEAR(csrq)＞17"，记录有效性信息设置为"工作时必须满 18 岁"，删除触发器设置为"EMPTY(gh)"，如图 S 4-7 所示。

图 S 4 - 6　字段验证信息

图 S 4 - 7　表有效性规则

（3）设置结束后，关闭表设计器窗口。

（4）在"项目管理器"窗口中选中教师基本档案表，单击"浏览"命令按钮。

（5）将第 1 条记录的出生日期字段的值改为与工作日期字段的值相同，将光标移动到其他记录，则因违反记录有效性规则而显示记录有效性信息，单击提示框中的"还原"命令按钮，如图 S 4 - 8 所示。

（6）为第 2 条记录设置删除标记，将光标移动到其他记录，则因违反删除触发器而显示信息，单击提示框中的"还原"命令按钮。

图 S 4 - 8　违反记录有效性显示信息

实训五　表的索引和表永久关系

【实训目的】

1. 掌握创建结构复合索引的操作方法以及索引的使用方法。
2. 掌握创建和使用数据库表的主索引的方法。
3. 掌握创建数据库表永久性关系的基本方法。
4. 掌握设置数据库表的参照完整性规则的基本方法。

【实训内容和步骤】

一、表的索引

使用表设计器创建表结构复合索引和主索引,具体操作步骤如下:

(1) 在"项目管理器"窗口中选中 gzb 表,单击"修改"命令按钮,弹出 gzb 表的设计器窗口。

(2) 选择表设计器窗口中的"索引"选项,建立如表 S 5 - 1 所示的 3 个索引。

表 S 5 - 1　建立索引

索　引　名	类　　型	表　达　式
Gh	候选索引	gh
Xm	普通索引	xm
Zh	普通索引	xb+DTOC(csrq,1)

(3) 确认输入设置正确后,单击"确定"按钮。

在当前目录中可以看到,创建索引后系统自动生成了索引文件 gzb. cdx。从"项目管理器"窗口中看到,当表创建了结构复合索引,其索引名在字段后面列出。

利用刚刚建立的索引可以控制表记录的显示、处理的顺序,操作步骤如下:

(1) 在"项目管理器"窗口中选中 gzb 表,单击"浏览"命令按钮。

(2) 执行"表"菜单"属性"命令,在工作区属性对话框中的索引顺序下拉列表框中可以看到建立的三个索引,如图 S 5 - 1 所示。选择 Gzb. Xm,单击"确定"命令按钮。

(3) 在浏览窗口中可以看出当前记录是按姓名的第一个字的拼音排序显示的。

使用同样的方法建立 js 表的索引。

二、表的永久关系

数据库表可以根据需要和它们之间的内在联系,创建两张表之间的永久关系。在创建永久性关系之前,首先应找出两张表之间的关系,然后根据要求创建好索引。

使用数据库设计器创建 cj 表和 xs 表之间的永久关系的具体操作步骤如下:

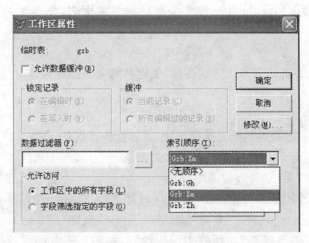

图 S5-1 建立的索引

(1) 在"项目管理器"窗口中选择数据库 sjk,单击"修改"命令按钮。

(2) 将"数据库设计器"窗口拖放成合适的大小,然后执行"数据库"菜单"重排"命令,单击"确定"命令按钮。

(3) 执行"数据库"菜单"清理数据库"命令。

(4) 移动数据库设计器窗口中的 cj 表与 xs 表的滚动条,使这两张表的 xh 索引名在窗口中可见。

(5) 将 xs 表的 xsxh 索引名"拖放"到 cj 表的 cjxh 索引名上,则在这两张表之间出现了一条关系连线,用以标识永久关系,如图 S5-2 所示。

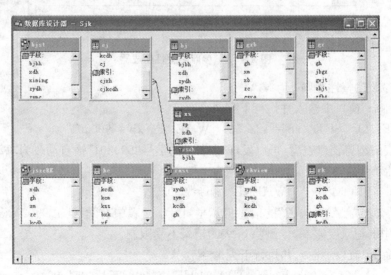

图 S5-2 表之间的关系

(6) 也可以使用命令来创建永久关系,在命令窗口中输入并执行下列命令:

ALTER TABLE cj ADD FOREIGN KEY kcdh TAG kcdh REFERENCES kc

ALTER 命令在 cj 表中创建索引(索引名为 kcdh,索引表达式为 kcdh,类型为普通索引)的同时,也创建了 kc 表与 cj 表之间的一对多关系。

永久关系的删除,一般可采用两种方法:一种是在"数据库设计器"窗口中单击关系连线,然后按键盘上的【DELETE】键;另一种方法是在删除索引时,则基于该索引的关系同时被删除。

三、参照完整性规则

在建立了永久性关系的两张表之间,可以创建参照完整性规则,以控制两张表之间数据的完整性。

1. 设置参照完整性规则

设置 xs 表与 cj 表之间的参照完整性规则,具体操作步骤如下:

(1) 确认 xs 表与 cj 表之间已经创建了永久关系。

(2) 执行"数据库"菜单"清理数据库"命令。

(3) 在"数据库设计器"窗口中双击 xs 表与 cj 表之间的关系连线,单击对话框中的"参照完整性"命令按钮,或执行"数据库"菜单"编辑参照完整性规则"命令。

(4) 在"参照完整性生成器"对话框中设置规则,如图 S5 - 3 所示,设置完后单击"确定"按钮。

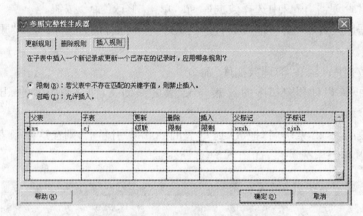

图 S 5 - 3 参照完整性生成器

2. 检验参照完整性规则

(1) 在"命令"窗口中输入并执行下列命令

UPDATE xs SET xh="123456" WHERE xh="990201"

打开 cj 表的浏览窗口查看,可以发现 cj 表中的学号"990201"被自动改为"123456"。

(2) 在"命令"窗口中输入并执行下列命令

DELETE FROM xs WHERE xh="990202"

执行完后弹出"触发器失败"的信息提示框,因为 cj 表中有学号为"990202"学生的成绩,则删除 xs 表中的记录受限制,但删除 cj 表的记录不受限制。

(3) 在"命令"窗口中输入并执行下列命令

INSERT INTO cj(xh,kcdh,cj) VALUES ('998877','05',90)

执行完后弹出"触发器失败"的信息提示框,xs 表中无学号为"998877"的记录,则 cj 表不允许插入该记录,但 xs 表中插入记录时不受限制。

实训六　查询的创建和基本操作

【实训目的】

1. 掌握使用查询设计器创建查询的方法。
2. 掌握创建基于单张表和多张表查询的方法和操作步骤。

【实训内容和步骤】

一、使用查询设计器创建基于单张表的查询

创建一个查询(xshj. qpr)用于查询所有男生的籍贯情况。要求查询结果中包含学生学号、姓名、性别、籍贯和出生日期,按学生学号进行排序。具体操作步骤如下:

(1) 在"项目管理器"窗口中选择"查询"项,单击"新建"按钮;在"新建查询"对话框中单击"新建查询"按钮,打开查询设计器窗口。

(2) 在"添加表或视图"对话框中选择 xs 表,单击"添加"按钮,然后在"添加表或视图"对话框中单击"关闭"按钮,如图 S 6-1 所示。

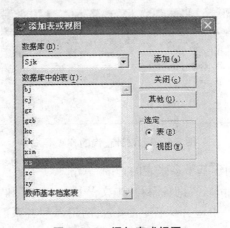

图 S 6-1　添加表或视图

(3) 在"查询设计器"的"字段"选项卡上选定输出字段。在可用字段列表框中分别双击 xs. xh、xs. xm、xs. xb、xs. jg 和 xs. csrq 将其添加到选定字段列表中;也可以选定字段,单击"添加"按钮,将字段添加到选定字段列表中。

(4) 在"筛选"选项卡上设置筛选条件"xs. xb="男"",如图 S 6-2 所示。

(5) 在"排序依据"选项卡上,把选定字段列表框中的 xs. xh 添加到排序条件列表框中。

(6) 完成上述的查询设计后,单击常用工具栏上的"运行"按钮,或右击查询设计器,选择运行查询菜单项,即可以运行查询。

在"查询"菜单中选择"查看 SQL"菜单项,或右击"查询设计器"在弹出的快捷菜单中选择

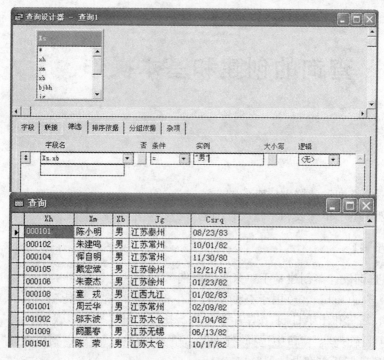

图 S 6 - 2　查询设计器

"查看 SQL"菜单项,即可查看所设计查询的 SELECT SQL 语句,如图 S 6 - 3 所示。

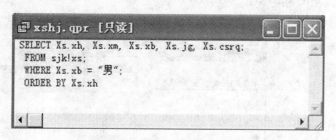

图 S 6 - 3　设计查询的 SQL 语句

二、使用查询设计器创建基于多张表的查询

创建一个查询(xxqk. qpr),查询各系科"中文 Windows 95"和"管理信息系统"这两门课程的学习情况。要求查询结果中包含课程名、系名、两门课程各系的学习人数、平均成绩、最高分,并且要求平均成绩大于 70 分,最后按课程名和系名进行排序。具体操作步骤如下:

(1) 在"项目管理器"窗口中选择"查询"项,单击"新建"按钮,在"新建查询"对话框中单击"新建查询"按钮,打开"查询设计器"窗口。

(2) 在"添加表或视图"对话框中,按顺序选择 xim、xs、cj 和 kc 四张表(注意添加的顺序)。如果在 TEST 项目中已建立 xs 表和 cj 表、xs 表和 xim 表、kc 表和 cj 表之间的永久性关系,则查询设计器默认以永久性关系作为联接条件;如果在数据库中没有建立永久性关系,则会在添加第二张表时,出现联接条件对话框,如图 S 6 - 4 所示。设置 xs 表与 cj 表的联接条件为 xs. xh＝cj. xh,设置 xs 表与 xim 表的联接条件为 xs. xdh＝xim. xdh,设置 kc 表与 cj 表的联接条件为 kc. kcdh＝cj. kcdh,"联接类型"均为"内部联接",单击"添加"按钮,然后在"添加表或视图"对话框中单击"关闭"按钮。

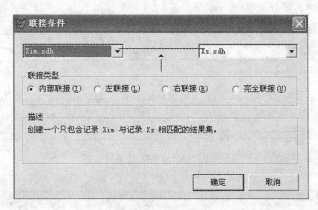

图 S6-4 联接条件

（3）在"查询设计器"的"字段"选项卡选定输出字段。在可用字段列表框中分别双击 kc. kcm 和 xim. ximing 将之添加到"选定字段"列表框中。在"函数和表达式"文本框中输入"COUNT(＊)AS学习人数"，添加到"选定字段"列表框中。用同样的方法把"AVG(cj. cj)AS平均成绩"和"MAX(cj. cj)AS最高分"添加到"选定字段"列表框中，如图 S6-5 所示。

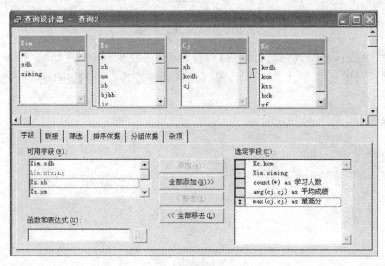

图 S6-5 选定字段

（4）在"筛选"选项卡上输入筛选条件：kc. kcm＝"中文 Windows 95"OR kc. kcm＝"管理信息系统"，如图 S6-6 所示。

（5）在"排序依据"选项卡上，把"选定字段"列表框中的 kc. kcm 和 xs. ximing 两个字段先后添加到"排序条件"列表框中。它们在"排序条件"列表框中的先后决定了在输出结果中的排序优先权的高低。

（6）在"分组依据"选项卡上，把"可用字段"列表框中的 cj. kcdh 和 xs. xdh 两个字段添加到"分组字段"列表框中。

（7）单击"满足条件"按钮，在"满足条件"对话框中设置分组结果的筛选条件："平均成绩"＞70。如图 S6-7 所示。

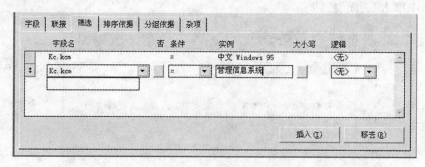

图 S 6 - 6　筛选条件

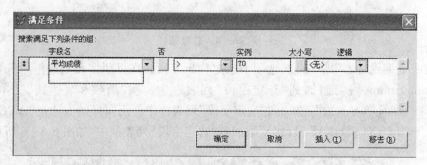

图 S 6 - 7　满足条件

　　查询设计完成后,右击查询设计器窗口,在弹出的快捷菜单中选择"运行查询"菜单项,即可以运行查询;选择"查看 SQL"菜单项,即可以查看所设计查询的 SELECT SQL 语句。

实训七 视图的创建和基本操作

【实训目的】

1. 掌握使用视图设计器和命令创建本地视图的方法。
2. 掌握视图的使用方法。
3. 了解使用视图更新数据的方法和操作步骤。

【实训内容和步骤】

一、本地视图的创建

创建一个本地视图,名称为 view,要求结果中包含工号、姓名、职称和该教师的基本工资字段,并按职称和基本工资排序。视图放在 test 项目的 sjk 数据库中。

(1) 在"添加表或视图"的对话框中选择三张表 zc、js 和 gz,并添加到"视图设计器"中,然后建立三张表之间的联接关系:js. zcdh=zc. zcdh 和 js. gh=gz. gh,如图 S 7 - 1 所示。

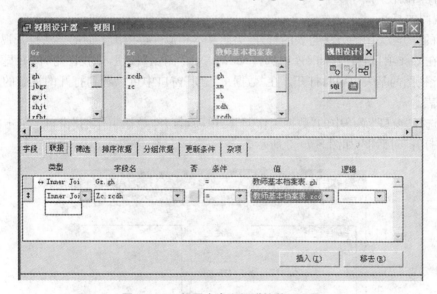

图 S 7 - 1 视图中表之间联接关系设置

(2) 在"视图设计器"的"字段"选项卡上选定输出字段:js. gh、js. xm、zc. zc 和 gz. jbgz。

(3) 在"排序依据"选项卡上选择 zc. zc 和 gz. jbgz 字段,添加到"排序条件"列表框中,作为排序的条件。在"排序选项"框中设置两个字段都按"降序"来排序。

(4) 保存视图,将之取名为 view。

(5) 视图设计完成后,单击"常用"工具栏的"运行"按钮,或右击"视图设计器"窗口,在弹出的快捷菜单中选择"运行查询"菜单项,即可运行视图,运行结果如图 S 7 - 2 所示。

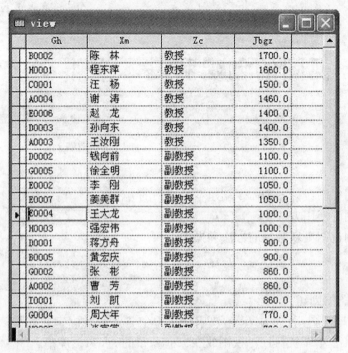

图 S 7 - 2　运行视图

二、视图的使用

1. 视图的打开

视图的打开、关闭的方法与表的打开、关闭基本相似。可以用下面的方法打开视图：

（1）在 test 项目管理器 sjk 库中选择 view，单击"浏览"按钮，则视图打开，并显示在浏览窗口中，此视图的基表也同时打开。在"数据工作期"窗口中可以看到打开的视图的别名和此视图的基表。

（2）选择"窗口"菜单中的"数据工作期"菜单项，打开"数据工作期"窗口。单击"打开"按钮，显示"打开"对话框，如图 S 7 - 3 所示。

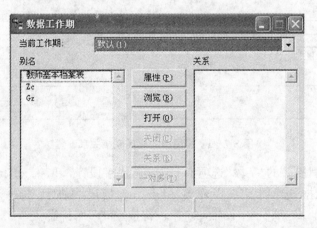

图 S 7 - 3　数据工作期对话框

在"打开"对话框的"数据库"组合框中选择 sjk 数据库，在"选定"选项按钮组中选择"视图",在"数据库中的视图"列表框中选择要打开的视图名,单击"确定"按钮。此时,在"数据工作期"窗口中,可以看见打开的视图及基表。

(3) 使用 USE 命令打开视图。在"命令"窗口中执行如下命令:

OPEN　DATABASE　sjk

USE　view

BROWSE

2. 视图的关闭

(1) 在"数据工作期"窗口中选择要关闭的视图 view,单击"关闭"按钮,则该视图被关闭。

(2) 在"命令"窗口中执行以下命令关闭打开的视图 view:

SELECT　view

USE

CLOSE　TABLE

CLOSE　DATABASE

3. 视图的删除

(1) 在"项目管理器"中选择要删除的视图 view,单击"移去"按钮,出现"确认要从数据库中移去视图吗?"的对话框,在对话框中单击"移去"按钮,则该视图被删除。

(2) 使用 DELETE VIEW 命令删除当前数据库中的视图。在"命令"窗口中执行以下命令:

OPEN　DATABASE　sjk

DELETE　VIEW　view

三、使用视图更新基表数据

1. 修改视图中的数据

查询和视图的设计过程类似,但也有区别,查询的结果是不可更新的,而视图中的数据是可以更新的。

(1) 在"命令"窗口中执行下列命令,则视图 view 中的 jdgz 字段值将被更新为 1000。

SET　DATABASE　TO　sjk

UPDATE　view　SET　jdgz＝1000

BROWSE

(2) 在浏览窗口中也可以修改视图中的数据。

SELECT　gz

BROWSE

2. 在视图设计器中设置更新条件

要使得视图中的数据更新被发送到基表,必须设置视图的更新条件。

打开 view 视图的"视图设计器",在"更新条件"选项卡中,可以控制把对数据的修改回送到数据源中的方式,也可以打开和关闭对表中字段的更新。

例如:设置使 view 视图中 xm 字段的更新能发送到基表 js 的 xm 字段。

(1) 在"表"下拉列表框中选择"全部表"。

(2) 在"字段名"列表框中设置教师基本档案表. gh 为关键字段,设置教师基本档案表. xm 字段可更新。

(3) 选择"发送 SQL 更新"复选框,如图 S 7 - 4 所示。

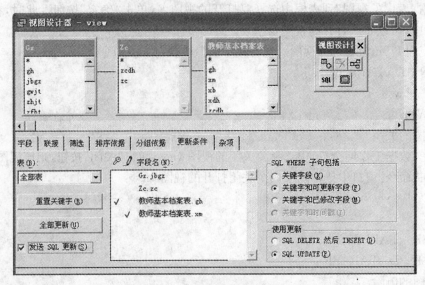

图 S 7 - 4   发送 SQL 更新

3. 检验视图对列表的更新

保存上述对 view 视图的修改，在"命令"窗口中执行下列命令：

UPDATE view SET xm＝″王二平″；

WHERE view. gh＝″E0001″

SELECT view

USE

SELECT js

BROWSE FOR js. gh＝″E0001″

可以发现视图 view 和 js 表的 js. gh＝″E0001″记录中的 xm 字段的数据均发生了更新。

实训八　常量、变量、函数和表达式

【实验目的】

1. 掌握各种类型常量的表示方法和变量的赋值方法。
2. 掌握常用函数的功能、格式和使用方法。
3. 掌握各种类型表达式的构造方法。

【实验内容和步骤】

一、常量的表示

1. 数值型常量

在"命令"窗口中依次输入执行下列命令,在 VFP 主窗口中查看其结果,并记录。

CLEAR

? 3.1415926

? 0.12345678901234567890

? 0.76E12

? 0.76E－12

2. 字符型常量

在"命令"窗口中依次输入执行下列命令,在 VFP 主窗口中查看其结果,并记录。

CLEAR

? '苏 A－0001'

? "5112613"

? [VFP]

? 'abcd"12"ef'

? [v'F'P]

3. 逻辑型常量

在"命令"窗口中依次输入执行下列命令,在 VFP 主窗口中查看其结果,并记录。

CLEAR

? .T.

? .F.

? .Y.

? .N.

4. 日期/日期时间型常量

在"命令"窗口中依次输入执行下列命令,在 VFP 主窗口中查看其结果,并记录。

CLEAR

? {^2003/10/1}

? {^2003/10/1 10:11}

SET DATE TO LONG

? {^2003/10/1}

? {^2003/10/1 10:11}

? {//}

? {//:}

二、变量的赋值

1. 简单变量

在"命令"窗口中依次输入执行下列命令,在 VFP 主窗口中查看其结果,并记录。

CLEAR

cVar='VFP'

? cVar

? cVar,m. cVar,m->cVar

STORE 1 TO nVar1,nVar2

? nVar1,nVar2

cVar=nVar1

? cVar,nVar1,nVar2

2. 数组

在"命令"窗口中依次输入执行下列命令,在 VFP 主窗口中查看其结果,并记录。

CLEAR

DIMENSION abc[3]

? abc[1],abc[2],abc[3]

DISPLAY MEMORY LIKE abc

abc[2]=2

abc[1]=1

? abc,abc[1],abc[2],abc[3]

abc=10

DISPLAY MEMORY LIKE abc

三、常用函数

1. 数值函数

常用的数值函数有 ABS()、MAX()、MIN()、INT()、MOD()、ROUND()等。在"命令"窗口中依次输入执行下列命令,在 VFP 主窗口中查看其结果,并记录。

CLEAR

? ABS(-45)

? ABS(10-30)

? ABS(30-10)

STORE 40 TO a

STORE 2 TO b

? ABS(b-a)

? MAX(−45,2,22,−22)

? MAX(b−a,39)

? MAX('a','b')

? MAX(.T.,.F.)

? MAX({^2003−11−11},{^2002−11−11})

? MIN(−45,2,22,−22)

? MIN(b−a,39)

? MIN('a','A')

? INT(12.5)

? INT(6.25 * 2)

? INT(−12.5)

? MOD(36,10)

? MOD(36,9)

? MOD(25.250,5.0)

? MOD(23,−5)

? MOD(−23,5)

? MOD(−23,−5)

? ROUND(1234.1962,3)

? ROUND(1234.1962,2)

? ROUND(1234.1962,0)

? ROUND(1234.1962,−1)

? ROUND(1234.1962,−2)

? ROUND(1234.1962,−3)

? SQRT(4)

? SQRT(2)

? RAND()

? RAND()

? RAND()

2. 字符函数

常用的字符函数有 ALLTRIM()、TRIM()、LEN()、AT()、SUBSTR()、LEFT()、RIGHT()、SPACE()等。在"命令"窗口中依次输入执行下列命令,在 VFP 主窗口中查看其结果,并记录。

CLEAR

cVar=" VFP"

? ALLTRIM(cVar)

? TRIM(cVar)

? LEN("VFP 是简写")

? LEN(cVar)

? LEN(ALLTRIM(cVar))

? LEN(TRIM(cVar))

```
STORE 'Now is the time for all good men' TO gcString
STORE 'is' TO gcFindString
? AT(gcFindString,gcString)
STORE 'IS'TO gcFindString
? AT(gcFindString,gcString)
? ATC(gcFindString,gcString)
STORE 'abcdefghijklm' TO mystring
? SUBSTR(mystring,1,5)
? SUBSTR(mystring,4,4)
? SUBSTR(mystring,6)
? LEFT('Redmond,WA',7)
? RIGHT('Redmond,WA',2)
? SPACE(10)
? LEN(SPACE(10) )
```

3. 日期/时间函数

常用的日期/时间函数有 DATE()、DATETIME()、DOW()、DAY()、MONTH()、YEAR()、TIME()等。在"命令"窗口中依次输入执行下列命令,在 VFP 主窗口中查看其结果,并记录。

```
CLEAR
SET DATE TO ANSI
? DATE()
? TIME()
? DATETIME()
SET DATE TO LONG
? DATE()
? TIME()
? DATETIME()
? DOW(DATE())
? DAY(DATE())
? MONTH(DATE())
? YEAR(DATE())
```

4. 数据类型转换函数

常用的数据类型转换函数有 ASC()、CHR()、VAL()、DTOC()、CTOD()、STR()等。在"命令"窗口中依次输入执行下列命令,在 VFP 主窗口中查看其结果,并记录。

```
CLEAR
? ASC('ABCD')
? ASC('8')
? ASC('啊')
? CHR(66)
? CHR(57)
```

STORE '12'TO A

STORE '13'TO B

? VAL(A)+VAL(B)

STORE '1. 25E3' TO C

? 2 * VAL(C)

? VAL('aaa')

? VAL('2aaa')

? VAL('23aaa')

? STR(314. 15)

? LEN(STR(314. 15))

? STR(314. 15,5)

? STR(314. 15,5,2)

? STR(314. 15,2)

? STR(1234567890123,13)

? STR(1234567890123)

四、表达式

表达式是通过运算符将常量、变量、函数、字段名等组合起来的可以运算的式子,其求值结果为单个值。根据 VFP 所提供的运算符,表达式可分为算术表达式、字符表达式、日期表达式、关系表达式、逻辑表达式和名称表达式等。在"命令"窗口中依次输入执行下列命令,并注意在 VFP 主窗口中查看其结果。

STORE 'Visual FoxPro' TO cString

?'字符串'+ cString+'的长度为:'+ALLTRIM(STR(LEN(cString)))

cString1= 'Microsoft'+ SPACE(4)

cString2= 'Intel'+ SPACE(4)

cString3=cString1+cString

cString4=cString1−cString2

? cString3,LEN(cString3),LEN(TRIM(cString3))

? cString4,LEN(cString4),LEN(TRIM(cString))

? CHR(56) $ 'ABC'

? DATE()+100

? DATETIME()+100

? TIME()+100

? DATE()−{^1999−02−21}

STORE 24 TO x

? 9 * x^3+7 * x^2+11 * x+89

? (125−17)/125^(1/3)

? "BC"="BCDE"

? "BC "="BC"

? "BC"="BC "

? "BCDE"="BCDE"

? .T. AND .F.
? .T. OR .F.
? NOT .F.
? 9>8 AND 'a'>'A'

实训九　程序控制和程序设计

【实训目的】

1. 掌握创建、编辑、运行程序的方法。
2. 掌握条件语句、循环语句的功能和使用方法。
3. 掌握程序调试的基本方法。

【实训内容和步骤】

一、创建程序文件

在 VFP 中,程序文件是指以 prg 为扩展名保存的文件,其内容是 VFP 中可执行的命令序列。创建程序文件,操作步骤如下:

1. 选择"项目管理器"窗口中的"代码"选项卡,单击"程序"选项,单击"新建"命令按钮。
2. 在出现的编辑窗口中输入程序,如图 S 9 - 1 所示(在程序中通常会输入一些注释内容,以增加程序的可读性,注释内容前用 && 分隔)。

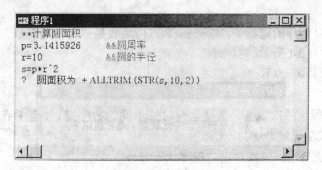

图 S 9 - 1　程序代码

3. 单击"常用"工具栏上的"保存"按钮,在出现的对话框中输入文件名 mypro1 并予以保存。
4. 关闭编辑窗口。

二、运行程序

常用的运行程序的方法有三种:

1. 对于已创建的程序,在"项目管理器"窗口中单击需运行的程序文件(如 mypro1),然后单击"运行"命令按钮。
2. 在"命令"窗口中使用如下的命令:

DO ProgramName

3. 如果程序处于编辑状态,单击"常用"工具栏上的"运行"按钮即可运行该程序。程序运行过程中、运行结束时，是否有信息显示、以什么方式显示等，由程序中的命令决定。例如，运行程序文件 mypro1，将会在 VFP 主窗口中显示圆面积。

三、编辑程序文件

在"项目管理器"窗口中双击需要编辑的程序文件，或单击程序文件后单击该窗口中的"修改"命令按钮，可以将程序在编辑窗口中打开。编辑（即修改）结束后，单击"常用"工具栏上的"保存"按钮，关闭编辑窗口。

修改程序 mypro1，使该程序既计算、显示圆面积，又计算、显示圆周长（修改后的参考程序如下）：

```
nP=3.1415926
nRadius=10
nAcreage=nP＊nRadius＊2
nPerimeter=2＊nP＊nRadius
clear
? '圆面积为'+ALLTRIM(STR(nAcreage,10,2))
? '圆周长为'+ALLTRIM(STR(nPerimeter,10,2))
```

四、程序控制

1. 使用 IF-ENDIF 条件语句

条件语句可以控制程序中部分命令是否被执行。按下列所述步骤进行实验，以学习 IF-ENDIF 条件语句。

（1）创建程序文件 test1，实现显示所按键的功能，程序如下：

```
CLEAR
WAIT WINDOWS"请按键"TO cKey
IF BETWEEN(cKey,"0","9")
? "按的键是数字键"+cKey
ENDIF
```

保存后运行该程序两次以上。每次运行时按不同的数字键，且至少有一次运行时按数字键以外的键（例如按字母键，这时应无显示）。

（2）修改程序文件 test1，修改后的程序如下：

```
CLEAR
WAIT WINDOWS"请按键"TO cKey
IF BETWEEN(cKey,"0","9")
? "按的键是数字键"+cKey
ELSE
?"按的键不是数字键"
ENDIF
```

保存后运行该程序两次以上。每次运行时按不同的数字键，且至少有一次运行时按数字键以外的键（例如，按字母键）。

（3）修改程序文件 test1，修改后的程序如下：

```
CLEAR
WAIT WINDOWS"请按键"TO cKey
```

```
IF BETWEEN(cKey,"0","9")
? "按的键是数字键"+cKey
ELSE
IF BETWEEN(cKey,"a","z") OR BETWEEN(cKey,"A","Z")
? "按的键是字母键"+cKey
ELSE
? "按的键既不是数字键,也不是字母键!"
ENDIF
ENDIF
```

保存后运行该程序三次以上。每次运行时按不同的键,且至少分别有一次为数字键、字母键和空格键。

2. 使用 DO CASE-ENDCASE 条件语句

在根据条件进行不同的处理时,如果需要处理两个以上的条件,使用 IF-ENDIF 条件语句必须嵌套。为了增加程序的可读性,可以使用 DO CASE-ENDCASE 条件语句。

创建程序文件 test2,实现显示所按键的功能,程序如下:

```
CLEAR
WAIT WINDOWS"请按键"TO cKey
DO CASE
CASE BETWEEN(cKey,"0","9")
? "按的键是数字键"+cKey
CASE BETWEEN(cKey,"a","z") OR BETWEEN(cKey,"A","Z")
? "按的键是字母键"十 cKey
CASE cKey=SPACE(0)
? "按的键是空格键!"
CASE cKey=CHR(13)
? "按的键是回车键!"
OTHERWISE
? "按的键不是数字键、字母键、空格键、回车键!"
ENDCASE
```

保存后运行该程序五次以上。每次运行时按不同的键,且至少分别有一次为数字键、字母键、空格键、回车键和其他键(例如,按标点符号键)。

3. 使用 FOR-ENDFOR 循环语句

使用循环语句可以使得程序中的一组语句多次地被执行,以完成某种功能。按下列所述步骤进行实验,以学习 FOR-ENDFOR 循环语句。

(1) 创建程序文件 test3,实现计算阶乘的功能,程序如下:

```
CLEAR
NResult=1
FOR n=1 to 5
NResult=nResult * n
ENDFOR
```

? "5! ="+ALLT(STR(nResult))

保存后运行该程序。

（2）修改程序文件 test3，修改后的程序如下：

```
CLEAR
m=15
NResult=1
FOR n=1 to m
NResult=nResult * n
? STR(m)+"! ="+ALLT(STR(nResult))
ENDFOR
```

保存后运行该程序。

4. 使用 DO WHILE-ENDDO 循环语句

一般说来，如果已知循环的次数，可以使用 FOR-ENDFOR 循环语句，否则可用 DO WHILE-ENDDO 循环语句。

创建程序文件 test4，实现将由非汉字字符组成的字符串反序显示的功能（如将 Microsoft 显示为 tfosorciM），程序如下：

```
CLEAR
cString="DO WHILE…ENDDO Command"
cResult=cString+"的反序显示为"
DO WHILE LEN(cString)>0
cResult=cResult+ RIGHT(cString,1)
cString=SUBSTR(cString,1,Len(cString)-1)
ENDDO
? cResult
```

保存后运行该程序。

实训十　表单设计器的应用

【实训目的】

1. 掌握表单向导和表单设计器的使用方法。
2. 掌握表单各种控件的常用属性、时间和方法。
3. 掌握表单设计的方法。

【实训内容和步骤】

一、用表单设计器制作一个学生基本信息表单

（1）打开项目管理器 test. pjx，选择"文档"，然后选择"表单"，单击"新建"，在出现的"新建"对话框中选择"向导"按钮，出现"向导选取"对话框。

（2）选择"表单向导"，单击"确定"按钮进入"表单向导"窗口，如图 S 10－1 所示。

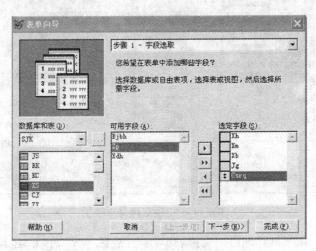

图 S 10－1　表单向导步骤 1

（3）选择一个数据表，此处选择"xs. dbf"，在"可用字段"里面双击选择，或者单击"选取"按钮选择需要在表单中显示的字段。字段选好后可以单击"下一步"按钮，进入下一步骤窗口。

（4）在步骤 2 的选取表单样式中，选取"标准式"，在"按钮类型"中选用"文本按钮"选项，如图 S 10－2 所示，单击"下一步"，进入下一步骤窗口。

（5）在步骤 3 的排序次序中，选择需要排序的字段或索引标识号，如"xh"，并选择排序顺序，如"升序"，如图 S 10－3 所示，单击"下一步"按钮进入"完成"窗口。

（6）在步骤 4 的"完成"窗口中，键入表单的标题，如"学生基本信息"，并选择建立好表后的动作，如"保存表单以备将来使用"，单击"完成"按钮，选择需要保存的路径，输入保存的文件名为"学生信息"，单击"保存"按钮保存表单"学生信息. scx"。

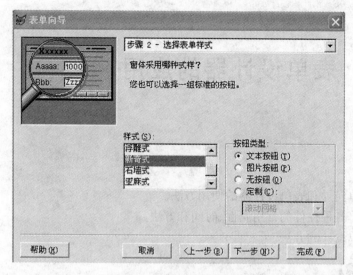

图 S 10 - 2　表单向导步骤 2

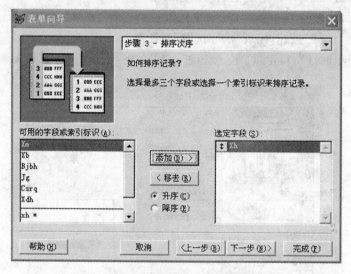

图 S 10 - 3　表单向导步骤 3

（7）运行表单。在项目管理器中选择表单"学生信息. scx"，单击"运行"按钮，查看表单运行结果，如图 S 10 - 4 所示。

二、用表单设计器创建一个有密码验证功能的登录表单

（1）打开项目管理器 test. pjx，在数据库"sjk"中添加一个表，表名为"登录表"，有两个字段：操作员、密码，均为字符型，8 位。在表中添加一条记录：操作员：李明；密码：00000000。

（2）创建一个空白表单，在表单上添加 3 个标签，2 个文本框，2 个命令按钮，如图 S 10 - 5 所示。

（3）设置数据环境。在表单上单击鼠标右键，在弹出的快捷菜单中选择"数据环境"，在"添加表或视图"对话框中选择"登录表"，单击"添加"按钮，如图 S10 - 6 所示，这时在"数据环境设计器"中出现"登录表"。

（4）设置表单及控件的相应属性。

图 S 10‑4　运行表单

图 S 10‑5　表单设计器

图 S 10‑6　添加表或视图

① 表单属性

Caption＝系统登录

Autocenter＝. T.

Controlbox=. T.

Windowtype=1—模式

新建一个表单属性"InputNo=0"的方法:单击"表单"、"新建属性"菜单,在"新建属性"对话框的"名称"文本框中键入 InputNo,单击"添加"按钮,如图 S10-7 所示。这时会在"属性"窗口中出现一个新的属性 InputNo,其值为 0。

图 S 10-7　新建属性

② Label 1 属性

　　Caption=欢迎使用本系统

　　AutoSize=. T.

　　FontName=隶书

　　FontSize=24

　　ForeColor=128,0,0

③ Label 2 属性

　　Caption=操作员

　　AutoSize=. T.

　　FontName=黑体

　　FontSize=12

④ Label 3 属性

　　Caption=密码

　　AutoSize=. T.

　　FontName=黑体

　　Fontsize=12

⑤ Text1 属性

　　Maxlength=8

⑥ Text2 属性

　　Maxlength=8

　　PasswordChar= *

⑦ Command1 属性

　　Caption=确定

　　FontName=宋体

　　FontSize=10

⑧ Command2 属性

    Caption＝取消

    FontName＝宋体

    FontSize＝10

(5) 编写 Command1 的 click 事件代码：

```
Set Exact On
Select 登录表
Locate For thisform. text1. value=操作员 and thisform. text2. value=密码
if ! eof( )
    messagebox("欢迎使用本系统!",48)
    thisform. release
    do form 学生信息. scx              (学生信息. scx 已经设计好)
else
  if thisform. InputNo<2
    messagebox("内容有误,请重新输入!",48)
    thisform. InputNo=thisform. InputNo+1
    thisform. text1. value=" "
    thisform. text2. value=" "
    thisform. text1. setfocus
else
    messagebox("抱歉,你不是本系统的合法用户!",48)
    thisform. release
    close all
    endif
endif
```

(6) 编写 command2 的 click 事件代码：

`thisform. release`

(7) 保存表单,命名为"登录表单"。该表单的执行界面如图 S 10 - 8 所示。

图 S 10 - 8　运行界面

实训十一　表单控件的使用

【实训目的】

1. 掌握表单生成器与控件生成器的使用。
2. 掌握利用表单设计器对由表单向导生成的表单进行修改。
3. 掌握属性设置、事件处理代码设置的方法。

【实训内容和步骤】

一、表单生成器的使用

使用表单生成器向表单中添加基于表字段的控件十分方便。在"表单生成器"窗口中选择的样式并不影响表单中已存在的控件。利用表单生成器创建一个基于 kc 表的表单,操作步骤如下:

(1) 单击"项目管理器"窗口中的"文档"选项卡,单击该选项卡中的"表单"项,使用快捷菜单中的"新建"菜单命令。

(2) 单击"新建表单"对话框中的"新建表单"按钮,则"表单设计器"窗口打开且出现一个新的空白表单。

(3) 设置表单的 Caption 属性,将表单的标题设置成"课程情况"。

(4) 打开"表单生成器"对话框。打开"表单生成器"对话框的方法有三种:一是利用"表单"菜单中的"快速表单"命令;二是利用"表单设计器"工具栏上的"表单生成器"按钮;三是在表单上单击鼠标右键后,利用快捷菜单中的"生成器"命令。

(5) 在"表单生成器"对话框的"字段选取"页面中,选择 kc 表并添加所有字段;在"样式"页面中选择"浮雕式",然后单击"确定"命令按钮。从创建的表单上的控件来看,对于所选择的每个字段,生成器生成了两个控件,另一个是文本框控件或复选框控件等。

(6) 将表单的标题设置为"课程设置情况"。

(7) 修改表单上所有的控件,使控件的 FontSize 属性值为 12。

(8) 修改表单布局,如图 S 11‐1 所示。

(9) 将表单以 kc_FORM 为文件名保存并运行。

将表单 kc_FORM 在"表单设计器"窗口中打开,然后利用"文件"菜单中的"另存为"命令将表单另存为 jgxsy 以备下面实验使用。

二、文本框生成器

文本框是一个基本的控件,可用于显示或编辑数据,这些数据存储在表中字符型、数值型、日期型或逻辑型的字段里。文本框生成器使得为文本框控件设置属性十分方便。利用文本框生成器,在表单中创建一个基于 js 表的 xm 字段的文本框控件,操作步骤如下:

(1) 单击"项目管理器"窗口中的"文档"选项卡,单击该选项卡中的"表单"项,使用快捷菜

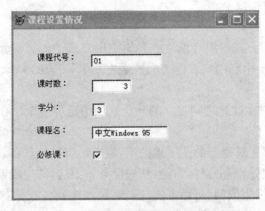

图 S 11-1　表单布局

单中的"新建"菜单命令。

(2) 单击"新建表单"对话框中的"新建表单"按钮,则"表单设计器"窗口打开并且出现一个新的空白表单。

(3) 设置表单的 Caption 属性,将表单的标题设置成"控件生成器"。

(4) 在"表单控件"工具栏上单击文本框控件按钮后,在表单中利用鼠标的拖放操作产生文本框控件(利用"表单控件"工具栏向表单中添加其他控件也是如此操作)。

(5) 在表单中单击文本框控件,使用其快捷菜单中的"生成器"菜单命令,打开"文本框生成器"对话框(打开其他控件的生成器对话框也是如此操作)。

(6) 在"文本框生成器"对话框"值"页面中将字段名设置为"js. xm"(单击"…"按钮,选择 js 表,然后在下拉列表框中选择字段)。在"格式"页面中将数据类型设置为"字符型",并且选择"运行时启动"、"使其只读"选项。在"样式"页面中将"字符对齐模式"设置为"居中对齐"。设置完成后单击对话框中的"确定"按钮,"文本框生成器"对话框关闭,各个选项卡中的属性设置开始生效。

(7) 将表单命名为 js_FORM 保存并运行。

三、编辑框生成器

编辑框一般用来显示或编辑较长的字符型字段或者备注型字段,也可以显示一个文本文件或剪贴板中的文本。

编辑框生成器的使用方式与文本框生成器的使用方式类似。实验时,参照文本框生成器的实验方式,在表单 js_FORM 中利用编辑框生成器生成基于 js 表的 jl 字段的编辑框控件。

四、组合框生成器

要在表单 js_FORM 上生成组合框控件,操作步骤如下:

(1) 使用"表单控件"工具栏的组合框按钮,将组合框控件放在表单上。

(2) 选中组合框控件,单击鼠标右键,从快捷菜单上选择"生成器"命令。

(3) 在出现的"组合框生成器"对话框的"列表项"页面,在"填充列表"中选择"手工输入数据",在表格中输入系名,如中文系、外文系、计算机系、信息管理系、物理系、数学系等;在"样式"页面中选择"下拉式组合框";在"布局"页面中调整列表的宽度;在"值"页面中将字段名设置为 sjk 数据库中 js 表的 ximing 字段。结束时单击"确定"按钮,"组合框生成器"对话框关闭,并对控件应用所设属性。

（4）保存并运行表单。

五、列表框生成器

列表框生成器的使用方式与组合框生成器的使用方式类似。实验时，参照组合框生成器的实验方式，在表单 jgxsy 中利用列表框生成器生成基于 kc 表的 kcm 字段的列表框控件。

六、选项组生成器

选项组按钮允许用户在彼此之间独立的几个选项中选择一个。在表单 js_FORM 上生成选项组控件，操作步骤如下：

（1）使用"表单控件"工具栏上的选项组按钮，将选项组控件放在表单上。

（2）选中选项组框控件，单击鼠标右键，从快捷菜单上选择"生成器"命令。

（3）在出现的"选项组生成器"对话框的"按钮"页面中，将"按钮数目"设置为"2"，"标题"分别设置为"男"和"女"；在"布局"页面中，将"按钮布局"设置为"垂直"，"边框样式"设置为"单线"；在"值"页面中，将"字段名"设置为 js 表的 xb 字段。

（4）保存并运行表单。

七、表格生成器

若要将表单 kc_FORM 修改成基于 kc 表与 cj 表的一对多表单，操作步骤如下：

（1）将表单 kc_FORM 在"表单设计器"窗口中打开，利用"文件"菜单中的"另存为"命令将表单另存为 fmt12C。

（2）使用"表单控件"工具栏上的表格按钮，将表格控件放在表单上。

（3）选中表格控件，单击鼠标右键，从弹出的快捷菜单中选择"生成器"命令。

（4）在出现的"表格生成器"对话框的"表格项"页面中，选择 cj 表的所有字段；在"样式"页面中，选择"标准式"；在"布局"页面中，调整表格中各列的宽度；在"关系"页面中，父表的关键字段选择"kc.kcdh"，子表的相关索引选择"kcdh"。

（5）保存并运行表单，如图 S 11 - 2 所示。

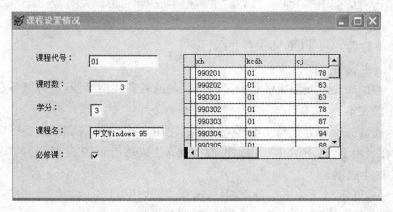

图 S 11 - 2　运行表单

八、命令按钮组成生成器

使用命令按钮组成生成器为命令组控件设置属性十分方便。为表单 fmt12C 添加一组命令按钮，操作步骤如下：

（1）将前面创建的表单 fmt12C 在"表单设计器"窗口中打开。

（2）使用"表单控件"工具栏上的命令按钮组按钮，将命令按钮组控件放在表单上。

（3）选中命令按钮组控件，单击鼠标右键，从弹出的快捷菜单上选择"生成器"命令。

（4）在出现的"命令组生成器"对话框的"按钮"页面中，将按钮数目设置为"3"，各个按钮的标题分别设置为"上一条记录"、"下一条记录"、"关闭表单"；在"布局"页面中，将按钮布局设置为"水平"，按钮间隔设置为"15"。

（5）保存并运行。

在运行表单时可以发现，表单上的命令按钮并不起作用，这是因为没有为命令按钮设置Click 事件的处理代码。为命令按钮组的 Click 事件设置处理代码，操作步骤如下：

（1）将表单 fmt12C 在"表单设计器"窗口中打开。

（2）单击命令按钮组控件，双击"属性"窗口中的"Click Event"，打开 Click 事件处理代码的编辑窗口。

（3）在代码窗口中输入以下的代码：

```
Do CASE                              && 分支语句
    CASE THIS. Value=1
    IF  ! BOF( )
      SKIP-1                         && 记录指针上移
    ENDIF
  CASE THIS. Value= 2
    IF  ! BOF( )
      SKIP                           && 记录指针下移
    ENDIF
  CASE THIS. Value=3
    THISFORM. Release                && 释放表单
ENDCASE
THISFORM. Refresh                    && 刷新表单
```

（4）保存并运行表单。

对于命令按钮组的 Click 事件处理代码，可以进一步完善：使上一条记录与下一条记录命令按钮在遇到记录指针指向文件头或尾时无效。修改后的代码如下：

```
Do CASE
    CASE THIS. Value=1
    IF  ! BOF( )
      SKIP-1                         && 记录指针上移
    ELSE
      THIS. BUTTONS(1) . ENABLED=. F.   && 按钮不可用
    ENDIF
    THIS. BUTTONS(2) . ENABLED=. T.     && 按钮可用
    CASE THIS. Value=2
    IF  ! EOF( )
      SKIP                           && 记录指针下移
    ELSE
      THIS. BUTTONS(2) . ENABLED=. F.
```

```
        ENDIF
        THIS. BUTTONS(1) . ENABLED=. T.
CASE THIS. VALUE=3
        THISFORM. Release                          && 释放表单
ENDCASE
THISFORM. Refresh                                  && 刷新表单
```

实训十二 报表的设计

【实训目的】

1. 掌握使用报表向导与报表设计器的方法。
2. 掌握利用报表设计器修改或创建报表。

【实训内容和步骤】

一、创建程序文件

用于创建报表的向导,分为报表向导和一对多报表向导两种。

1. 报表向导

报表向导可用于创建基于一张表的简单报表,操作步骤如下:

(1) 在"项目管理器"窗口中单击"报表",单击"新建"命令按钮,单击"报表向导"。

(2) 在出现的"向导选取"对话框中双击"报表向导"。

(3) 步骤1—字段选取:选取教师基本档案表中的 gh、xm、xdh 等字段。

(4) 步骤2—选择报表样式:选取"账务式"。

(5) 步骤3—定义报表布局:"列数"定义为2,其他为默认值。

(6) 步骤4—排序记录:选择以 xdh 字段排序且以降序排序。

(7) 步骤5—完成:先选择"预览"(这时会出现"预览"工具栏),关闭预览窗口后保存报表(命名为 js)。

生成的报表如图 S 12-1 所示。

2. 一对多报表向导

一对多报表向导可用于创建具有一对多关系的两张表的报表,操作步骤如下:

(1) 在"项目管理器"窗口中单击"报表",单击"新建"命令按钮,单击"报表向导"。

(2) 在出现的"向导选取"对话框中双击"一对多报表向导"。

(3) 步骤1—从父表中选择字段:选取 xs 表中的 xh、xm、xdh 等字段。

(4) 步骤2—从子表中选择字段:选取 cj 表中的 kcdh、cj 等字段。

(5) 步骤3—关联表:以默认值为准(在数据库中已创建了永久性关系)。

(6) 步骤4—排序记录:选择以 xdh 与 xh 字段排序。

(7) 步骤4—选择报表样式:选取"经营式"。

(8) 步骤5—完成:先选择"预览"(这时会出现"预览"工具栏),关闭预览窗口后保存报表(文件名为 cjb)。

生成的报表如图 S 12-2 所示。

3. 利用报表设计器创建报表

具体操作步骤如下:

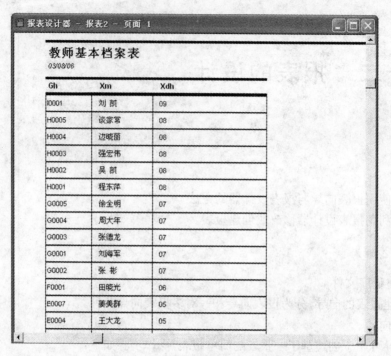

图 S 12-1　报表向导生成的报表

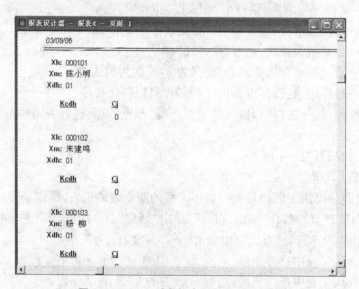

图 S 12-2　一对多报表向导生成的报表

（1）在"项目管理器"窗口中单击"报表"，单击"新建"命令按钮，单击"新报表"。

（2）单击"显示"菜单中的"数据环境"命令，打开"数据环境"窗口。

（3）利用快捷菜单中的"添加"命令向"数据环境"窗口中添加表 xs。

（4）从"数据环境"中将表 xs 的 xh、xm、csrq、jg、xb 等字段拖放到报表设计区的"细节"带区中，以生成相应的域控件。

（5）将报表以 xsbb 为文件名进行保存，预览报表并关闭预览窗口。

（6）打开"报表控件"工具栏。

（7）向报表的"页标头"带区添加标签控件。单击"报表控件"工具栏上的标签按钮，在"页标头"带区中输入标签的文本。这与向表单中添加标签控件不同，修改文本必须将该标签删除后重新添加。修改标签的字体等属性，可利用系统的"格式"菜单进行；

（8）向报表中添加线条控件或形状控件。单击"报表控件"工具栏上的线条或形状按钮后，在"细节"带区中利用鼠标的拖放操作生成线条或形状控件。

（9）保存报表，预览后关闭。

实训十三　用菜单设计器创建菜单

【实训目的】

1. 掌握使用菜单设计器设计一般菜单和快捷菜单的方法。
2. 掌握菜单程序的生成和运行方法。

【实训内容和步骤】

一、创建一般菜单

在 Project1-1 项目中创建 menua . mnx,菜单栏中包含菜单"文件"和"编辑"等。"文件"菜单下含有"新建"、"打开"和"退出"三个菜单项,如图 S 13 - 1 所示。"编辑"菜单下包含"剪切"、"复制"和"粘贴"三个菜单项,如图 S 13 - 2 所示。

图S 13 - 1　文件菜单

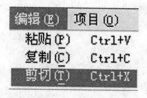

图 S 13 - 2　编辑菜单

(1) 在项目中新建一般菜单

① 选择"项目管理器"窗口中的"其他"选项卡,选择其中的"菜单",单击"新建"按钮,出现"新建菜单"对话框。

② 单击"新建菜单"对话框中的"菜单"按钮,进入"菜单设计器"窗口。在"菜单名称"栏下依次输入"文件(\<F)"和"编辑(\<E)"菜单,如图 S 13 - 3 所示。

(2) 创建"文件"菜单的子菜单

在"菜单设计器"窗口中选顶"文件"菜单项,在"结果"栏中选择"子菜单",单击"创建"按钮。

此时"菜单级"下拉列表中显示的是"文件(\<F)",表明当前菜单列表中创建的菜单项是"文件"菜单的子菜单项。在列表的"菜单名称"栏下依次输入"新建(\<N)","打开 (\<O)"和"退出(\<X)"。

(3) 在菜单项之间插入分组线

在"文件(\<F)"菜单级中选择"退出(\<X)"菜单项,单击"菜单设计器"窗口右边的"插入"按钮,在菜单项列表中即增加一行"新菜单项"。将该行的菜单名称"新菜单项"改为"\—"。

(4) 为菜单项指定命令

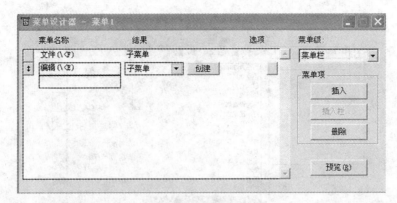

图 S 13 - 3 菜单设计器

在"文件(\<F)"菜单级中选择"退出(\<X)"菜单项,在"结果"栏下选择"命令",在命令接收框中输入:

SET SYSMENU TO DEFAULT

(5) 为菜单项设置快捷键

为菜单"文件"下的"新建"菜单项设置快捷键【CTRL+N】,操作步骤如下:

① 在"文件(\<F)"菜单级中选择"新建(\<N)"菜单项,在"选项"栏下单击命令按钮,出现"提示选项"对话框,如图 S13 - 4 所示。

② 在对话框中选择"键标签"文本框,按照提示按下组合键【Ctrl+N】,可以看到"键标签"和"键说明"文本框都显示了"Ctrl+N"。

图 S 13 - 4 提示选项

(6) 在"编辑"菜单下插入系统菜单栏

① 选择"菜单栏"。

② 选择"编辑"菜单项,并创建其子菜单。

③ 选择子菜单,单击"插入栏"按钮,出现"插入系统菜单栏"对话框,在该对话框的列表中选择"剪切(T)",再单击"插入"按钮,如图 S 13 - 5 所示。

④ 依次插入"复制(C)"和"粘贴(P)",然后单击"关闭"按钮。

⑤ 对插入的三个系统菜单栏,拖动它们左侧的移动钮,调整它们的顺序为"剪切"、"复制"

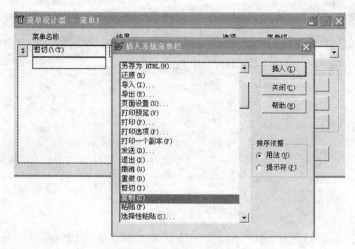

图 S 13 - 5　插入系统菜单栏

和"粘贴"。

（7）预览菜单

① 在"菜单设计器"中单击"预览"按钮,这时系统菜单栏即变为所设计的菜单样式,同时会出现一个预览对话框。

② 用鼠标单击菜单可以展开子菜单,但此时并不会执行菜单的功能。

③ 单击"预览"对话框中的"确定"按钮,结束预览。

二、生成并运行一般的菜单程序

1. 生成 MPR 菜单程序文件

用菜单设计器所设计的菜单被保存为 MNX 菜单文件,它并不能直接运行,要运行菜单,需要先将 MNX 的菜单文件生成 MPR 的菜单程序文件。操作步骤如下:

（1）将菜单文件 menua. mnx 在"菜单设计器"中打开,并且为活动窗口,保存当前设计的菜单。

（2）从"菜单"菜单中选择"生成"命令,出现"生成菜单"对话框,如图 S 13-6 所示。

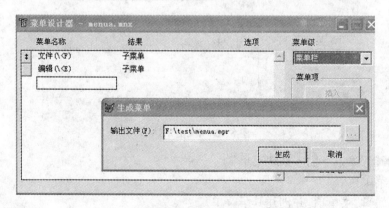

图 S 13 - 6　生成菜单

（3）在对话框的"输出文件"框中,指定生成菜单程序的文件名。默认文件名与菜单文件的主文件名同名,扩展名为 MPR,如图 S 13-6 所示。

（4）单击"生成菜单"对话框中的"生成"按钮,生成扩展名为 MPR 的菜单程序文件。

2. 运行菜单程序

（1）在"命令"窗口中执行 MPR 菜单程序。在命令窗口中执行如下命令：

DO a:\menua. mpr（注意：路径以实验中实际使用路径为准）

菜单程序运行后，VFP 主菜单将被所运行的菜单程序替代。运行的菜单与预览的菜单不同的是，各菜单项所指定的功能均能执行。

（2）在"项目管理器"窗口中运行菜单。

在"项目管理器"窗口中，选中"其他"选项卡上的 menua 菜单，单击"运行"按钮，运行菜单程序。

3. 恢复 VFP 系统默认菜单

在"命令"窗口的中执行如下命令：

SET SYSMENU TO DEFAULT

命令执行后，菜单恢复为 VFP 系统的默认菜单。如果已经运行了 menua. mpr 菜单程序，并且为"退出"菜单项设置了上述命令，则可选择直接"退出"菜单项来恢复系统默认菜单。

参 考 文 献

[1] 陶宏才. 数据库原理与应用设计[M]. 2 版. 成都：西南交通大学出版社,2001

[2] 殷晓波. Visual FoxPro 程序设计[M]. 北京：国防科技大学出版社,2010

[3] 孟波. 管理信息系统[M]. 北京：经济日报出版社,2010

[4] 郭力平. 数据库技术与应用[M]. 2 版. 北京：人民邮电出版社,2007

[5] 薛华成. 管理信息系统[M]. 6 版. 北京：清华大学出版社,2012

[6] 李红. 数据库原理与应用[M]. 北京：高等教育出版社,2003

[7] 殷晓波. Visual FoxPro 程序设计[M]. 北京：国防科技大学出版社,2010

[8] 解圣庆,刘永华. 管理信息系统[M]. 北京：清华大学出版社,2007

[9] 周山芙,赵苹. 管理信息系统中计算机应用[M]. 北京：外语教学与研究出版社,2012

[10] 肖慎勇. 数据库及其应用[M]. 北京：清华大学出版社,2007

[11] 田绪红. 数据库技术及应用教程[M]. 北京：人民邮电出版社,2010

[12] 徐慧. 数据库技术与应用[M]. 北京：北京理工大学出版社,2010

[13] 朱如龙. SQL Server 2005 数据库应用系统开发技术[M]. 北京：机械工业出版社,2006

[14] 闪四清. SQL Server 实用简明教程[M]. 2 版. 北京：清华大学出版社,2005

[15] 叶小平,等. 数据库系统基础教程[M]. 北京：清华大学出版社,2007

[16] 罗志高,等. 数据库原理与应用教程[M]. 广州：中山大学出版社,2007